Coleção Eu gosto m@is

ENSINO FUNDAMENTAL

Marcos Miani

MATEMÁTICA
7º ano

1ª EDIÇÃO
SÃO PAULO
2012

IBEP

Coleção Eu Gosto M@is
Matemática – 7º ano
© IBEP, 2012

Diretor superintendente	Jorge Yunes
Gerente editorial	Célia de Assis
Editora	Mizue Jyo
Assistentes editoriais	Marcella Mônaco
	Simone Silva
Revisão	André Tadashi Odashima
	Berenice Baeder
	Luiz Gustavo Bazana
	Maria Inez de Souza
Assessoria pedagógica	Ana Rebeca Miranda Castillo
Coordenadora de arte	Karina Monteiro
Assistentes de arte	Marilia Vilela
	Tomás Troppmair
Coordenadora de iconografia	Maria do Céu Pires Passuello
Assistentes de iconografia	Adriana Correia
	Wilson de Castilho
Ilustrações	Jorge Valente
	Jotah
	Osvaldo Sequetim
Produção editorial	Paula Calviello
Produção gráfica	José Antonio Ferraz
Assistente de produção gráfica	Eliane M. M. Ferreira
Capa	Equipe IBEP
Projeto gráfico	Equipe IBEP
Editoração eletrônica	N-Publicações

CIP-BRASIL. CATALOGAÇÃO-NA-FONTE
SINDICATO NACIONAL DOS EDITORES DE LIVROS, RJ

M566m

Miani, Marcos
    Matemática : 7º ano / Marcos Miani. - 1.ed. - São Paulo : IBEP, 2012.
    il. ; 28 cm   (Eu gosto mais)

    ISBN 978-85-342-3413-9 (aluno) - 978-85-342-3417-7 (mestre)

    1. Matemática (Ensino fundamental) - Estudo e ensino. I. Título. II. Série.

12-5710.   CDD: 372.72
    CDU: 373.3.016:510

13.08.12 17.08.12   038068

1ª edição – São Paulo – 2012
Todos os direitos reservados

IBEP

Av. Alexandre Mackenzie, 619 - Jaguaré
São Paulo - SP - 05322-000 - Brasil - Tel.: (11) 2799-7799
www.editoraibep.com.br   editoras@ibep-nacional.com.br

Impressão Serzegraf - Setembro 2016

Apresentação

Prezado(a) aluno(a)

A Matemática está presente em diversas situações do nosso dia a dia: na escola, em casa, nas artes, no comércio, nas brincadeiras etc.

Esta coleção foi escrita para atender às necessidades de compreensão deste mundo que, juntos, compartilhamos. E, principalmente, para garantir a formação criteriosa de estudantes brasileiros ativos e coparticipantes em nossa sociedade.

Para facilitar nossa comunicação e o entendimento das ideias e dos conceitos matemáticos, empregamos uma linguagem simples, sem fugir do rigor necessário a todas as ciências.

Vocês, jovens dinâmicos e propensos a conhecer os fatos históricos, com suas curiosidades sempre enriquecedoras, certamente gostarão da seção *Você sabia?*, que se destina a textos sobre a história da Matemática; gostarão, também, da seção *Experimentos, jogos e desafios*, com atividades que exigem uma solução mais criativa.

Com empenho, dedicação e momentos também prazerosos, desejamos muito sucesso neste nosso curso.

O autor

Sumário

Capítulo 1 – Potenciação e radiciação 7
A potenciação 7
   Propriedades da potenciação 9
A radiciação 11
   Números quadrados perfeitos 13
   Como reconhecer se um número natural qualquer é quadrado perfeito? 14

Capítulo 2 – Medindo o tempo 16
Unidades de medidas de tempo 16
Operações com unidades de tempo 17
   Adição 17
   Subtração 18

Capítulo 3 – Trabalhando com ângulos 21
Conceito de ângulo 21
Usando o transferidor 25
   Construção de ângulos 25
Ângulos congruentes 28
   Construção de ângulos congruentes 28
Grau e seus submúltiplos 30
   Transformação de unidades 30
Bissetriz de um ângulo 32
   Construção da bissetriz de um ângulo com régua e compasso 33
Ângulos com vértice comum 34
   Ângulos consecutivos e ângulos adjacentes 34
   Ângulos opostos pelo vértice 36
Ângulos complementares e ângulos suplementares 37

Capítulo 4 – Números inteiros 39
Os números inteiros 39
   Números inteiros 41
   O conjunto dos números inteiros 41
   Representação dos números inteiros na reta numérica 43
   Módulo de um número inteiro 44
   Números opostos ou simétricos 45
   Comparação de números inteiros 47
   Comparação na reta numérica 47

Capítulo 5 – Operações com números inteiros 49
Adição de números inteiros 49
Adição com três ou mais números inteiros 51
   Propriedades da adição 52
   Propriedade comutativa 53
   Existência do elemento neutro 53
   Existência do elemento oposto 53
   Propriedade associativa 53
Subtração de números inteiros 54
Adição algébrica 56
Multiplicação de números inteiros 58
   Algumas propriedades da multiplicação 60
   Propriedade comutativa 60
   Existência do elemento neutro 60
   Propriedade associativa 60
   Propriedade distributiva 61
A divisão exata de números inteiros 62
   Expressões numéricas 63
Potenciação de números inteiros 64
   Propriedades da potenciação 65
   Produto de potências de mesma base 65
   Quociente de potências de mesma base 65
   Potência de uma potência 65
   Potência de um produto ou quociente 65
Raiz quadrada de números inteiros 66
   Expressões numéricas 67

Capítulo 6 – As figuras geométricas 69
Figuras geométricas 69
   Figuras geométricas planas 69
   Figuras geométricas não planas 69
Figuras geométricas planas 69
   Polígonos 69
   Não polígonos 70
   Classificação dos polígonos quanto aos lados 70
Os triângulos 71
   Classificação dos triângulos quanto aos lados 72
   Classificação dos triângulos quanto aos ângulos ... 72
   Soma dos ângulos internos de um triângulo 74

Os quadriláteros 75
　Classificando os quadriláteros 75
　Trapézios 75
　Paralelogramos.. 75
　Soma dos ângulos internos de um quadrilátero 77

Figuras geométricas espaciais 78
　Poliedros... 79
　Não poliedros 79

Poliedros... 80
　Prismas 80
　A planificação de um prisma 81
　Pirâmides... 82
　A planificação da pirâmide 82

Relação de Euler 84

Capítulo 7 – Os números racionais 86
Os números racionais 86
　Escrevendo um número racional
　na forma decimal 87
　Conjunto dos números racionais.......................... 88
　Representação dos números racionais
　na reta numérica 91
　Módulo ou valor absoluto de
　um número racional 92
　Números opostos ou simétricos........................... 92
　Comparação de números racionais 93

Adição e subtração de números racionais 96
　Propriedades da adição 98
　Propriedade comutativa 98
　Propriedade da existência do elemento neutro 99
　Propriedade associativa 99

Multiplicação de números racionais 100
　Multiplicando dois números
　racionais positivos 100
　Multiplicando dois números
　racionais negativos... 100
　Multiplicando números racionais
　com sinais diferentes.. 100
　Números racionais inversos............................... 101
　Propriedades da multiplicação de
　números racionais 102
　Propriedade comutativa 102
　Propriedade da existência do
　 elemento neutro.. 102
　Propriedade associativa 102
　Propriedade distributiva da multiplicação
　em relação à adição ou subtração 103

Divisão de números racionais 104

Média aritmética simples e ponderada 105
　Média aritmética simples 105
　Média aritmética ponderada 106

Potenciação de números racionais 107
　Propriedades da potenciação 108
　Produto de potências da
　mesma base 108
　Quociente de potências da
　mesma base 109
　Potência de uma potência 109

Raiz quadrada de um número racional 110

Capítulo 8 – Equações........................... 113
Expressões algébricas 113
Operando com letras 115
O que é uma equação? 118
　Grau de uma equação 119

Solução de uma equação 121
Resolvendo uma equação 122
　Resolução de equações por meio
　de operações inversas 123
　Resolução de equações por meio
　de equações equivalentes................................. 124

Resolução de problemas 126

Capítulo 9 – Inequações 131
O que é uma inequação? 131
　Solução de uma inequação 132

Propriedades das desigualdades 133
　Princípio aditivo 133
　Princípio multiplicativo 133

Resolução de inequações 135
　Princípio aditivo.. 135
　Princípio multiplicativo 135

Capítulo 10 – Sistema de equações 140
Par ordenado 140
　Pares ordenados iguais..................................... 140
　Equação do 1º grau com duas incógnitas 141

Sistema de equações de 1º grau
com duas incógnitas......................................143
　Método da substituição 143
　Método da adição 146

Capítulo 11 – Proporcionalidade............ 149
Grandezas proporcionais
e grandezas não proporcionais 149
　Grandezas proporcionais 149
　Grandezas não proporcionais 150

Grandezas diretamente proporcionais...........151
Grandezas inversamente proporcionais 153
Razão 155
Razões especiais 157
　Densidade demográfica 157
　Densidade de um corpo 158
　Velocidade média 158
　Consumo médio 159

Proporção 161
    Representação de uma proporção 162
    Propriedade fundamental das proporções 162
    Escala.. 164

Regra de três simples 167
    Regra de três numa situação
    de proporcionalidade direta 167
    Regra de três numa situação
    de proporcionalidade inversa 168

Regra de três composta 170

Capítulo 12 – Porcentagem 173

A porcentagem 173
    Cálculos com porcentagem 173

Razão e porcentagem 175

Calculando aumentos e descontos 178
    Calculando descontos 178
    Calculando aumentos 179

**Capítulo 13 – Tabelas e
gráficos estatísticos** 182

Tabelas e gráficos 182

Gráficos de barras e colunas
com números negativos 185

Gráficos de linhas simples
com números inteiros 187

Capítulo 14 – Cálculo de áreas 189

O que é área? 189

Área do retângulo e do quadrado 190
    Área do retângulo 190
    Área do quadrado 191

Área do paralelogramo e do triângulo 192
    Figuras equivalentes 192
    Área do paralelogramo 193
    Área do triângulo....................................... 194
    Área do losango 196
    Área do trapézio 197

Atividades complementares 200

Capítulo 1
POTENCIAÇÃO E RADICIAÇÃO

▶ A potenciação

Vamos recordar como se calcula a potência de um número natural.

Leia o texto abaixo, que é a tradução de um antigo manuscrito inglês.

Quando ia a Santo Ives,	As I was going to St. Ives,
encontrei um homem com sete mulheres.	I met a man with seven wives.
Cada mulher tinha sete sacos,	Every wife had seven sacks,
cada saco tinha sete gatos,	Every sack had seven kits,
cada gato tinha sete gatinhos.	Every cat had seven cats.
Gatinhos, gatos, sacos e mulheres,	Kits, cats, sacks and wives,
quantos iam a Santo Ives?	How many were going to St. Ives?

Veja como calculamos o número de mulheres, de sacos, de gatos e de gatinhos.

- Mulheres: 7^1 =   7
- Sacos: 7^2 = $7 \cdot 7 = 49$
- Gatos: 7^3 = $7 \cdot 7 \cdot 7 = 343$
- Gatinhos: 7^4 = $7 \cdot 7 \cdot 7 \cdot 7 = 2\,401$

Para encontrar a resposta da pergunta feita no versinho, precisamos somar esses valores.

$$\begin{array}{r} 7 \\ 49 \\ +\ 343 \\ 2\,401 \\ \hline 2\,800 \end{array}$$

Concluímos que a resposta da pergunta feita no versinho é 2 800.

Ao indicar por 7^4 o produto $7 \cdot 7 \cdot 7 \cdot 7$, realizamos uma operação chamada **potenciação**.

$$\underset{\text{base}}{7}\overset{\text{expoente}}{^4} = \underset{\text{4 fatores}}{7 \cdot 7 \cdot 7 \cdot 7} = \underset{\text{potência}}{2\,401}$$

7

Na potenciação, o fator que se repete chama-se **base**, o número que indica quantas vezes o fator se repete chama-se **expoente** e o resultado da operação chama-se **potência**.

Podemos calcular 7^4 com uma calculadora simples, apertando estas teclas.

$\boxed{7}\ \boxed{\times}\ \boxed{\times}\ \boxed{=}\ \boxed{=}\ \boxed{=}\ \boxed{2401}$ (visor)

ou

$\boxed{7}\ \boxed{\times}\ \boxed{7}\ \boxed{\times}\ \boxed{7}\ \boxed{\times}\ \boxed{7}\ \boxed{=}\ \boxed{2401}$ (visor)

$7^4 = 2401$

Observações

- Quando o expoente é igual a 1, a potência é igual à base. Exemplos:

$2^1 = 2 \qquad 3^1 = 3$

- Quando o expoente é igual a zero e a base diferente de zero, a potência é igual a 1. Exemplos:

$3^0 = 1 \qquad 1000^0 = 1$

ATIVIDADES

1 Efetue as potenciações.

a) 1^2 _____

b) 3^3 _____

c) 5^4 _____

d) 4^0 _____

e) 375^1 _____

2 Responda.

a) Qual é o quadrado de 4? _____

b) Qual é o cubo de 6? _____

c) Qual é o dobro da segunda potência de 3?
_____

d) Qual é a metade da quinta potência de 2?
_____

e) Qual é a diferença entre o quadrado de 3 e o cubo de 2? _____

3 Este terreno tem a forma de um quadrado.

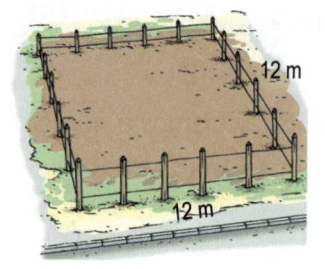

12 m
12 m

a) Indique a sua área com uma potenciação.
_____

b) Qual é essa área?
_____

4 Este cubo tem 23 cm de aresta.

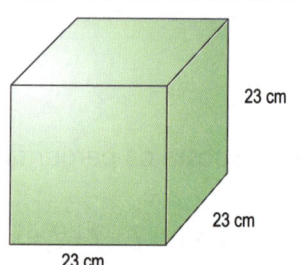

23 cm
23 cm
23 cm

a) Indique o volume desse cubo com uma potenciação. _____

b) Qual é o volume desse cubo? _____

Propriedades da potenciação

Vamos agora estudar as propriedades da potenciação em IN.

PROPRIEDADE 1

Considere o produto de potências de mesma base: $2^2 \times 2^3$

$$2^2 \times 2^3 = \underbrace{(2 \times 2)}_{2^2} \times \underbrace{(2 \times 2 \times 2)}_{2^3} = 2^5$$

> Para escrever o produto de potências de mesma base na forma de uma única potência, **conserva-se a base e adicionam-se os expoentes**.

Outros exemplos:
- $(1,2)^3 \times (1,2)^4 = (1,2)^7$
- $\left(\dfrac{1}{2}\right)^5 \times \left(\dfrac{1}{2}\right)^7 = \left(\dfrac{1}{2}\right)^{12}$

PROPRIEDADE 2

Considere o quociente de potências de mesma base: $3^5 \div 3^2$

$$3^5 \div 3^2 = \underbrace{(3 \times 3 \times 3 \times 3 \times 3)}_{3^5} \div \underbrace{(3 \times 3)}_{3^2} = \dfrac{\cancel{3} \times \cancel{3} \times 3 \times 3 \times 3}{\cancel{3} \times \cancel{3}} = 3^3$$

> Para escrever o quociente de potências de mesma base na forma de uma única potência, **conserva-se a base e subtraem-se os expoentes**.

Outros exemplos:
- $(2,3)^4 \div (2,3)^1 = (2,3)^3$
- $\left(\dfrac{2}{3}\right)^{11} \div \left(\dfrac{2}{3}\right)^3 = \left(\dfrac{2}{3}\right)^8$

PROPRIEDADE 3

Considere a potência de uma potência: $(2^2)^3$

$(2^2)^3 = 2^2 \times 2^2 \times 2^2 = 2^{2+2+2} = 2^6$

> Para escrever a potência de potência na forma de uma única potência, **conserva-se a base e multiplicam-se os expoentes**.

Outros exemplos:
- $(0,5^2)^2 = 0,5^4$
- $\left[\left(\dfrac{2}{3}\right)^5\right]^4 = \left(\dfrac{2}{3}\right)^{20}$

Observações:

- Os parênteses na expressão $2^{(3^2)}$ indicam que devemos calcular primeiro 3^2. Assim, temos: $2^{(3^2)} = 2^9 = 512$.
- Na expressão $(2^3)^2$, calcula-se primeiro 2^3. Assim, temos: $(2^3)^2 = 8^2 = 64$.
  Também podemos utilizar a 3ª propriedade: $(2^3)^2 = 2^6 = 64$.

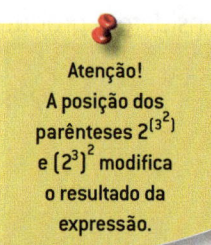

Atenção! A posição dos parênteses $2^{(3^2)}$ e $(2^3)^2$ modifica o resultado da expressão.

PROPRIEDADE 4

Considere a potência de um produto $(3 \times 5)^2$.
$(3 \times 5)^2 = (3 \times 5) \times (3 \times 5) = 3 \times 3 \times 5 \times 5 = 3^2 \times 5^2$

> Para elevar um produto a um expoente, eleva-se cada fator a esse expoente.

Outros exemplos:

- $[(4,1)^2 \times (1,2)^3]^2 = [(4,1)^2]^2 \times [(1,2)^3]^2 = (4,1)^4 \times (1,2)^6$
- $\left[\left(\dfrac{3}{5}\right)^4 \times \left(\dfrac{1}{4}\right)^3\right]^3 = \left(\dfrac{3}{5}\right)^{12} \times \left(\dfrac{1}{4}\right)^9$

Essa propriedade também é válida para um quociente.

> Para elevar um quociente a um expoente, elevam-se o numerador e o denominador a esse expoente.

Exemplos:

- $(5 \div 2)^3 = 5^3 \div 2^3$
- $[(0,2)^2 \div 1,5]^4 = (0,2)^8 \div (1,5)^4$
- $\left[\left(\dfrac{1}{3}\right)^3 \times \left(\dfrac{2}{5}\right)^2\right]^5 = \left(\dfrac{1}{3}\right)^{15} \div \left(\dfrac{2}{5}\right)^{10}$

ATIVIDADES

5) Aplique as propriedades da potenciação e reduza a uma só potência.

a) $3^{10} \times 3^5$

b) $2^4 \times 2^5 \times 2^2$

c) $5^9 \div 5^4$

d) $(3^2)^3$

e) $3^{11} \div 3^2$

f) $\{[(2)^{31}]^{64}\}^0$

6 Classifique as sentenças em falsas (F) ou verdadeiras (V). Corrija as que forem falsas.

a) $5^3 \times 5^2 = 5^1$

_____

b) $3^{24} \div 3^{21} = 3^3$

_____

c) $2^2 \times 2^3 \times 2 = 2^5$

_____

d) $\left[\left(\dfrac{3}{5}\right)^2\right]^3 = \left(\dfrac{3}{5}\right)^5$

_____

e) $8^7 \div 8 = 8^6$

_____

f) $(6^2)^8 = 6^{16}$

_____

7 Observe a simplificação desta expressão:

$$\underbrace{(2^5 \div 2^3)}_{} \times \underbrace{(2^2 \times 2^4)}_{} =$$
$$= 2^2 \times 2^6 =$$
$$= 2^8$$

Agora, simplifique estas expressões.

a) $(2^4 \times 2^7) \div (2^5 \div 2^2)$

b) $(10^{11} \div 10^2) \div (10 \times 10^3 \times 10^4)$

c) $(7^2)^5 \div (7^3 \times 7^4)$

d) $(6^2)^3 \times (6^3)^2$

8 Observe o padrão:
$$7^2 - 4^2 = 33$$
$$67^2 - 34^2 = 3\,333$$
$$667^2 - 334^2 = 333\,333$$

Agora, calcule mentalmente:

a) $6\,667^2 - 3\,334^2$

b) $66\,667^2 - 33\,334^2$

9 Sabendo que $a \div b = 2$, calcule, aplicando a 4ª propriedade da potenciação:

a) $a^3 \div b^3$

b) $a^4 \div b^4$

c) $(a^2 \div b^2)^3$

10 Sabendo que $2^{11} = 2048$ e $2^5 = 32$, calcule:

a) 2^{16}

b) 2^6

11 Aplique as propriedades da potenciação para encontrar o quociente de 729^5 por 27^3 na forma de potência de base 3.

▶ A radiciação

Vamos recordar como se calcula a raiz quadrada de um número natural.

PROBLEMA 1

Um quadrado tem 1 024 cm² de área. Quantos centímetros tem o lado desse quadrado?

Solução

Como todos os lados de um quadrado têm a mesma medida, precisamos encontrar um número que elevado ao quadrado dê 1 024.

$\boxed{?}^2 = 1\,024$

$2^2 = 4$

$4^2 = 16$

$16^2 = 256$

$20^2 = 400$

$30^2 = 900$

$32^2 = 1\,024$

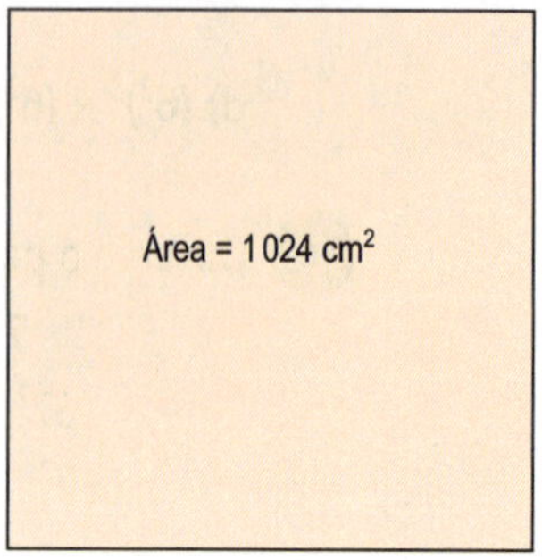

Área = 1 024 cm²

Então, o número procurado é 32, pois $32^2 = 1\,024$.

Ao dizer que 32 é o número que elevado ao quadrado dá 1 024, estamos calculando a raiz quadrada de 1 024.

índice ⟶ $\sqrt[2]{1\,024} = 32$
             ↑   ↑
         radicando   raiz

Portanto, o lado do quadrado representado acima tem 32 cm.

Podemos calcular a raiz quadrada de 1 024 com uma calculadora digitando estas teclas:

[1] [0] [2] [4] [√]

Agora, vamos ver como se calcula a raiz cúbica de um número natural.

PROBLEMA 2

Um cubo tem 512 cm³ de volume. Quantos centímetros tem a aresta **a** desse cubo?

Solução

Todas as arestas de um cubo têm a mesma medida. Para calcular o volume de um cubo, elevamos a medida da aresta ao cubo.

Logo, para encontrar a medida do lado desse cubo, precisamos encontrar um número que elevado ao cubo dê 512.

$\boxed{?}^3 = 512$

$2^3 = 8$

$4^3 = 64$

$8^3 = 512$

Então, o número procurado é 8, pois $8^3 = 512$.

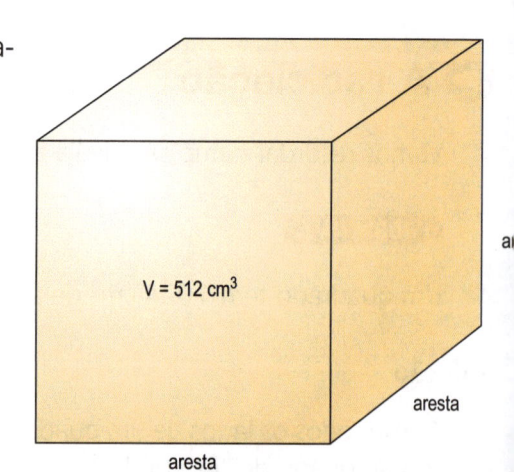

V = 512 cm³

aresta

aresta

12

Ao dizer que 8 é o número que elevado ao cubo dá 512, estamos calculando a raiz cúbica de 512.

índice ⟶ $\sqrt[3]{512} = 8$
         ↑   ↑
    radicando raiz

Portanto, a medida da aresta do cubo com 512 cm³ de volume é 8 cm.

Além da raiz quadrada e da raiz cúbica, existem também as raízes quarta, quinta etc.

Veja alguns exemplos:

- $\sqrt[4]{16} = 2$, pois $2^4 = 16$
- $\sqrt[4]{81} = 3$, pois $3^4 = 81$
- $\sqrt[5]{32} = 2$, pois $2^5 = 32$
- $\sqrt[6]{4096} = 4$, pois $4^6 = 4096$
- $\sqrt[7]{78125} = 5$, pois $5^7 = 78125$
- $\sqrt[8]{6561} = 3$, pois $3^8 = 6561$
- $\sqrt[9]{512} = 2$, pois $2^9 = 512$
- $\sqrt[10]{1024} = 2$, pois $2^{10} = 1024$

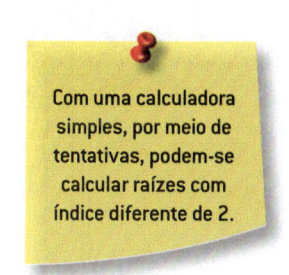

> Com uma calculadora simples, por meio de tentativas, podem-se calcular raízes com índice diferente de 2.

Números quadrados perfeitos

Observe esta sequência de números quadrangulares.

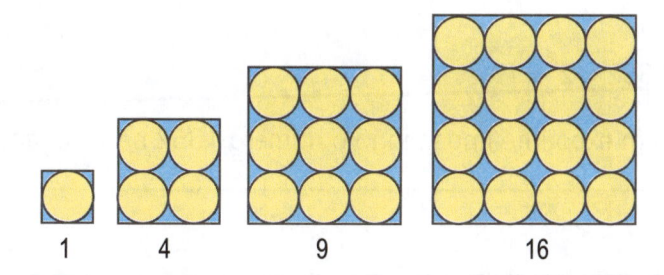

1   4   9   16

A figura associada a cada um desses números é um quadrado.

Os números associados a essas figuras, além de serem números quadrangulares, também são chamados **números quadrados perfeitos**.

> Os números naturais que são quadrados de outros números naturais são chamados **números quadrados perfeitos**.

Exemplos:

- 36 é um número quadrado perfeito, pois $36 = 6^2$.
- 100 é um número quadrado perfeito, pois $100 = 10^2$.
- 80 não é um número quadrado perfeito, pois não existe um número natural que elevado ao quadrado dê 80.

13

Como reconhecer se um número natural qualquer é quadrado perfeito?

Para reconhecer se um número é um quadrado perfeito, podemos usar a decomposição em fatores primos. Se todos os fatores primos desse número tiverem expoentes pares, o número é quadrado perfeito. Se pelo menos um deles tiver expoente ímpar, o número não é quadrado perfeito. Veja.

- O número 1089 é quadrado perfeito?

Decomposição em fatores primos

1089	3
363	3
121	11
11	11
1	

$1089 = 3^2 \times 11^2$

Todos os fatores têm expoentes pares, logo o número 1089 é quadrado perfeito.

- O número 1352 é quadrado perfeito?

Decomposição em fatores primos

1352	2
676	2
338	2
169	13
13	13
1	

$1352 = 2^3 \times 13^2$

O fator 2 tem um expoente ímpar, logo o número 1352 não é quadrado perfeito.

ATIVIDADES

12 Considere a radiciação $\sqrt[3]{125} = 5$ e responda:

a) Qual é o nome que se dá ao número 3? _____

b) Qual é o nome que se dá ao número 125? _____

c) Qual é o nome que se dá ao número 5? _____

13 Utilizando uma calculadora, por meio de tentativas, calcule $\sqrt[3]{12167}$.
_____

14 Calcule:

a) $\sqrt[3]{8}$ _____ c) $\sqrt[5]{243}$ _____

b) $\sqrt[4]{16}$ _____ d) $\sqrt[3]{4096}$ _____

15 Qual é a diferença entre o quadrado de 7 e a raiz quadrada de 36? _____

16 Quais destas figuras representam um número quadrado perfeito? _____

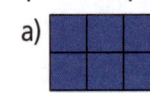

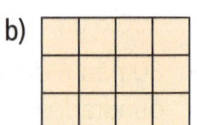

a)   b)

14

c)

d)

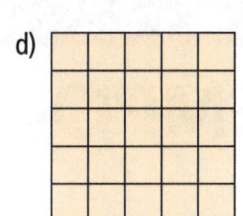

17 Verifique quais destes números são quadrados perfeitos:

a) 441 _____

b) 363 _____

c) 576 _____

d) 966 _____

e) 1 600 _____

18 Calcule $5 \times 6 \times 7 \times 8 \times 9 + 9$.

a) O número obtido é um quadrado perfeito?
_____
_____

b) Qual é a raiz quadrada desse número?
_____

19 Sabendo que o número 625 é um quadrado perfeito, encontre o número natural seguinte que também é quadrado perfeito.
_____
_____

EXPERIMENTOS, JOGOS E DESAFIOS

Encontrando as potências

Use uma calculadora simples para encontrar o resultado de:

99^2 _____ 999^2 _____ 9999^2 _____

- Agora experimente efetuar $99\,999^2$ com uma calculadora simples.

A calculadora não forneceu resultado, mas você pode encontrá-lo de outra maneira: observando as regularidades dos resultados das potenciações acima e analisando-as. Que regularidade eles apresentam? A partir delas, você poderá encontrar o resultado de $99\,999^2$.

- Agora encontre os valores de:

$8^2 - 3^2$ _____

$78^2 - 23^2$ _____

$778^2 - 223^2$ _____

Observe a regularidade dos resultados e calcule:

$7\,777\,778^2 - 2\,222\,223^2$. _____

- Por último, efetue:

13^2 _____ 133^2 _____ 1333^2 _____

Observe a regularidade dos resultados e calcule:

$13\,333^2$ _____

15

Capítulo 2
MEDINDO O TEMPO

▸ Unidades de medidas de tempo

Desde os tempos mais remotos, o homem estabeleceu ligações entre fenômenos naturais e fatos de sua vida. Por exemplo:

- as fases da Lua e a duração do ciclo reprodutivo das mulheres.
- a posição das constelações no céu, os ciclos da chuva e a época de plantio.

Com base nessas relações, ele criou uma das primeiras medidas de tempo: o dia, período entre o nascer e o pôr do sol.

Os egípcios, observando a ordem do surgimento das estrelas no horizonte, dividiram a noite em intervalos de tempo iguais, o que originou a ideia de hora. A noite foi dividida em 12 horas.

Para medir as horas em unidades menores de tempo, os homens criaram instrumentos: os relógios de sol, os relógios de água, a ampulheta, os relógios mecânicos e os eletrônicos.

O relógio de sol foi criado, provavelmente, pelos egípcios. Ele media a hora diurna pela posição do Sol.

O relógio de água, inventado pelos egípcios, foi usado também pelos gregos, romanos e pelos povos por eles conquistados. Ele media tanto as horas diurnas quanto as noturnas.

Por volta do século XIV foi inventada a ampulheta, ou relógio de areia.

Ainda no século XIV surgiram os primeiros relógios mecânicos; a partir do século XVII, apareceram os relógios de pêndulo.

16

Atualmente, sabemos que:

- A Terra se movimenta ao redor de si mesma realizando o movimento de rotação, que dura 24 horas ou 1 dia.

- Cada fase da Lua dura 7 dias, aproximadamente. Esse período de 7 dias é denominado **semana**.

- A Terra se movimenta ao redor do Sol – movimento de translação – e faz uma volta completa em 365 dias, 5 horas, 48 minutos e 46 segundos. Esse período recebe o nome de **ano solar**.

  Quando dizemos que o ano tem 365 dias, não levamos em conta essas 5 horas, 48 minutos e 46 segundos. Nesse caso, trata-se do **ano civil** e não do ano solar.

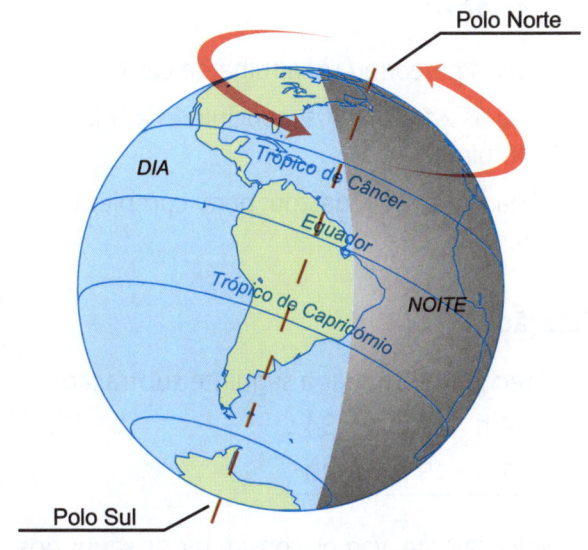

- Foi criado também o mês comercial (30 dias) com base no fato de as fases da Lua se repetirem, aproximadamente, a cada 30 dias.

Movimento de rotação: a Terra gira em torno de seu eixo de rotação.

▶ Operações com unidades de tempo

Adição

Felipe começou a assistir a um filme às 8h25min43s. A duração do filme é de 1h48min36s. A que horas ele vai terminar de assistir a esse filme?

Para responder a essa pergunta, precisamos efetuar:

$$8h25min43s + 1h48min36s$$

> Abreviamos a hora por h, o minuto por min e o segundo por s.

PASSO 1

Adicionam-se segundos a segundos, minutos a minutos e horas a horas.

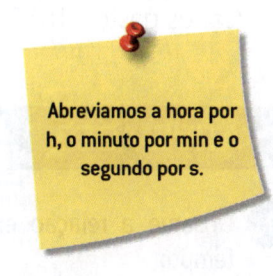

```
  8h   25 min   43s
+ 1h   48 min   36s
─────────────────────
  9h   73 min   79s
```

PASSO 2

Como 79s = 1min e 19s, adiciona-se esse 1min aos 73min.

```
9h   73 min      79s
              1 min   (60s) + 19s
─────────────────────
9h   74 min   19s
              1h   (60 min) + 14 min
─────────────────────
10h  14 min   19s
```

PASSO 3

Como 74min = 1h14 min, adiciona-se essa 1h às 9h.

Portanto, Felipe terminará de assistir ao filme às 10h14min19s.

Subtração

Carlos percorreu uma trilha de carro.

Saiu às 2h45min40s, concluindo a trilha às 4h38min34s.

Quanto tempo gastou para completar essa trilha?

Solução

Precisamos efetuar a seguinte subtração:

   4 h   38 min   34 s
– 2 h   45 min   40 s

Inicialmente, vamos considerar os segundos.

De 34s não podemos subtrair 40s. Então, dos 38min, emprestamos 1min, que corresponde a 60 segundos.

Juntamos então 60s com 34s, obtendo 94s.

Dos 94s subtraímos 40s.

Agora, consideram-se os minutos.

Dos 37min não podemos subtrair 45min. Então de 4h emprestamos 1h, que corresponde a 60 minutos.

Juntando-se 60min a 37min, temos 97min.

Dos 97min subtraem-se 45min.

Das 3h subtraem-se 2h.

Carlos gastou 1h52min54s para completar essa trilha.

ATIVIDADES

1 Observe a relação entre algumas unidades de tempo:

- 1 hora corresponde a 60 minutos.
- 1 minuto corresponde a 60 segundos.
- 1 mês comercial corresponde a 30 dias.
- 1 ano corresponde a 12 meses.
- 1 século corresponde a 100 anos.

a) Um triênio (três anos) corresponde a quantos meses? _____

b) O Brasil tem mais de 500 anos de história. Esse número corresponde a quantos séculos? _____

c) Nas férias, Lúcio viajou por 42 dias. Durante quantas semanas ele esteve viajando? _____

d) Paulina comprou um carro em 24 prestações mensais. Quantos anos levará para pagar o carro? _____

e) Faltam 72 horas para a festa de formatura da Valéria. Isso significa que faltam quantos dias? _____

2 Complete as sentenças abaixo.

a) 2h = _____ min

b) 240min = _____ h

c) 5min = _____ s

d) 600s = _____ min

e) 1h = _____ s

f) 7 200s = _____ h

3 Quantos minutos são 2h30min?

2h = (2 × 60)min = 120min

2h30min = 120min + 30min = 150min

Agora é com você. Transforme:

a) 5h20min em min.

b) 12min45s em s.

c) 8h25min em min.

d) 1h20min20s em s.

4 A quantas horas e quantos minutos correspondem 320 minutos?

Para saber quantas horas há em 320 minutos, dividimos 320 por 60.

320 | 60   320min = 5h20min
 20   5

Agora é com você.

a) Transforme 150min em horas e minutos.

b) Transforme 396s em minutos e segundos.

c) Quantas horas, minutos e segundos há em 3 975s?

5 Calcule:

2h34min42s + 3h42min45s + 3h28min43s

_____

6 Num jogo de futebol, o primeiro tempo durou 47min38s e o segundo tempo, 46min43s. Qual foi a duração desse jogo? _____

7 Efetue as subtrações:

a) 12h25min − 8h44min _____

b) 48min12s − 25min15s _____

8 São 10h25min40s. Quantos minutos e segundos faltam para as 11h20min? _____

9 Efetue as operações:

a) 3h25min24s + 2h43min40s _____

b) 3h25min24s − 2h43min40s _____

19

c) 2h10min40s + 2h45min45s + 20min28s

d) 12h – 9h20min30s

10 Um carro parte de uma cidade às 4h50min, chegando a seu destino às 6h20min. Qual foi o tempo gasto nessa viagem?

EXPERIMENTOS, JOGOS E DESAFIOS

Onde estacionar?

Dois estacionamentos vizinhos têm estas placas para anunciar os preços:

ESTACIONAMENTO BEM BOM
1ª HORA R$ 4,00
DEMAIS HORAS + R$ 1,50 cada

ESTACIONAMENTO RODA BEM
1ª HORA R$ 5,00
DEMAIS HORAS + R$ 1,00 cada

a) Jaqueline vai estacionar o carro de 7h30min às 8h45min. Em qual dos estacionamentos pagará menos?

b) Se ela precisar deixar o carro de 8h25min às 11h50min no estacionamento, quanto deverá pagar em cada um? Qual é o mais vantajoso?

Dica! As horas não podem ser fracionadas para cálculo de pagamento. Passou de uma hora, mesmo que alguns minutos, paga-se a hora seguinte inteira.

Capítulo 3
TRABALHANDO COM ÂNGULOS

▶ Conceito de ângulo

Nestas figuras estão destacados alguns **ângulos**:

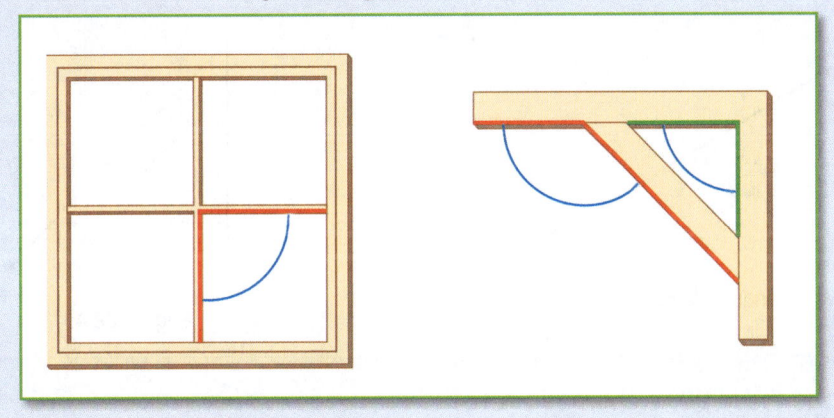

Observe o ângulo ao lado:
- O ponto X é o vértice do ângulo.
- As semirretas $\vec{XY}$ e $\vec{XZ}$ são os lados.
- Indicamos esse ângulo por YX̂Z ou ZX̂Y.

Na figura ao lado estão representados dois ângulos.

Um deles é denominado ângulo convexo (em rosa), e o outro é chamado ângulo não convexo (em azul).

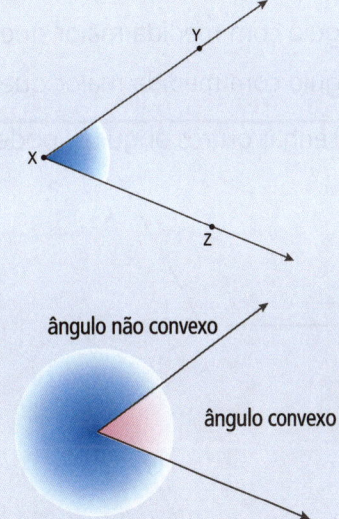

Para destacar um ângulo numa figura, assinalamos com um arco a abertura do ângulo:

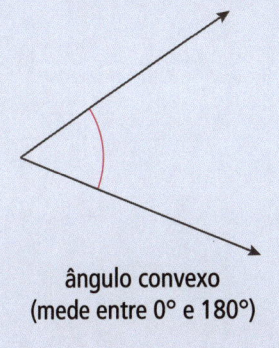

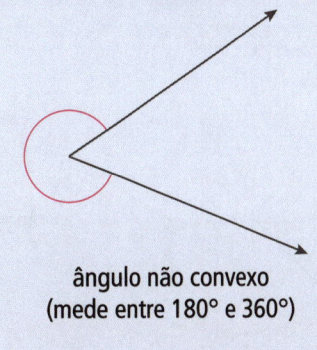

ângulo convexo
(mede entre 0° e 180°)

ângulo não convexo
(mede entre 180° e 360°)

21

Para desenhar alguns ângulos, podemos usar os cantos de um esquadro.

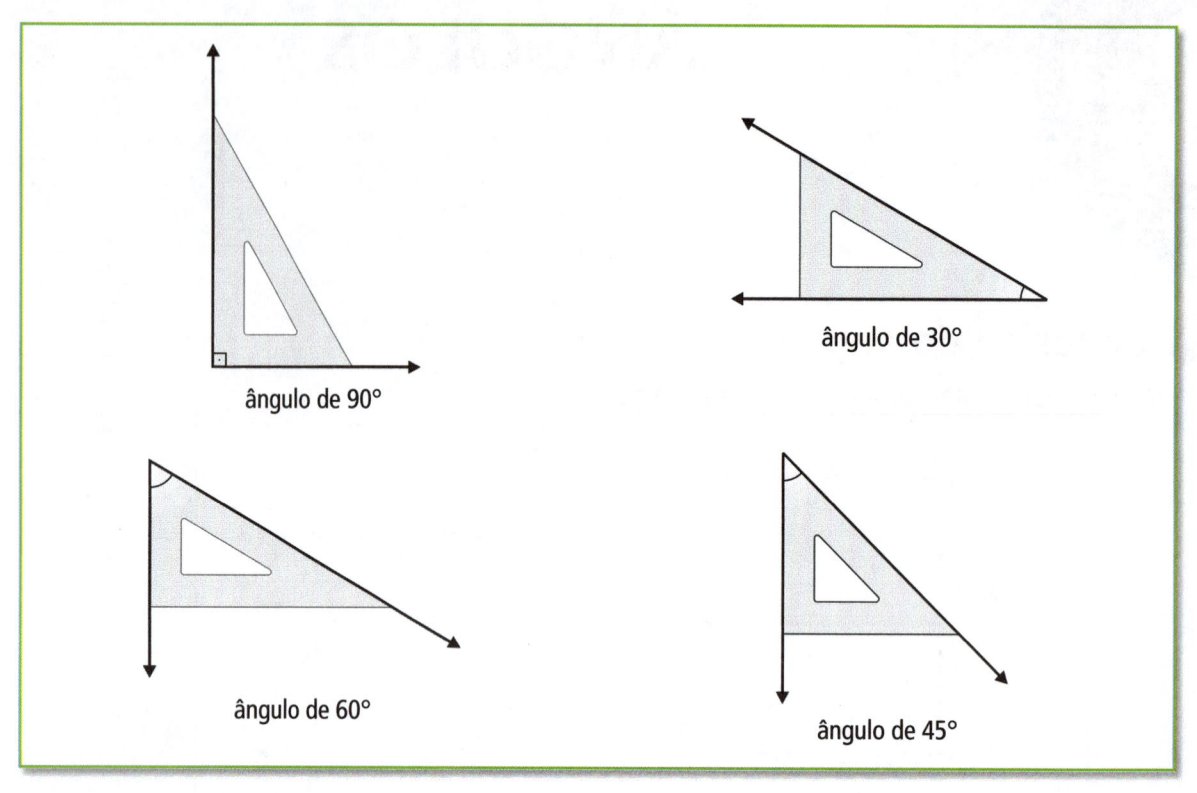

ângulo de 90°

ângulo de 30°

ângulo de 60°

ângulo de 45°

- O ângulo que mede 90° é chamado **reto**.
- O ângulo com medida maior que 0° e menor que 90° é chamado **agudo**.
- O ângulo com medida maior que 90° e menor que 180° é chamado **obtuso**.

Para desenhar outros ângulos, podemos juntar os esquadros.

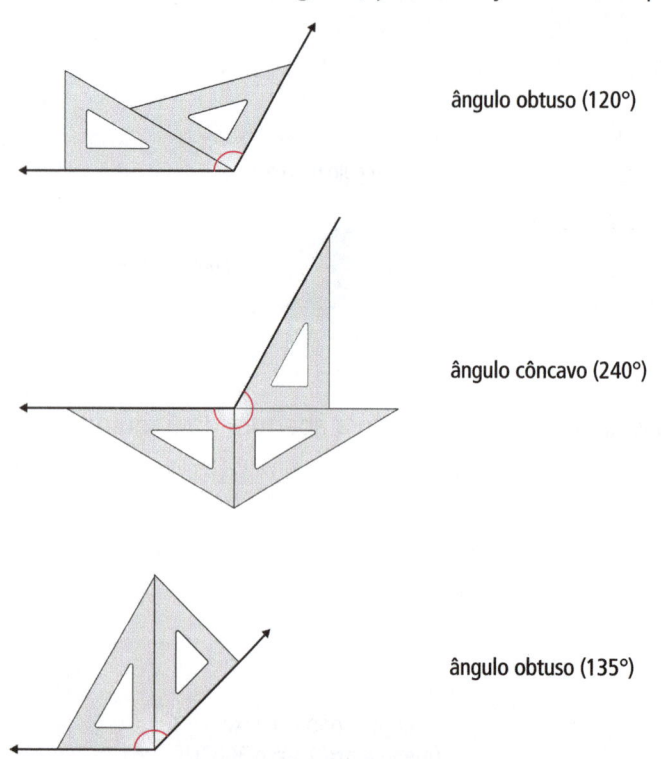

ângulo obtuso (120°)

ângulo côncavo (240°)

ângulo obtuso (135°)

ATIVIDADES

1 Escreva como se indica o ângulo e cada um dos lados que o formam.

a) Ângulo: _____
   Lados: _____
   _____

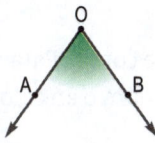

b) Ângulo: _____
   Lados: _____
   _____

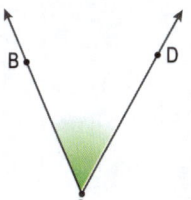

c) Ângulo: _____
   Lados: _____
   _____

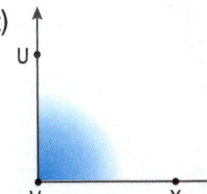

2 Meça os ângulos usando os cantos dos esquadros.

a)

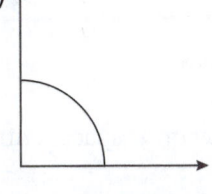

b)

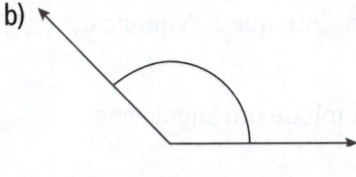

c)

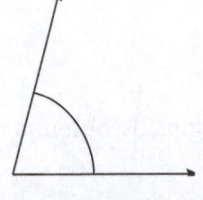

3 Classifique os ângulos do exercício anterior em reto, agudo ou obtuso.

_____
_____
_____
_____

4 Nestas composições, verifique quais são as medidas dos ângulos assinalados:

a)

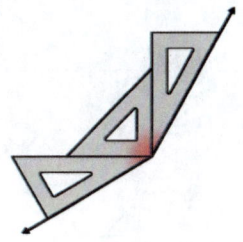

b)

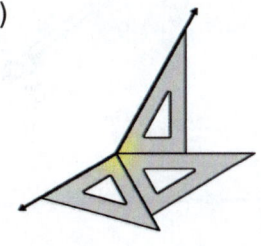

c)

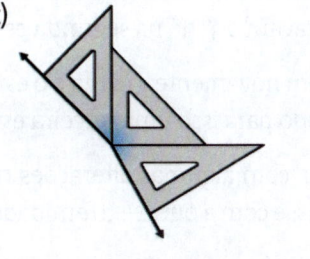

5 Usando esquadros, construa no caderno um ângulo de:

a) 105°   c) 270°

b) 225°   d) 315°

EXPERIMENTOS, JOGOS E DESAFIOS

Os egípcios e o ângulo reto

No antigo Egito, existiam os "técnicos" de medição, conhecidos como "estiradores de corda". Para construir um ângulo reto usavam uma corda com 13 nós equidistantes. Observe como obtinham o ângulo reto:

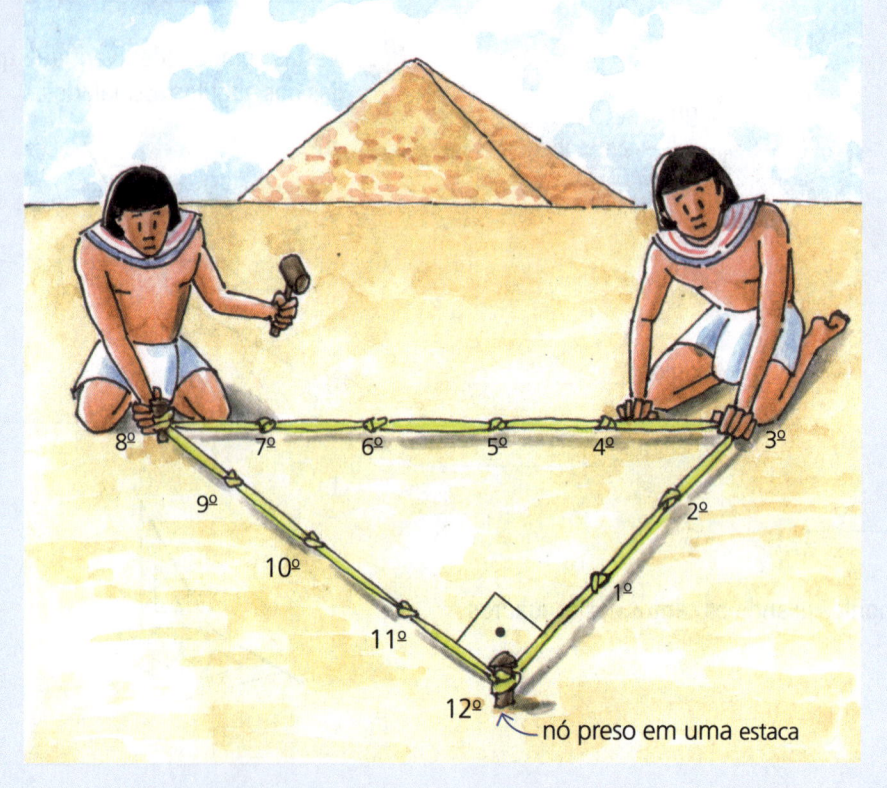

- Esticavam a corda deixando um dos nós no solo, preso em uma estaca. Contavam 3 espaços entre os nós e fixavam o 3º nó na segunda estaca.

- Esticavam novamente a corda e o estirador indicava, aproximadamente, onde deveria ser fixado o 8º nó, usando para isso uma terceira estaca.

- A seguir, com algumas alterações na localização do 8º nó, faziam com que a extremidade (12º nó) coincidisse com a outra extremidade.

Assim, construíam um triângulo retângulo e, consequentemente, obtinham um ângulo reto.

Agora é com você.

- Utilize um barbante com 24 cm de comprimento e, nele, faça 13 marcos equidistantes (a distância entre duas marcas consecutivas é 2 cm). A primeira marca deve estar em uma das extremidades do barbante.

- Fixe a primeira marca numa folha com cola ou fita adesiva.

- Agora, seguindo o procedimento utilizado pelos "esticadores de corda" egípcios, obtenha o ângulo reto.

▶ Usando o transferidor

Um dos instrumentos usados para medir ângulos é o **transferidor**.
Existem diferentes modelos de transferidor. Veja alguns deles.

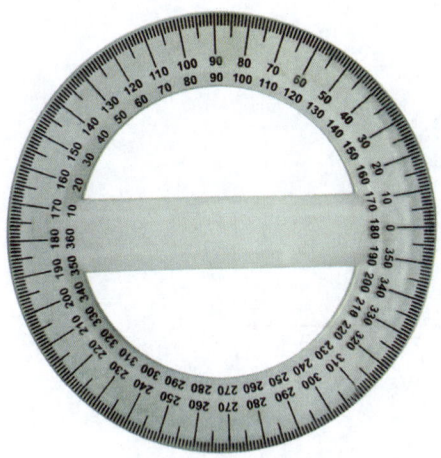

Transferidor de 360°

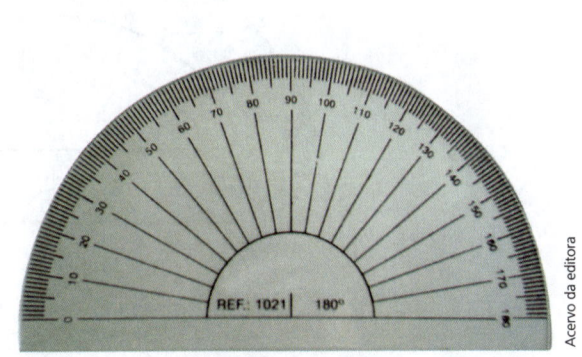

Transferidor de 180°

Para medir um ângulo, posicionamos o centro do transferidor de maneira que coincida com o vértice do ângulo; a marca 0° deve estar sobre um dos lados desse ângulo.

Veja na figura.

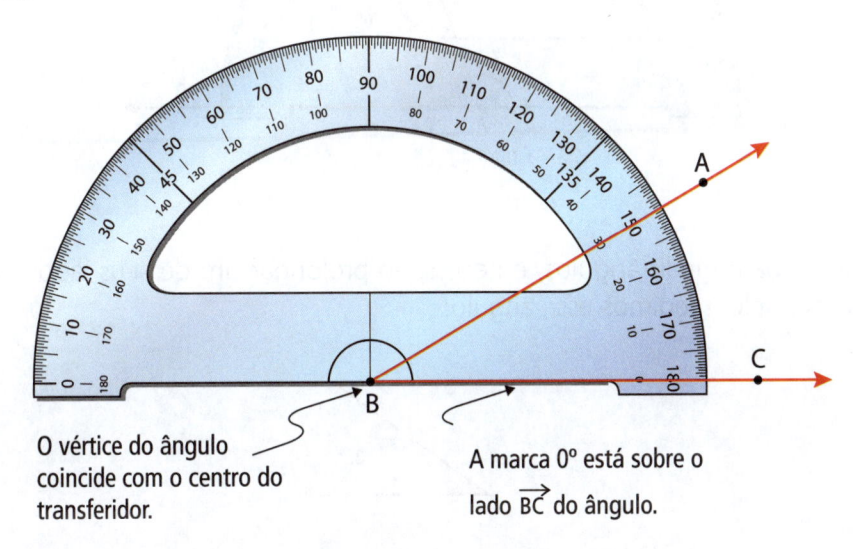

O vértice do ângulo coincide com o centro do transferidor.

A marca 0° está sobre o lado $\vec{BC}$ do ângulo.

A medida do ângulo $A\hat{B}C$ é 30°. Indica-se: $m(A\hat{B}C) = 30°$.

Construção de ângulos

Podemos usar o transferidor para construir ângulos. Observe a construção de um ângulo de 70°.
- Traçamos uma semirreta qualquer $\vec{AB}$ que será um dos lados do ângulo (Figura 1).
- Colocamos o transferidor sobre esse lado de modo que a marca do 0° esteja sobre a semirreta $\vec{AB}$ e o centro do transferidor coincida com o vértice do ângulo a ser traçado (Figura 2).

- Marcamos um ponto sobre a marca 70° do transferidor (ponto C) e, com uma régua, traçamos a semirreta $\overrightarrow{AC}$, obtendo assim o ângulo $C\hat{A}B$ de 70° (Figura 3).

Figura 1

Figura 2

Figura 3

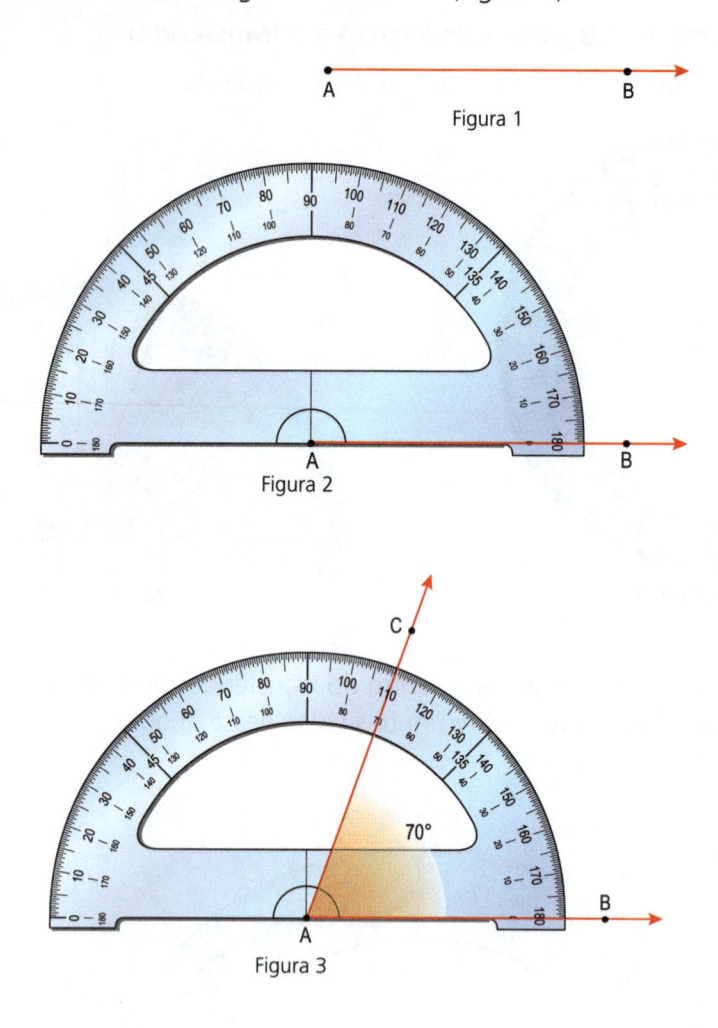

Em alguns casos, para medir ângulos, é necessário prolongar um de seus lados. Veja como isso é feito quando, por exemplo, medimos esse ângulo:

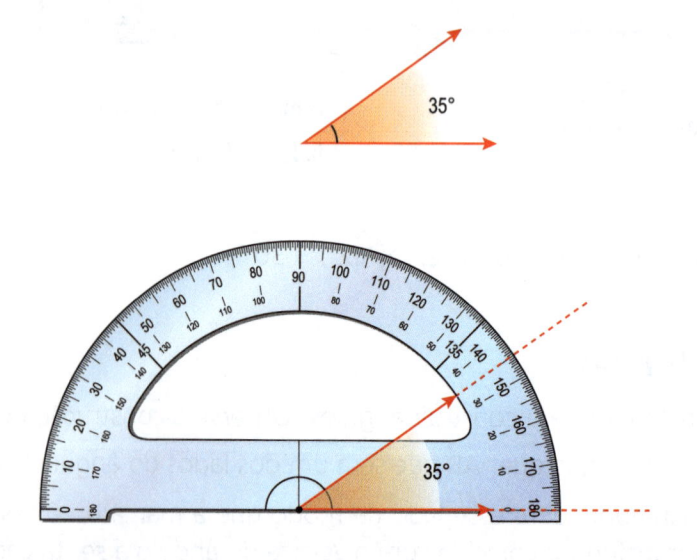

ATIVIDADES

6 Qual é a medida do ângulo assinalado neste transferidor? _____

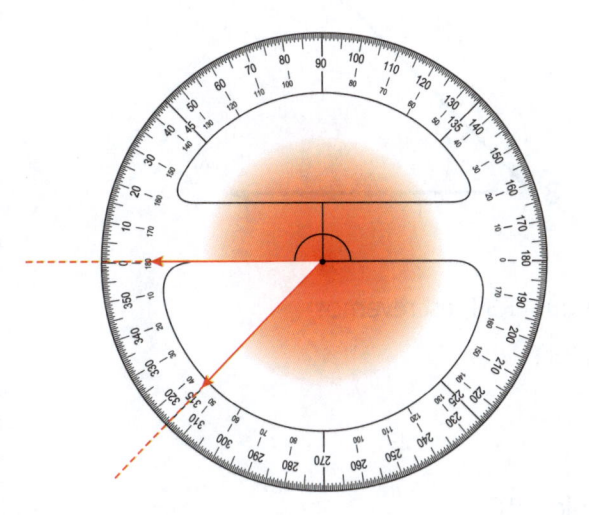

7 Quanto mede o ângulo em destaque?

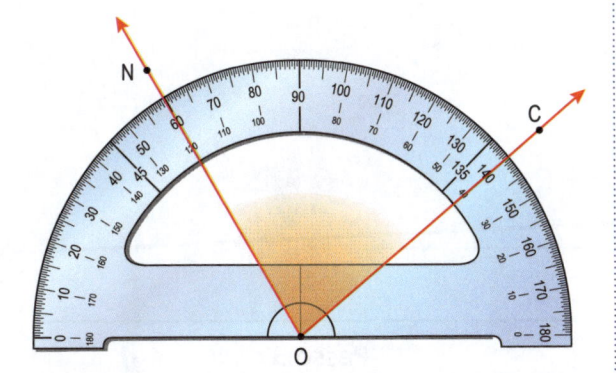

_____

8 Meça estes ângulos e classifique-os em reto, agudo ou obtuso.

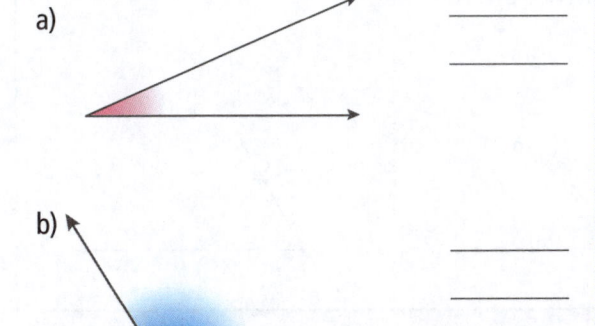

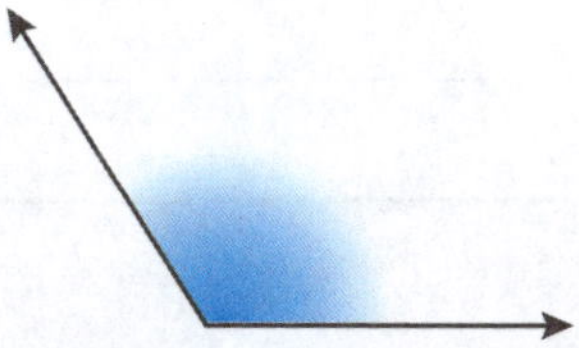

a) _____

b) _____

c) _____

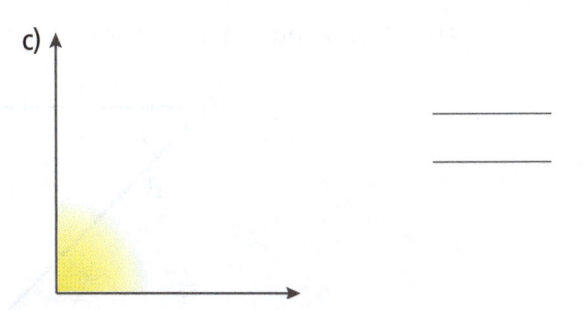

d) _____

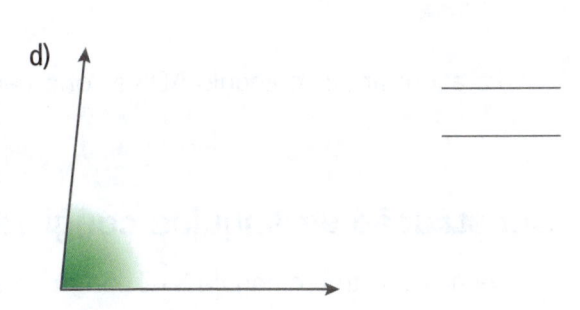

9 Usando um transferidor, construa ângulos de:

a) 45°   c) 75°

b) 135°   d) 200°

10 Com o auxílio do transferidor, desenhe um ângulo cuja medida seja o dobro da medida deste ângulo.

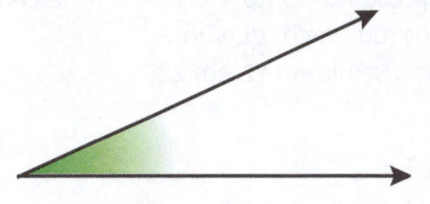

27

▶ Ângulos congruentes

Quando dois ângulos têm a mesma medida, dizemos que eles são **ângulos congruentes**.

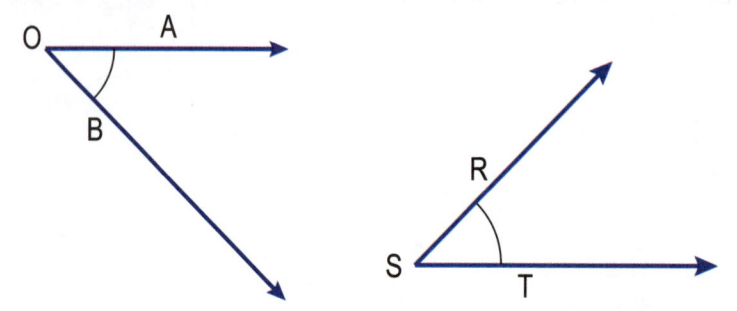

Para indicar que o ângulo AÔB é congruente ao ângulo RŜT, escrevemos:

$$A\hat{O}B \cong R\hat{S}T$$

Construção de ângulos congruentes

Vamos construir o ângulo XŶZ congruente ao ângulo AB̂C.

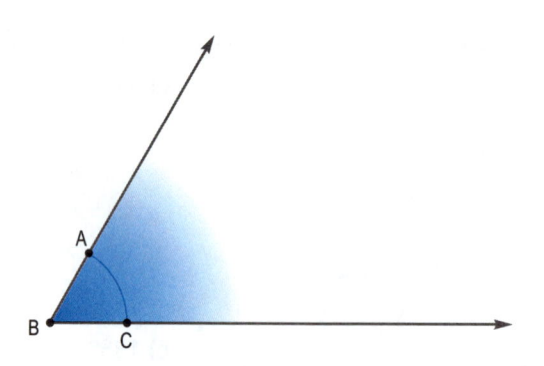

Passo 1

Traçamos uma semirreta, com origem Y. Abrimos o compasso com uma medida igual ao segmento $\overline{BC}$. Colocamos a ponta-seca do compasso no ponto Y e traçamos um arco que intercepta a semirreta $\overrightarrow{YZ}$ em Z.

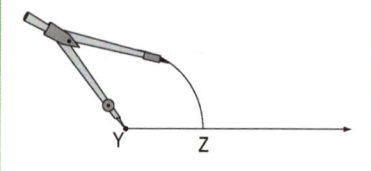

Passo 2

Abrimos o compasso com uma medida igual à distância de A a C. Colocamos a ponta-seca em Z e traçamos um arco que intercepta o anterior em X.

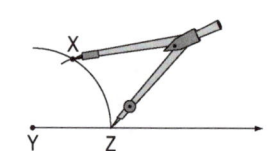

Passo 3

Traçamos a semirreta $\overrightarrow{YX}$, construindo assim o ângulo XŶZ congruente ao ângulo AB̂C.

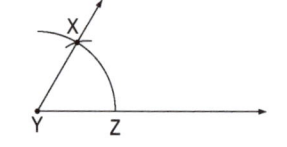

ATIVIDADES

11 Meça com um transferidor os ângulos internos de cada polígono e indique os pares de ângulos congruentes.

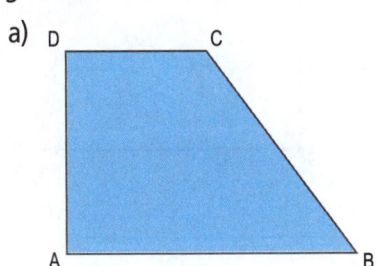

a)

_____
_____
_____

b)

_____
_____
_____
_____
_____

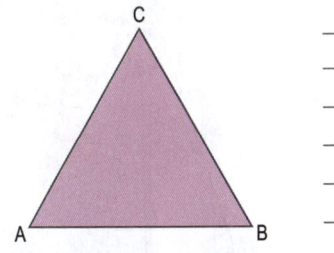

12 Observe os ângulos representados na malha quadriculada e indique os pares de ângulos congruentes.

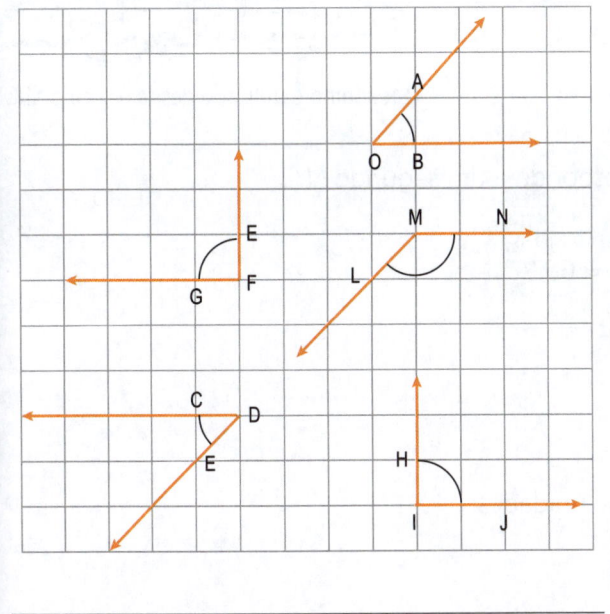

_____
_____
_____

13 Em cada polígono, descubra os pares de ângulos internos congruentes.

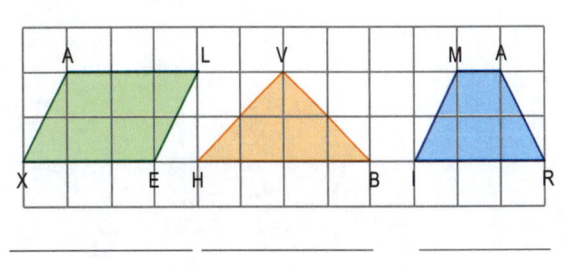

_____ _____ _____

_____ _____ _____

14 Na figura abaixo, os ângulos BÂC e CÂD são congruentes e m(BÂC) = 33°.

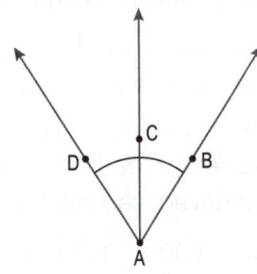

a) Qual é a medida do ângulo CÂD? _____

b) E do ângulo BÂD? _____

15 Os 8 ângulos destacados na figura abaixo são congruentes entre si.

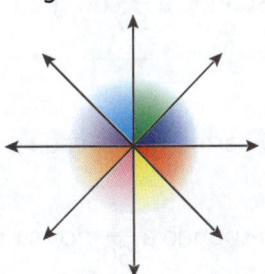

Quanto mede cada ângulo? _____

16 Os ângulos BÂC e CÂD são congruentes. Qual é a medida de cada um? _____

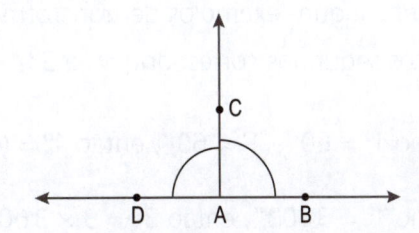

29

17 Use uma régua e um compasso para construir um ângulo congruente a cada um desses ângulos.

a)   b) 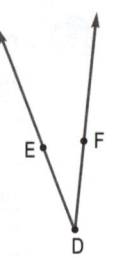   c)

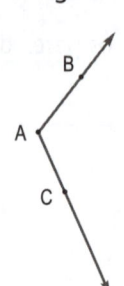

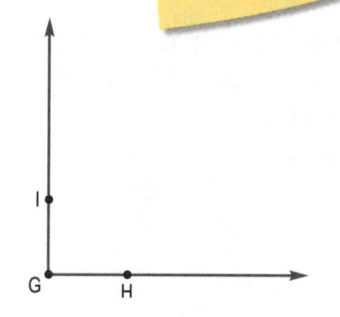

Faça os desenhos no seu caderno.

▶ Grau e seus submúltiplos

Com o transferidor podemos medir ângulos com intervalos de um grau. Porém, existem ângulos que não têm como medida um número inteiro de graus. Para medi-los utiliza-se um instrumento chamado teodolito, empregado na agrimensura; um outro é o sextante, usado na navegação marítima.

Para registrar medidas menores que o grau, usamos os **submúltiplos do grau**: o minuto (') e o segundo (").

Dividindo 1° em 60 partes iguais, cada parte corresponde a um minuto (1').

> 1 minuto corresponde a $\frac{1}{60}$ do grau ou 1° = 60'.

O teodolito é utilizado desde o século XIX.

Dividindo 1' em 60 partes iguais, cada parte corresponde a um segundo (1").

> 1 segundo corresponde a $\frac{1}{60}$ do minuto ou 1' = 60".

Transformação de unidades

Acompanhe alguns exemplos de transformação de unidades:

• Quantos segundos correspondem a 3°?

Como 1° = 60' e 1' = 60", então 1° = (60 × 60)" = 3 600".

Como 1° = 3 600", então 3° = 3 × 3 600" = 10 800".

- Quantos minutos correspondem a 12° 7'?

    12° = (12 × 60)' = 720'

    720' + 7' = 727'

- Transforme 65' em graus e minutos.

    65 | 60   65 = 1 × 60' + 5'

     5   1   65' = 1° 5'

- Transforme 4 650" em graus, minutos e segundos.

    4650 | 60
    420   77   4650" = 77 × 60" + 30" = 77' 30"
     450
     420
      30

    77 | 60
    60   1   77' = 1 × 60' + 17' = 1° 17'
    17'

4 650" = 1° 17' 30".

ATIVIDADES

18 Quais são os submúltiplos do grau?

19 Qual é a relação existente entre o grau e o minuto?

20 Qual é a relação existente entre o minuto e o segundo?

21 Quantos segundos correspondem a 1°?

22 Determine quantos minutos correspondem a:
a) 3° _____

b) 15° 18' _____

c) 2 340" _____

23 Determine quantos segundos correspondem a:
a) 11' _____

b) 4' 17" _____

c) 5° _____

31

24 Determine quantos graus, minutos e segundos correspondem a:

a) 6 450"

b) 12 520"

c) 36 789"

▶ Bissetriz de um ângulo

Desenhamos um "ângulo" numa folha de papel e depois recortamos. Dobramos o papel de modo que um lado do ângulo coincida com o outro. (Figura 1)

Em seguida, desdobramos o papel. (Figura 2)

Riscamos com um lápis a marca da dobra que permaneceu no papel, e obtivemos o traçado de parte da **bissetriz** desse ângulo. (Figura 3)

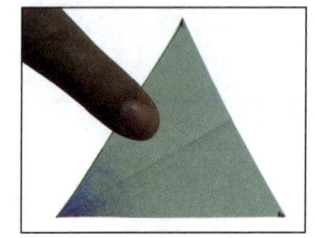

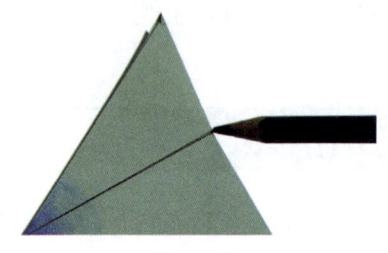

| Figura 1 | Figura 2 | Figura 3 |

Na figura abaixo, a semirreta $\vec{OC}$ divide o ângulo $A\hat{O}B$ em dois ângulos congruentes. Logo $\vec{OC}$ é bissetriz do ângulo $A\hat{O}B$.

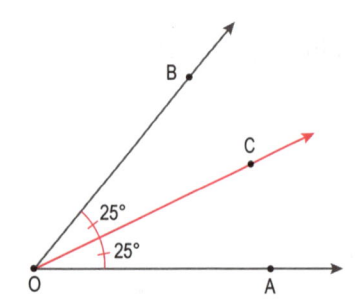

$\vec{OC}$ é bissetriz de $A\hat{O}B$.
$m(A\hat{O}C) \cong m(B\hat{O}C)$

> **Bissetriz** de um ângulo é a semirreta que divide esse ângulo em dois ângulos congruentes.

Construção da bissetriz de um ângulo com régua e compasso

1º Passo
Desenhamos um ângulo ABĈ qualquer e, com a ponta-seca do compasso em B, traçamos o arco $\vec{DE}$.

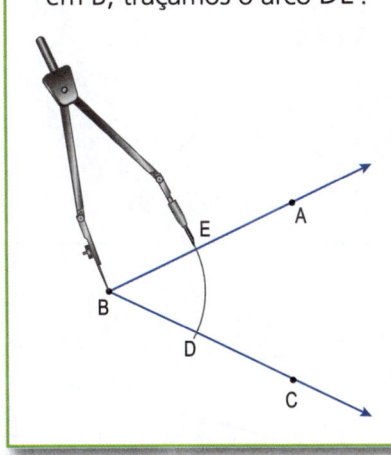

2º Passo
Com a ponta-seca em E e depois em D, traçamos dois arcos que se encontram em F.

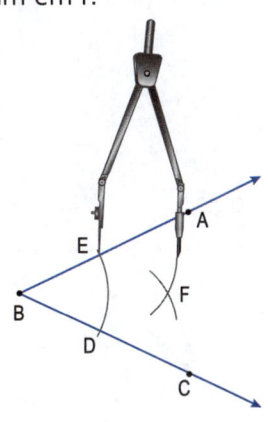

3º Passo
Traçamos a semirreta $\vec{BF}$, que é a bissetriz do ângulo ABĈ.

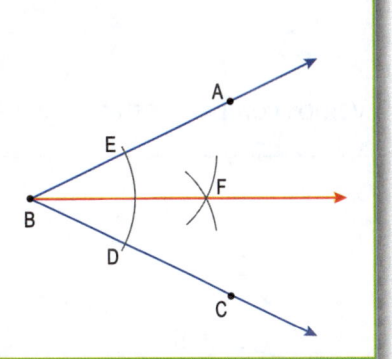

ATIVIDADES

25 Na figura abaixo, $\vec{BC}$ é a bissetriz do ângulo AB̂D.

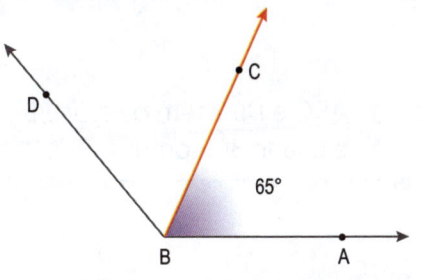

65°

a) Quanto mede o ângulo CB̂D? _____

b) E o ângulo AB̂D? _____

26 Nesta figura, $\vec{OB}$ é a bissetriz de AÔC e $\vec{OD}$ é a bissetriz de CÔE. Observe e responda.

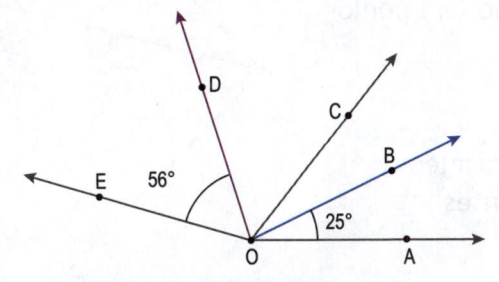

56°   25°

a) Qual é a medida de BÔD? _____

b) Qual é a medida de AÔE? _____

27 Use o transferidor e desenhe ângulos de 120°, 70°, 34° e 98°. A seguir, com régua e compasso, trace a bissetriz de cada ângulo.

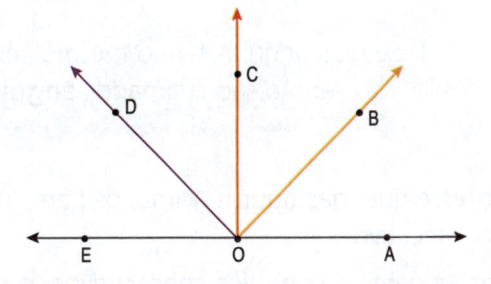

Faça os desenhos no seu caderno.

28 Nesta figura, $\vec{OC}$ é a bissetriz de AÔE; $\vec{OB}$ é a bissetriz de AÔC e $\vec{OD}$ é a bissetriz de CÔE.

Sabendo que AÔE é um ângulo raso, isto é, m(AÔE) = 180°, quanto mede:

a) AÔC _____

b) AÔB _____

c) DÔE _____

d) BÔD _____

e) BÔE _____

33

▶ Ângulos com vértice comum

Ângulos consecutivos e ângulos adjacentes

Na figura ao lado podemos destacar três ângulos com vértice comum:

AB̂D, DB̂C e AB̂C.

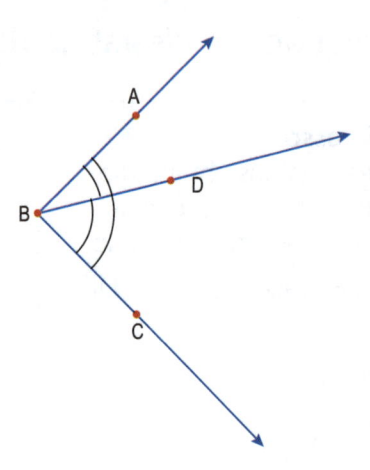

Vamos comparar estes ângulos dois a dois.

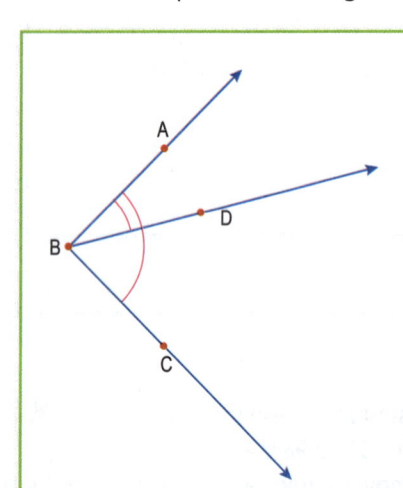

AB̂D e AB̂C têm o vértice B e o lado $\overrightarrow{BA}$ comuns.	AB̂D e DB̂C têm o vértice B e o lado $\overrightarrow{BD}$ comuns.	AB̂C e DB̂C têm o vértice B e o lado $\overrightarrow{BC}$ comuns.

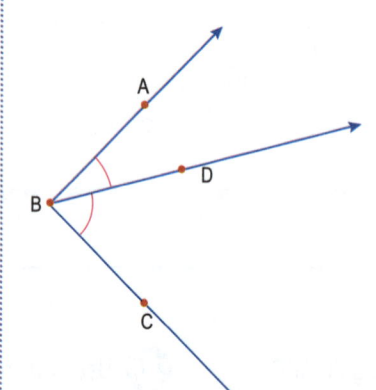

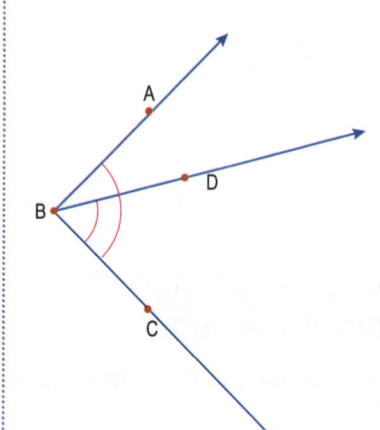

> Se dois ângulos têm o mesmo vértice e um lado comum, então são chamados **ângulos consecutivos**.

Observe que, nas figuras acima, os pares de ângulos citados são ângulos consecutivos.

Desses pares de ângulos consecutivos, o único que não têm ponto interno comum é o par AB̂D e DB̂C.

> Dois ângulos consecutivos que não têm ponto interno comum, são chamados **ângulos adjacentes**.

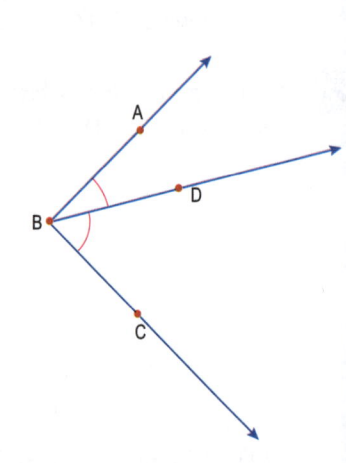

Os ângulos AB̂D e DB̂C são adjacentes.

34

ATIVIDADES

29 Observe esta figura e responda:

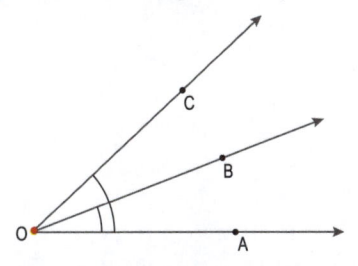

a) Os ângulos AÔB e AÔC são consecutivos?

_____

b) Eles são adjacentes? _____

30 Observe esta outra figura e responda:

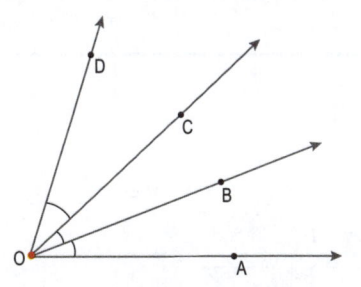

a) Os ângulos DÔC e CÔB são consecutivos? _____

b) Eles são adjacentes? _____

c) Os ângulos DÔC e BÔA são consecutivos? _____

d) Eles são adjacentes? _____

31 Classifique como consecutivos adjacentes ou consecutivos não adjacentes estes pares de ângulos.

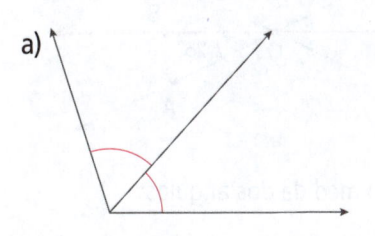

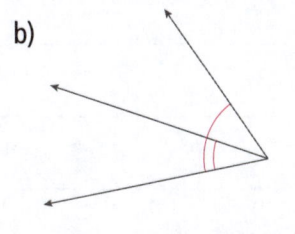

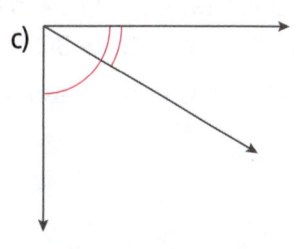

a)

_____

b)

_____

c)

_____

32 Nesta figura estão indicadas as medidas dos ângulos adjacentes.

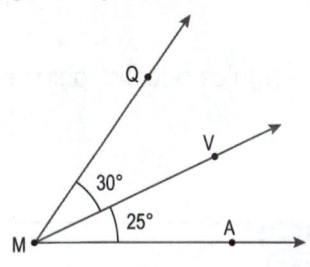

Qual é a medida do ângulo AM̂Q?

_____

33 Nesta figura estão indicadas as medidas dos ângulos consecutivos.

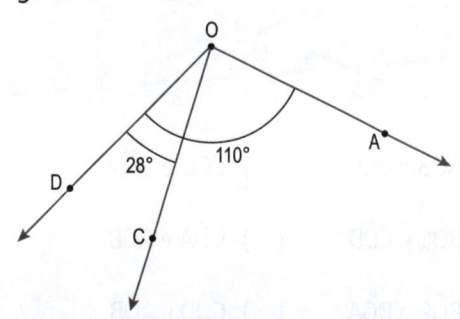

Qual é a medida do ângulo AÔC?

_____

34 Os ângulos AP̂M e MP̂N são adjacentes. Sabe-se que m(AP̂M) = 36° e m(MP̂N) = 44°. Quanto mede o ângulo formado pelas bissetrizes desses dois ângulos?

35

Ângulos opostos pelo vértice

Nesta figura as semirretas $\overrightarrow{OC}$ e $\overrightarrow{OA}$ são opostas. Observe que as semirretas $\overrightarrow{OB}$ e $\overrightarrow{OD}$ também são opostas. Nesse caso os ângulos AÔD e BÔC são chamados **ângulos opostos pelo vértice (o.p.v.)**.

■ Os ângulos AÔD e BÔC têm a mesma medida.

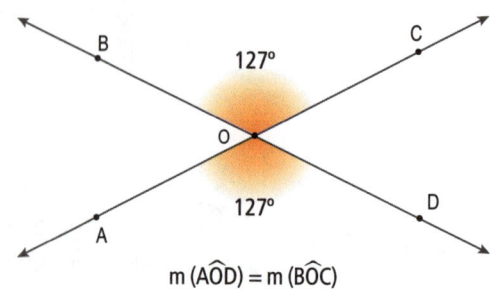

m (AÔD) = m (BÔC)

> Ângulos opostos pelo vértice são congruentes, ou seja, têm a mesma medida.

ATIVIDADES

35 Observe a figura e assinale os pares de ângulos opostos pelo vértice.

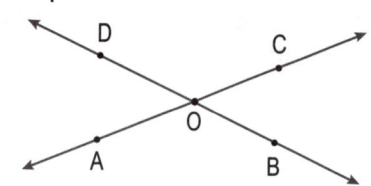

( ) AÔB e BÔC   ( ) CÔD e DÔA

( ) BÔC e CÔD   ( ) DÔA e AÔB

( ) BÔC e DÔA   ( ) CÔD e AÔB

36 Calcule mentalmente o valor de y nestas figuras.

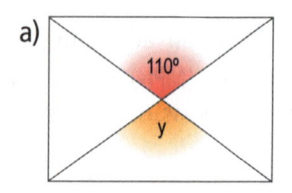

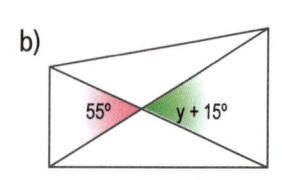

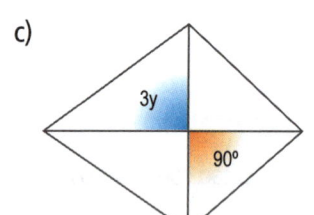

a) 110°, y

y = _____

b) 55°, y + 15°

y = _____

c) 3y, 90°

y = _____

37 $\overrightarrow{OB}$ é a bissetriz de AÔC, $\overrightarrow{OE}$ é a bissetriz de DÔF e os ângulos AÔC e DÔF são opostos pelo vértice.

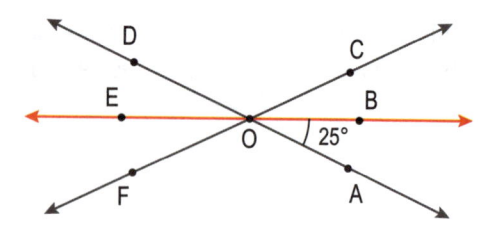

Determine a medida dos ângulos:

a) BÔC _____

b) EÔF _____

c) DÔE _____

d) DÔF _____

e) AÔC _____

Ângulos complementares e ângulos suplementares

Observe a figura:

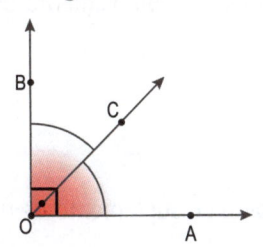

Os ângulos AÔC e CÔB são adjacentes, pois são dois ângulos consecutivos sem ponto interno comum.

Os ângulos BÔC e CÔA, juntos, formam um ângulo reto, ou seja, m(BÔA) = 90°. Eles são **ângulos adjacentes** e **complementares**.

Os dois ângulos abaixo não são adjacentes, mas são complementares.

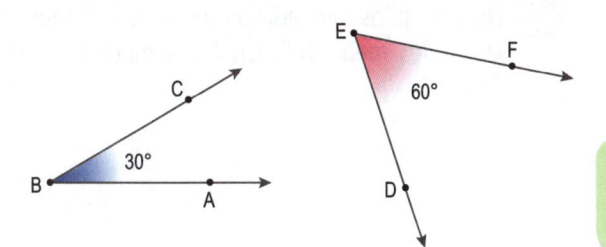

> Dois **ângulos** são **complementares** quando a soma de suas medidas é igual a 90°.

m(AB̂C) + m(DÊF) = 90°.

Observe, agora, os dois ângulos adjacentes destacados abaixo:

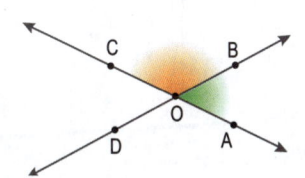

Os ângulos AÔB e BÔC, juntos, formam um ângulo raso, ou seja, m(AÔC) = 180°. Os ângulos AÔB e BÔC são **ângulos adjacentes** e **suplementares**.

Observe que os ângulos abaixo não são adjacentes, mas são suplementares:

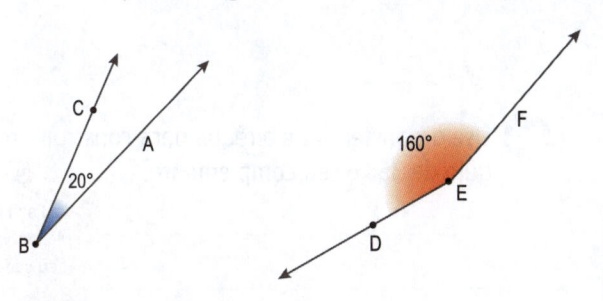

> Dois **ângulos** são **suplementares** quando a soma de suas medidas é igual a 180°.

m(AB̂C) + m(DÊF) = 180°.

Observações

- **Complemento de um ângulo** é o que falta para 90°.
- **Suplemento de um ângulo** é o que falta para 180°.

ATIVIDADES

38 Observe estes ângulos e indique os pares complementares.

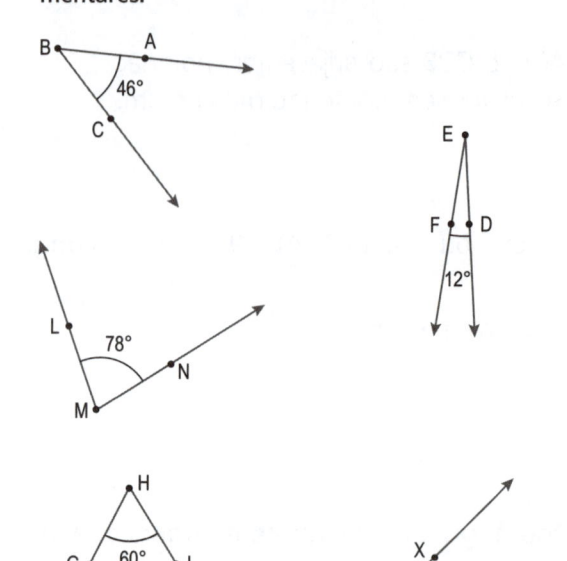

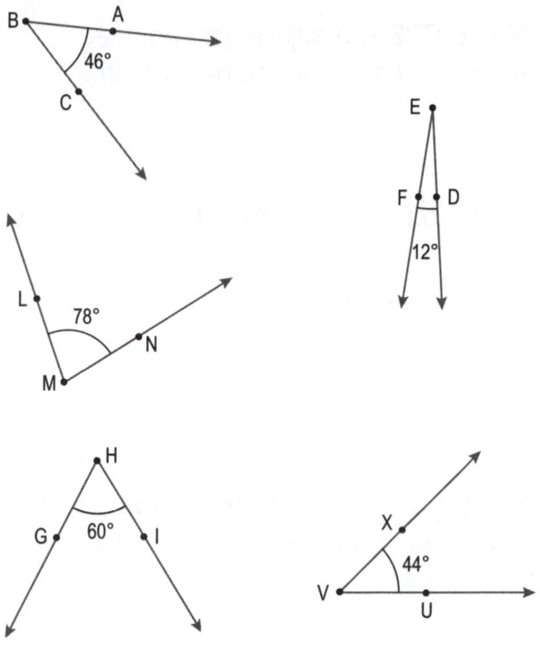

- B A C: 46°
- E F D: 12°
- L M N: 78°
- G H I: 60°
- X V U: 44°

_____
_____

39 Observe estes ângulos e indique os pares suplementares.

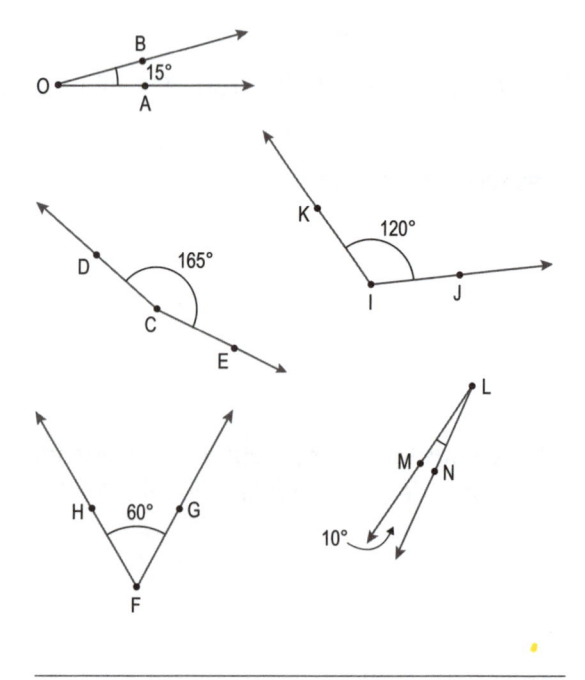

- O A B: 15°
- D C E: 165°
- K I J: 120°
- H F G: 60°
- L M N: 10°

_____
_____

40 Qual é a medida do complemento de um ângulo de 22°?

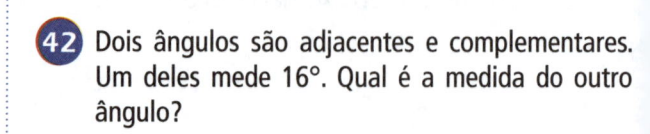

_____
_____

41 Qual é a medida do suplemento de um ângulo de 78°?

_____
_____

42 Dois ângulos são adjacentes e complementares. Um deles mede 16°. Qual é a medida do outro ângulo?

_____
_____

43 Observe estas figuras e descubra o valor de y.

a) (figura com 10° e y)

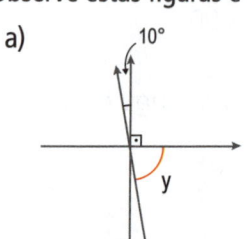

y = _____

b) (figura com 110° e y, y)

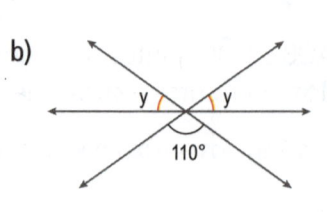

y = _____

44 Use o transferidor e a régua para construir um ângulo de 35° e seu complemento.

_____
_____

Faça os desenhos no seu caderno.

45 Construa dois ângulos adjacentes e suplementares. Trace suas bissetrizes. Qual é a medida do ângulo formado pelas bissetrizes?

_____
_____

Capítulo 4
NÚMEROS INTEIROS

▶ Os números inteiros

Para indicar algumas situações do dia a dia, necessitamos de números positivos e números negativos. Veja, por exemplo, esta notícia.

> Em Campos do Jordão, no estado de São Paulo, a temperatura é de três graus Celsius e em São Joaquim, no estado de Santa Catarina, temos três graus Celsius negativos.

Observe a representação das temperaturas mencionadas no texto:

- três graus Celsius (acima de zero): **+ 3 °C ou 3 °C**
- três graus Celsius negativos (abaixo de zero): **– 3 °C**

Veja outros exemplos em que são necessários números positivos e números negativos.

Contas-correntes

Os extratos bancários registram tudo o que acontece na conta-corrente de uma pessoa. O histórico abaixo mostra que, nos dias 29 de março e 2 de abril, o saldo era positivo, e no 1º dia de abril era negativo.

	EXTRATO INTEGRADO			CONTA Nº 33716
Dia	Histórico/Nº do documento Saldo em 29/03	Débito	Crédito	Saldo 80,00
01	Cheque 78114438	70,00		
01	Saque	30,00		20,00 –
02	Cheque 78114439	50,00		
02	Depósito		100,00	
02	D.O.C. recebido		45,00	75,00

39

Elevadores

Nos painéis dos elevadores é comum observarmos números positivos, números negativos e a letra T (de térreo) ou zero.

Os números negativos indicam os pisos que estão abaixo do nível da rua, o T ou zero indica o andar térreo (nível da rua) e os números positivos mostram os andares acima do nível da rua.

Altitude

Convenciona-se que, ao nível do mar, a altitude é igual a zero. Altitudes "acima" do nível do mar são representadas por números positivos.

O Pico da Neblina, localizado em São Gabriel da Cachoeira (AM), é o ponto mais elevado do Brasil. Ele tem 2994 m acima do nível do mar ou +2994 m.

Fonte: IBGE, 2004.

Os locais ao nível do mar são considerados 0 m de altitude.

Pico da Neblina.

A chamada fenda de Bentley, que data do período subglacial e se localiza na Antártida, tem 2 538 m abaixo do nível do mar, ou seja, −2 538 m.

• Saldo de gols

O Flamengo foi o time campeão do Campeonato Brasileiro de Futebol de 2009. A tabela mostra os 7 primeiros times colocados.

TIMES	PG	J	V	E	D	GP	GC	SG
1º Flamengo	67	38	19	10	9	58	44	14
2º Internacional	65	38	19	8	11	65	44	21
3º São Paulo	65	38	18	11	9	57	42	15
4º Cruzeiro	62	38	18	8	12	58	53	5
5º Palmeiras	62	38	17	11	10	58	45	13
6º Avaí	57	38	15	12	11	61	52	9
7º Atlético-MG	56	38	16	8	14	55	56	−1

Legenda
PG – Pontos Ganhos   D – Derrotas
J – Jogos   GP – Gols Pró
V – Vitórias   GC – Gols Contra
E – Empates   SG – Saldo de Gols

Fonte: Disponível em: <http://esporte.uol.com.br/futebol/campeonatos/brasileiro/2009/serie-a/classificacao.jhtm>. Acesso em: 11 jun 2012.

Repare que o Flamengo teve 58 gols pró e 44 gols contra, obtendo um saldo positivo de 14 gols ou + 14 gols. Já o Atlético-MG teve 55 gols pró e 56 gols contra, obtendo um saldo negativo de 1 gol ou – 1 gol.

Números inteiros

Os números naturais diferentes de zero são considerados números inteiros positivos e podem ser, ou não, precedidos do sinal +.

$$+1 = 1 \quad +2 = 2 \quad +3 = 3 \ldots$$

Os números inteiros negativos são: ... –5, –4, –3, –2, –1.
O zero não é nem positivo nem negativo.

O conjunto dos números inteiros

Numa cidade, um termômetro registrou 5 °C. Após algum tempo, a temperatura baixou 8 °C. Que temperatura o termômetro registrou naquele momento?

Para resolver esse problema é preciso efetuar a subtração: 5 – 8. Esta operação não pode ser realizada no conjunto $\mathbb{N}$.

Para efetuá-la é necessário usar os números inteiros negativos, pois 5 – 8 = – 3.

Reunindo-se os números inteiros negativos com os números naturais, obtém-se o conjunto dos números inteiros. Indicamos esse conjunto com o símbolo $\mathbb{Z}$.

$$\mathbb{Z} = \{\ldots -3, -2, -1, 0, 1, 2, 3, \ldots\}$$

> O símbolo $\mathbb{Z}$ é a letra inicial da palavra alemã Zahl, que significa número.

ATIVIDADES

1 Dê um exemplo de uso de números inteiros negativos no dia a dia.
_____
_____

2 Classifique os números inteiros em positivos ou negativos:
a) 2000 _____
b) – 1500 _____
c) – 1520 _____
d) 500 _____

3 Qual é o único número inteiro que não é nem positivo nem negativo? _____

4 Use números inteiros positivos ou negativos para indicar:
a) uma temperatura de 15 °C acima de zero _____
b) um "saldo" de cinco gols negativos _____
c) um crédito de R$ 100,00 _____
d) uma altitude de 3200 metros acima do nível do mar _____
e) dois andares abaixo do nível da rua _____
f) dez pontos ganhos por um jogador numa competição _____
g) um débito de R$ 50,00 _____

5 Um submarino está 200 metros abaixo do nível do mar. Use um número inteiro positivo ou negativo para indicar a posição em que esse submarino se encontra em relação ao nível do mar. _____

6 Um time de handebol marcou 50 gols durante um campeonato e sofreu 65. O saldo de gols desse time foi positivo ou negativo? _____

7 Classifique as sentenças em verdadeiras (V) ou falsas (F). No caso de serem falsas, escreva um exemplo que contrarie a afirmação, ou seja, um contraexemplo.

( ) Todo número inteiro tem um único sucessor e um único antecessor.
_____
_____

( ) O conjunto dos números inteiros é infinito.
_____
_____

( ) No conjunto dos números inteiros, o número zero não tem sucessor.
_____
_____

( ) Todo número natural é inteiro.
_____
_____

( ) Todo número inteiro é natural.
_____
_____

VOCÊ SABIA?

Os sinais + e –

Existem várias explicações sobre o surgimento dos sinais + e – usados nos cálculos para indicar os números positivos e negativos.

Esta é uma versão resumida da lenda sobre a origem dos sinais (+) e (–), contada por Júlio César de Melo e Souza (1895-1974), escritor e matemático brasileiro, mais conhecido por Malba Tahan.

"Havia, já lá se vão muitos anos, numa cidade da Alemanha, um homem que negociava em vinhos. Recebia esse homem, diariamente, vários tonéis de vinho. Os tonéis que chegavam do fabricante eram cuidadosamente pesados. Se o tonel continha mais vinho do que devia, o homem marcava-o com um sinal em forma de cruz: (+). Esse sinal indicava mais, isto é, mais vinho, um excesso. Se ao tonel parecia faltar uma certa porção de vinho, o homem assinalava-o com um pequeno traço (–). Tal sinal indicava menos, isto é, menos vinho, uma falta. Desses sinais, usados outrora pelo marcador de vinho (diz a lenda), surgiram os símbolos + e – empregados hoje no mundo inteiro pelos matemáticos e calculistas."

Malba Tahan. *As Maravilhas da Matemática*. Rio de Janeiro: Bloch Editores, 1987. p. 29 e 30.

Representação dos números inteiros na reta numérica

O termômetro é um instrumento usado para medir temperaturas. Nele, existe uma escala com números positivos e negativos. Para medir a febre ou para medir a temperatura do ar, utilizam-se termômetros que marcam a temperatura em graus Celsius (°C).

Os números positivos indicam temperaturas acima de zero; e os negativos, temperaturas abaixo de zero.

A escala de um termômetro lembra parte da reta numérica.

Os números inteiros podem ser representados em uma **reta numérica**.

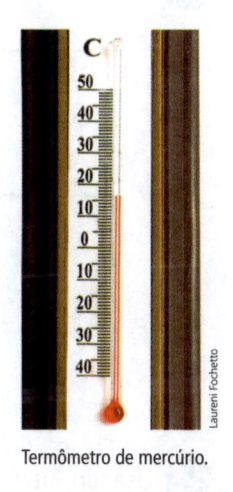

Termômetro de mercúrio.

1. Escolhemos um ponto O como origem e a ele associamos o número 0.

2. Escolhemos uma unidade de medida (o centímetro, por exemplo) e a utilizamos para marcar, na reta, os pontos que representam números negativos à esquerda de 0, e os pontos que representam números positivos à direita de 0.

Cada número é chamado **abscissa** do ponto correspondente. Assim, nesta reta numérica, − 4 é a abscissa do ponto M, 3 é a abscissa do ponto C.

ATIVIDADES

8 Observe a reta numérica.

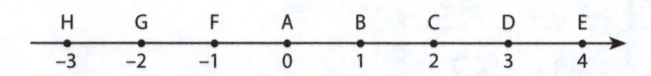

a) Qual é a abscissa do ponto B? _____

E do ponto H? _____

b) O número − 2 é a abscissa de que ponto? E o número 4?

_____

9 Quais são os números associados aos pontos A, B, C e D na reta numérica?

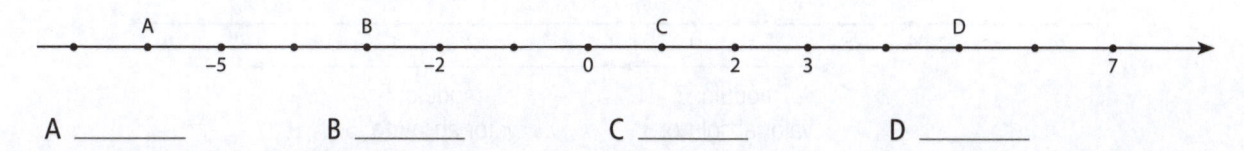

A _____ B _____ C _____ D _____

10 Quais são as abscissas dos pontos indicados em cada reta?

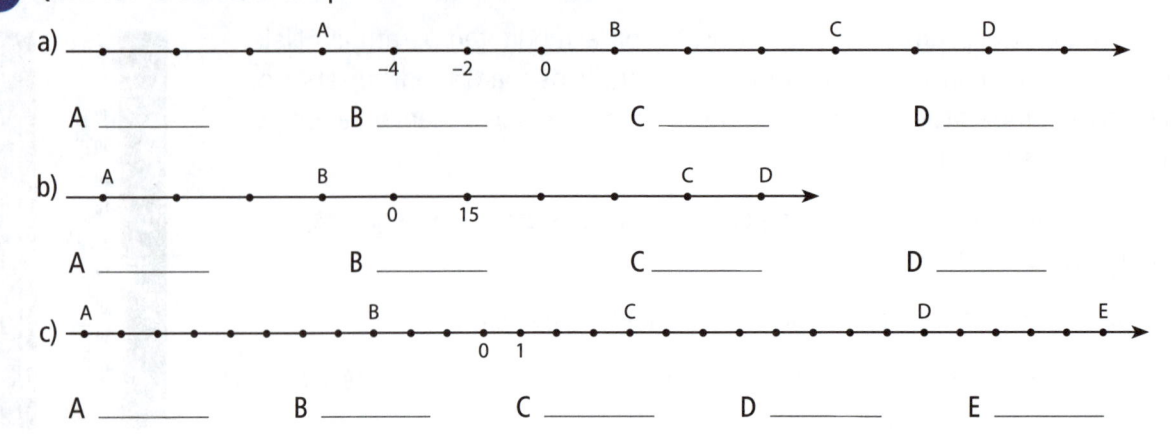

a) Reta com marcações -4, -2, 0 e pontos A, B, C, D

A _____ B _____ C _____ D _____

b) Reta com marcações 0, 15 e pontos A, B, C, D

A _____ B _____ C _____ D _____

c) Reta com marcações 0, 1 e pontos A, B, C, D, E

A _____ B _____ C _____ D _____ E _____

11 Usando intervalos de 10 unidades, represente na reta numérica os pontos de abscissas – 40, – 30, 0, 10, 20 e 50.

12 Localize numa reta numérica os pontos de abscissa – 4, – 1, 0, 11, 15 e 21.

Módulo de um número inteiro

Na figura estão representadas três pessoas: Mariana, Gustavo e Lineu.

Mariana está 3 m acima do nível da rua, Gustavo está no nível da rua e Lineu está 3 m abaixo do nível da rua.

Em relação ao nível da rua, a posição de Mariana é + 3, de Gustavo é 0 e de Lineu é – 3.

Mariana e Lineu estão a uma mesma distância de 3 metros do nível zero.

Numa reta numérica, a distância de um ponto à origem é o módulo, ou valor absoluto do número correspondente.

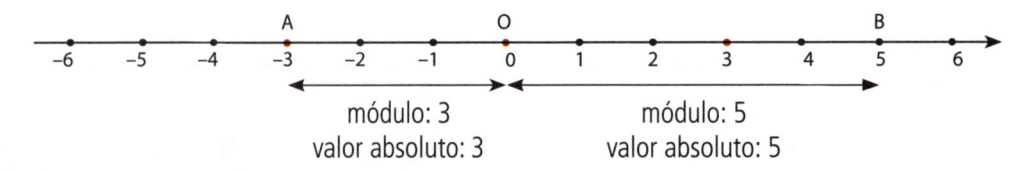

A em -3: módulo: 3, valor absoluto: 3
B em 5: módulo: 5, valor absoluto: 5

44

- O módulo de − 3 (abscissa do ponto A) é 3 (distância do ponto A à origem).
- O módulo de 0 (abscissa do ponto O) é 0 (distância do ponto O à origem).
- O módulo de 5 (abscissa do ponto B) é 5 (distância do ponto B à origem).

Indica-se o módulo (ou valor absoluto) colocando o número entre duas barras.

$$|-3| = 3 \quad |0| = 0 \quad |5| = 5$$

Números opostos ou simétricos

Dois números distintos que têm o mesmo módulo, ou valor absoluto, são abscissas de pontos simétricos em relação à origem.

Observe esta reta numérica:

```
      S       O       T
      •───────•───────•──►
     −2       0       2
```

Os pontos S e T são simétricos em relação à origem. O módulo de suas abscissas é 2:

$|+2| = 2$ e $|-2| = 2$

Os números que representam as abscissas de dois pontos simétricos em relação à origem (ponto de abscissa zero) são chamados **números opostos**.

+2 e −2 são números opostos.

ATIVIDADES

13 Considere esta reta numérica:

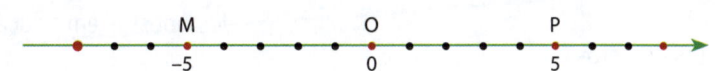

```
         M           O           P
   •──•──•──•──•──•──•──•──•──•──•──►
        −5          0           5
```

a) Qual é a distância do ponto P ao ponto O? _____

b) Qual é a distância do ponto M ao ponto O? _____

c) Os pontos P e M são simétricos em relação ao ponto O? Por quê?
_____

d) Os números − 5 e 5 são opostos? Por quê?
_____

e) Qual é o valor absoluto de − 5? _____ E do 5? _____

14 Responda.

a) Qual é o valor absoluto de zero? Por quê?
_____

b) Qual é o oposto de 0? _____

45

15 Observe a reta numérica e determine as distâncias indicadas.

(reta numérica de −8 a 8)

a) de −6 a 0 _____
b) de −7 a 0 _____
c) de −4 a 0 _____
d) de 6 a 0 _____
e) de 7 a 0 _____
f) de 4 a 0 _____
g) de 2 a 7 _____
h) de −2 a 7 _____
i) de −7 a 2 _____
j) de −2 a −7 _____
k) de −3 a 5 _____
l) de −3 a 3 _____

16 Dê as distâncias de:

a) 0 a 15 _____
b) −15 a 0 _____
c) 30 a 62 _____
d) −30 a 62 _____
e) −60 a −20 _____
f) −100 a 100 _____

17 Nesta reta numérica, assinale o oposto de −5 e o de +7.

(reta numérica de −8 a 8)

18 Indique a diferença de temperatura entre:

a) 0 °C e 4 °C _____
b) −8 °C e 15 °C _____
c) −13 °C e −2 °C _____
d) 25 °C e 37 °C _____

19 Dê o módulo destes números:

a) 7 _____
b) 10 _____
c) −8 _____
d) −25 _____
e) 0 _____
f) −239 _____
g) 574 _____
h) −1000 _____

20 Indique os números inteiros que possuem módulo:

a) maior que 0

_____

b) menor que 0

_____

c) menor que 4

_____

d) maior que 4

_____

21 Efetue.

$|200| + |-100| - |-35| - |-20| =$ _____

22 Como são chamados os números que têm o mesmo módulo, mas, na reta numérica, estão em lados opostos em relação à origem?

_____
_____

23 Dê o oposto de:

a) −5 _____
b) −20 _____
c) 0 _____
d) 5 _____
e) 20 _____

24 Numa reta numérica, localize o oposto de −5 e o oposto de +7.

Comparação de números inteiros

Quando estabelecemos uma relação de igualdade ou de desigualdade entre dois números inteiros, estamos comparando esses números. Exemplos:

- A previsão de temperaturas máxima e mínima para algumas cidades do mundo, em um certo dia, era esta:

Cidade	Tempo	Temperatura Mínima (°C)	Temperatura Máxima (°C)
Amsterdã	Nublado	6	11
Budapeste	Nublado	–1	9
Moscou	Neve	–8	–1
Nova Iorque	Chuvoso	5	11

Podemos afirmar que:

a) A temperatura máxima prevista para Moscou é menor que a prevista para Budapeste (– 1 < 9).

b) A temperatura máxima prevista para Amsterdã é igual à prevista para Nova Iorque (11 = 11).

c) A temperatura mínima prevista para Budapeste é maior que a prevista para Moscou (– 1 > – 8).

Comparação na reta numérica

Podemos usar uma reta numérica para comparar números inteiros.

- Comparando dois números inteiros positivos

  O maior é o que está à direita.

  Exemplo: 10 é maior que 7 ou **10 > 7**.

- Comparando dois números inteiros negativos

  O maior é o que está à direita.

  Exemplo: – 2 é maior que – 6 ou **– 2 > – 6**.

- Comparando um número inteiro positivo e um inteiro negativo

  Qualquer número inteiro positivo é maior que qualquer número inteiro negativo.

  Exemplo: 3 é maior que – 4 ou **3 > – 4**.

- Comparando um número inteiro positivo com o zero

  Qualquer número inteiro positivo é maior que zero.

  Exemplo: 12 é maior que 0 ou **12 > 0**.

- Comparando um número inteiro negativo com o zero

  Qualquer número inteiro negativo é menor que zero.

  Exemplo: – 3 é menor que 0 ou **– 3 < 0**.

> Ao comparar dois números inteiros, o maior é aquele que, na reta numérica, está à direita do outro.

ATIVIDADES

25 Classifique as sentenças em verdadeiras (V) ou falsas (F) e corrija as que forem falsas.

( ) O zero é menor que qualquer número inteiro negativo.
_____
_____
_____

( ) O zero é menor que qualquer número inteiro positivo.
_____
_____
_____

( ) Qualquer número inteiro positivo é menor que qualquer número inteiro negativo.
_____
_____
_____

( ) Um número inteiro positivo é sempre maior que um número inteiro negativo.
_____
_____
_____

26 Compare os números usando os sinais < ou >.
a) -2 _____ -7
b) -3 _____ 5
c) 4 _____ -3
d) 8 _____ 0
e) -8 _____ 0
f) -7 _____ -1
g) 4 _____ -1
h) -4 _____ 1
i) 0 _____ -2
j) -500 _____ -100

27 Assim como os números naturais, os inteiros também têm sucessor e antecessor. Complete esta tabela.

Antecessor	Número	Sucessor
	−10	
0		
		−2

28 Observe esta reta numérica e identifique as sentenças verdadeiras.

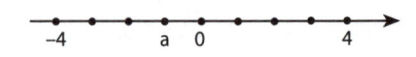

-4 .... a $\;\;0$ 4

( ) $a > -4$
( ) $a < -10$
( ) $a > 0$
( ) $a > 4$
( ) $a < 4$
( ) $-4 < a < 4$

29 Em cada item, qual é o menor número?
a) -15 e 0 _____
b) $-1\,275$ e $-1\,100$ _____
c) $3\,475$ e $-2\,750$ _____
d) $11\,750$ e $25\,375$ _____

30 Coloque os números em ordem crescente, usando o sinal <:
a) $-4, 2, -3, -1, 0$
_____
_____

b) $3, 1, -1, -2$ e 8
_____
_____

31 Escreva 3 números inteiros maiores que -9 e menores que -2. _____
_____

Capítulo 5

OPERAÇÕES COM NÚMEROS INTEIROS

▶ Adição de números inteiros

Cinco amigos participam de um jogo de dardos. Cada jogador lança dois dardos, um após o outro. Vence o jogo quem obtém o maior número de pontos. O quadro mostra os pontos de cada jogador. Quem ganhou o jogo?

Jogador	1º dardo	2º dardo
Paulo	1	2
Daniel	– 1	– 2
Ricardo	2	– 2
Pedro	– 3	2
Carlos	5	– 3

Para saber quem ganhou o jogo, precisamos calcular os pontos de cada jogador.

- Paulo só acertou em valores positivos.

    (+ 1) + (+ 2) = + 3

> Se dois números são negativos, a soma também é negativa.

- Daniel só acertou em valores negativos.

    (– 1) + (– 2) = – 3

> Se dois números são negativos, a soma também é negativa.

- Ricardo obteve pontos cujos valores se compensam.

    2 + (– 2) = 0

> Se dois números são opostos, a soma é zero.

- Pedro acertou em um valor positivo e em outro negativo.

    Como o valor positivo compensa só uma parte do valor negativo, o saldo final é negativo.

    (– 3) + (+ 2) = – 1

- Carlos também fez um ponto com valor positivo e outro com valor negativo. Mas o valor positivo supera o negativo em 2 unidades.

    (+ 5) + (– 3) = 2

> Se dois números têm sinais diferentes e não são opostos, o resultado terá o sinal do número de maior módulo.

Portanto, Paulo ganhou o jogo.

49

ATIVIDADES

1 Encontre o resultado:
a) (− 1) + 0 _____
b) (− 4) + (− 3) _____
c) 3 + (− 1) _____
d) 0 + (+ 2) _____
e) (− 5) + (+ 4) _____

2 Continue calculando:
a) (− 2) + (− 1) _____
b) (− 6) + (+ 2) _____
c) 14 + (− 5) _____
d) (− 8) + (+ 4) _____

3 A tabela mostra o saldo de gols de quatro equipes em cada turno de um torneio.

Equipe	1º turno	2º turno
A	+ 15	+ 7
B	− 11	+ 20
C	+ 35	− 18
D	− 45	+ 45

a) Qual foi o saldo final de gols de cada equipe nesse torneio?

_____
_____
_____
_____

b) Qual equipe ganhou o torneio?

_____
_____

4 Na cidade de Alto Espigão, às 7 horas da manhã, a temperatura ambiente era − 9 °C.
Até as 12 horas a temperatura subiu 12 °C. Qual era a temperatura às 12 horas?

_____
_____

5 Pedro estava devendo R$ 13,00 a seu colega João. Pedro pediu outros R$ 15,00 reais emprestados. Quanto ficou devendo após o empréstimo?

_____
_____

6 Um submarino está a 100 m de profundidade. Qual é a posição desse submarino em relação ao nível do mar?

_____
_____

7 Um elevador estava no 18º andar e subiu 5 andares. Em que andar se encontra agora?

_____
_____

8 O mesmo elevador estava, em outro momento, no 5º andar e desceu 3 andares. Em qual andar ele parou?

_____
_____

9 Em sua conta bancária, Jorge tinha um saldo devedor de R$ 280,00. Depositou R$ 500,00. Qual é o saldo de sua conta após fazer esse depósito?

_____
_____

Adição com três ou mais números inteiros

A tabela abaixo mostra os lucros e os prejuízos de uma empresa nos cinco primeiros meses de 2012.

MÊS	LUCRO (MILHÕES DE REAIS)
Janeiro	– 8
Fevereiro	+ 10
Março	0
Abril	– 6
Maio	+ 12

Qual foi o desempenho total dessa empresa?

Para encontrar o desempenho total da empresa, devemos adicionar os lucros ou prejuízos de cada mês.

$$(-8) + (+10) + 0 + (-6) + (+12) =$$
$$= (+2) + 0 + (-6) + (+12) =$$
$$= (+2) + (-6) + (+12) =$$
$$= (-4) + (+12) =$$
$$= +8$$

Também podemos encontrar esse resultado da seguinte maneira.

- adicionando os lucros: (+ 10) + (+ 12) = (+ 22)
- adicionando os prejuízos: (– 8) + (– 6) = (– 14)
- adicionando os resultados obtidos: (+ 22) + (–14) = + 8

Essa empresa teve um lucro total de 8 milhões de reais.

ATIVIDADES

10) Calcule.

a) (+ 3) + (+ 5) + (– 2) + (–1) + (+ 8)

b) (– 5) + (– 6) + (– 2) + (– 5)

c) (– 2) + (– 3) + (+ 4) + (+ 1) + (+ 5)

d) (– 8) + (+ 4) + (– 7) + (+ 3) + (– 5) + (+ 3)

e) (+ 5) + (– 5) + (+ 6) + (– 6) + (+ 7) + (– 7)

11 Qual é o saldo final do extrato bancário representado abaixo?

Banco Honesto	11:05
Extrato de conta-corrente	11/02/2009
• Agência 0012	Conta 01185-6
• Nome: Márcio da Silva Souza Santos	

Data	Histórico	Valor
2/2	Saldo anterior	117,00
3/2	Saque	− 38,00
	Cheque compensado	− 63,00
	Depósito	52,00
5/2	Cheque compensado	− 120,00
	Saque	− 70,00
	Saque	− 20,00
9/2	Depósito	200,00
	Cheque compensado	− 15,00
	Saque	− 70,00

Recorte as cartas que se encontram no final do livro.

EXPERIMENTOS, JOGOS E DESAFIOS

Jogando com a adição

Reúna-se com até três jogadores.

Material necessário:

Vocês devem confeccionar duas séries de cartas numeradas de 1 a 10; uma série com valores positivos e outra com valores negativos.

Como jogar:

1 – Embaralhem as cartas e distribuam 3 cartas para cada participante.
2 – Cada jogador deve adicionar os valores que aparecem em suas cartas. Vence a rodada quem tiver a maior soma.
3 – Joguem 5 rodadas ao todo. Vence o jogo quem ganhar mais rodadas.

Propriedades da adição

Você já viu algumas propriedades da adição ao estudar os números naturais. Agora, vamos estudar algumas propriedades da adição de números inteiros.

- propriedade comutativa
- existência do elemento neutro
- existência do elemento oposto
- propriedade associativa

Propriedade comutativa

- O que acontece com a soma −15 + 9 se trocarmos a ordem das parcelas?

    −15 + 9 = ❓   9 + (−15) = ❓

- Efetue as seguintes adições. Depois, repita o procedimento trocando a ordem das parcelas.

    a) −10 e −2   b) 3 e −7   c) 3 e 4

- Observe que, ao trocarmos a ordem das parcelas, os resultados são os mesmos.

> Em uma adição de números inteiros quando trocamos a ordem das parcelas o resultado não se altera.

Essa é a propriedade comutativa da adição.

No conjunto dos números inteiros, a adição tem ainda as propriedades da **existência do elemento neutro**, do **elemento oposto** e a propriedade **associativa**.

Existência do elemento neutro

> Em uma adição de números inteiros, quando uma das parcelas é o número zero, o resultado é sempre igual à outra parcela.

Exemplos:

0 + (−1) = −1

(−2) + 0 = −2

Existência do elemento oposto

> Todo número inteiro tem um oposto que, adicionado a ele mesmo, o resultado é zero.

Exemplo:

O elemento oposto de −4 é 4 e vice-versa.

(−4) + (+4) = 0

Propriedade associativa

> Em uma adição de números inteiros, quando se associam ou se agrupam as parcelas de modos diferentes, o resultado não se altera.

Exemplo:

Podemos efetuar 7 + (−3) + 9 de dois modos diferentes.

$$[7 + (-3)] + 9 =$$
$$= 4 + 9 =$$
$$= 13$$

$$7 + [(-3) + 9] =$$
$$= 4 + 6 =$$
$$= 13$$

ATIVIDADES

12 Se a e b são inteiros e a + b = − 20, quanto resulta a adição de b com a? Que propriedade podemos usar para responder a essa questão?

13 Sendo a = − 20, b = − 30 e c = 10, efetue (a + b) + c. Sem efetuar contas, diga quanto vale a + (b + c). Que propriedade você usou?

14 Um elevador se encontrava no térreo, subiu 4 andares e depois desceu 4 andares.
   a) Em que andar esse elevador parou?

b) Que propriedade da adição você poderia ter usado para responder à questão sem efetuar os cálculos?

15 Aplique as propriedades da adição para saber o valor de x nas igualdades:

a) (+ 6) + x = 0

b) 5 + x = − 3 + 5

c) x + (− 2) = (− 2) + (− 4)

d) [(− 1) + (− 2)] + (− 5) = (− 1) + [(− 2) + x]

▶ Subtração de números inteiros

Veja algumas situações que envolvem variações de temperaturas.

SITUAÇÃO 1

A temperatura, em um local, passou de − 5°C para − 8°C. Qual foi a variação de temperatura?
Devemos subtrair − 5°C de − 8°C, o que pode ser indicado assim:

$$-8 - (-5) = -3$$

A variação de temperatura foi de 3°C.

SITUAÇÃO 2

A temperatura, em certo local, era de − 8°C e após algumas horas subiu 5°C.
Qual foi a variação de temperatura?

Precisamos adicionar 5°C a – 8°C e indicamos esse fato assim:

$$-8 + (+5) = -3$$

O termômetro registrou – 3°C.

Observando a 1ª e a 2ª situações, podemos escrever:

$$-8 - (-5) = -8 + (+5) = -3$$

> Para subtrair dois números inteiros, basta adicionar o primeiro ao oposto do segundo.

ATIVIDADES

16 Efetue as subtrações:

a) $(+30) - (+21)$ _____

b) $(+35) - (-24)$ _____

c) $(-15) - (-15)$ _____

d) $14 - (+18)$ _____

17 Represente cada situação com uma subtração de números inteiros e calcule o saldo correspondente.

a) Valéria tinha um saldo de R$ 25,00, sacou R$ 61,00.

_____

b) Vítor tinha um saldo negativo de R$ 35,00 e sacou R$ 80,00.

_____

c) Sebastião tinha um saldo de R$ 50,00 e deu um cheque de R$ 20,00.

_____

18 Neide pegou um alimento dentro de um *freezer* enquanto, no *freezer*, a temperatura era de –18 °C e colocou-o num congelador. Esse alimento atingiu a temperatura de – 5 °C. Que mudança de temperatura o alimento sofreu? Sua temperatura aumentou ou diminuiu? De quanto foi a variação?

_____

_____

19 Este é um quadrado mágico. A soma dos números, em cada linha, coluna ou diagonal, é a mesma. Descubra os números que estão faltando.

-10	4	3	-7
1		-4	-2
-3	-1		-6

20 A chamada fenda de Bentley é a maior "altitude negativa" (depressão) conhecida na Terra. Ela se encontra na Antártida e tem profundidade de 2 538 m. O ponto mais elevado da Terra é o pico Everest, no Tibet, com 8 848 m. Qual é a diferença de altitude entre o pico Everest e o fundo da fossa subglacial Bentley?

_____

_____

21 Complete os números desta pirâmide, seguindo esta regra:

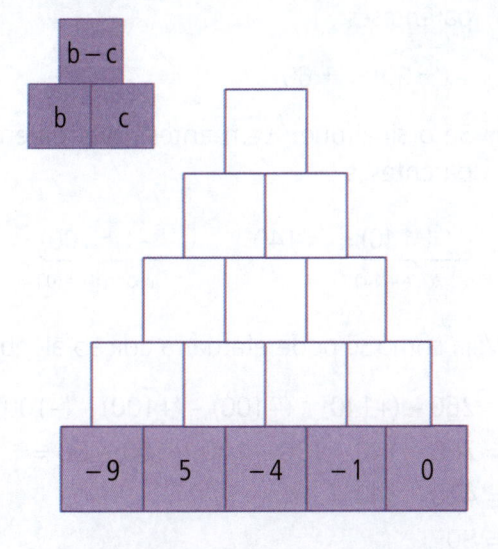

b – c	
b	c

-9	5	-4	-1	0

55

VOCÊ SABIA?   **No frio exagerado, o gelo derrete.**

VAPOR D'ÁGUA

100 °C

ÁGUA LÍQUIDA

0 °C

GELO

−113 °C
−123 °C

ÁGUA LÍQUIDA

GELO

Água líquida abaixo de zero

No vácuo, a temperaturas baixíssimas, o gelo volta a ficar líquido.

A água abaixo de 0 °C pode existir no estado líquido. Para saber como isso é possível, leia o texto a seguir.

Acima de 100 °C, a água está no estado gasoso. Entre 0 °C e 100 °C, é um líquido. Abaixo de 0 °C está no estado sólido. Certo? Nem sempre.

Em um ambiente praticamente sem ar, isto é, no vácuo quase absoluto, abaixo de −113 °C, o gelo volta a derreter. E permanece no estado líquido até −123 °C.

Fonte: *Superinteressante*, jun. 1999, p. 10.

▶ Adição algébrica

Toda expressão numérica que contém apenas operações de adição e subtração é chamada **adição algébrica**.

O resultado de uma adição algébrica é chamado **soma algébrica**.

Para resolver a adição a seguir, transformamos as subtrações em adições algébricas.

    260 − (+140) − (+100) − (+100) − (−100) + (+ 60) =

= 260 + (−140) + (−100) + (−100) + (+100) + (+ 60) =

= 420 + (−340) = 80

Para escrever a adição algébrica de maneira mais simples, eliminamos os parênteses.

- Se o sinal que "vem antes" dos parênteses for positivo, mantém-se o sinal que está dentro dos parênteses:

    + (+60) = +60

- Se o sinal que "vem antes" dos parênteses for negativo, troca-se o sinal que está dentro dos parênteses:

    − (+140) = −140   − (+100) = −100   − (−100) = +100
    oposto de + 140   oposto de +100   oposto de − 100

Veja como se pode efetuar a adição algébrica anterior eliminando os parênteses:

    260 − (+140) − (+100) − (+100) − (−100) + (+60)

= 260 − 140 − 100 − 100 + 100 + 60 =

= 420 − 340 =

= 80

O mesmo procedimento é usado para as adições algébricas com colchetes e chaves. Veja os exemplos.

a)   30 − (35 − 40) + (−2 + 5) =
        = 30 − (− 5) + (+ 3) =
        = 30 + 5 + 3 =
        = 38

b)   3 − {− 10 + [15 − (− 10 + 8) − 1]} =
        = 3 − {− 10 + [15 − (− 2) − 1]} =
        = 3 − {− 10 + [15 + 2 − 1]} =
        = 3 − {− 10 + 16} =
        = 3 − {+ 6} =
        = 3 − 6 = −3

ATIVIDADES

22 Efetue as adições algébricas.

a) (+ 25) + (− 20) − (+ 15) − (− 5) _____

b) (+ 21) + (+ 5) − (+ 7) − (+ 8) _____

c) (+ 10) − (− 7) − (− 1) + (− 4) _____

d) (− 4) − (− 1) − (− 1) − (− 2) − (− 4) _____

23 Elimine os parênteses e efetue.

a) − (+ 4) − (− 2) _____

b) + (− 5) + (− 2) _____

c) − (− 2 − 1) _____

d) 4 − (1 + 5 − 8) _____

e) − 5 + (− 7 − 8) _____

f) 11 − (1 + 4) + (5− 9) _____

24 Efetue a adição algébrica de três modos.

74 + (− 26) + (− 15) + (+ 14) + (− 74) + (+ 26) + (− 1)

1º) na ordem em que as parcelas aparecem

2º) adicionando as "parcelas positivas" e as "negativas" e em seguida adicionando os resultados

3º) cancelando os números opostos e adicionando as parcelas que sobrarem

Faça no caderno.

25 Estes dados são de um extrato bancário. Encontre o saldo atual, efetuando uma adição algébrica.

EXTRATO INTEGRADO			CONTA Nº 33716		
Dia	Histórico/nº do documento		Débito	Crédito	Saldo em R$
	Saldo em R$ 29/03 78114				0,00
01	Cheque		100,00		
	Saque		30,00		
	Cheque 78115		60,00		
	Depósito			300,00	
	D.O.C. recebido			20,00	
	Cheque 78116		500,00		
02	Saldo atual				

26 Sendo x = − 2 + (− 3) e y = − (− 3) + (− 4)− (− 1), determine x + y.

27 Sendo a = − 5 + (− 4) − (− 2) e b = (− 3) − (− 5), determine − a − b.

28 Resolva as expressões:

a) 24 + [− 15 − (− 8 + 4)]

b) − (− 5) − 10 − [15 + (− 8 − 6) + 1]

c) 15 − (12 + 3) − [18 − (14 − 25)]

d) − (− 20) − [(28 + 4) − (− 15)]

e) 5 − (− 2) + {(− 3) − (− 2) − [(− 5) + (+7)]}

f) 35 − {(24 + 5) − [(28 − 10) − (− 5)] + 25}

▶ Multiplicação de números inteiros

Podemos multiplicar dois números inteiros, sejam eles positivos, negativos, ou tenham sinais contrários.

> O produto de dois números a e b pode ser indicado por a × b ou a · b.

- A multiplicação de dois números inteiros positivos tem como resultado um número positivo. Exemplo:

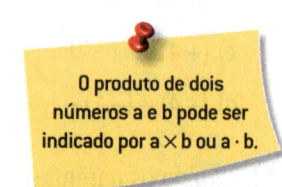

$$(+ 3) \cdot (+ 5) = 3 \cdot (+ 5) = (+ 5) + (+ 5) + (+ 5) = + 15$$

- A multiplicação de um número inteiro positivo por um inteiro negativo resulta em um inteiro negativo. Exemplos:

  - $(+ 3) \cdot (− 5) = 3 \cdot (− 5) = (− 5) + (− 5) + (− 5) = − 15$
  - $4 \cdot (− 2) = (− 2) + (− 2) + (− 2) + (− 2) = − 8$

- A multiplicação de um inteiro negativo por um inteiro positivo também tem como resultado um inteiro negativo.

$$(− 3) \cdot (+ 2) = − (+ 3) \cdot (+ 2) = − [(+3) \cdot (+2)] = − 6$$

- A multiplicação de um número inteiro negativo por outro inteiro negativo tem como resultado um inteiro positivo. Exemplo:

$$(− 3) \cdot (− 5) = − (+ 3) \cdot (− 5) = − [3 \cdot (− 5)] = − [− 15] = + 15$$

Para resolver uma expressão numérica com números inteiros, usamos o mesmo procedimento da resolução com números naturais. Exemplos:

a) $\underline{(− 5) \cdot (+ 2)} \cdot (− 5) =$
   $= − 10 \qquad \cdot (− 5) =$
   $= + 50$

b) 19 − {5 · (− 4) − [(− 4) + (+ 5)]} =

= 19 − {5 · (− 4) − [+ 1]} =

= 19 − {− 20 − 1} =

= 19 − {− 21} =

= 19 + 21 =

= 40

VOCÊ SABIA? Indicação do produto

O produto de dois números a e b pode ser indicado por a × b.

O sinal ×, usado para indicar a multiplicação, foi criado em 1631 pelo matemático inglês William Oughtred (1574-1660). Outro matemático inglês, Thomas Harriot (1560-1621), usou o ponto (·) para indicar essa mesma operação: a · b.

Alguns anos depois, o matemático francês René Descartes (1596-1650) indicou a multiplicação de a por b simplesmente por ab, sem nenhum sinal entre as duas letras.

Usando a indicação de Descartes:

- 3 · x pode ser indicado por 3x.
- x · y pode ser indicado por xy.
- 5 · a · b pode ser indicado por 5ab.

René Descartes (1596-1650), físico e matemático francês.

ATIVIDADES

29 Encontre os produtos:

a) (+ 7) · (− 8) _____

b) (− 4) · (− 3) _____

c) (+ 9) · (+ 6) _____

d) (− 4) · (− 6) _____

e) (− 12) · 0 _____

f) 0 · (+ 11) _____

g) (− 2) · (− 64) _____

h) (− 13) · (+ 15) _____

i) (+ 21) · (− 20) _____

30 Efetue:

a) (− 2) · (− 3) · (− 5) _____

b) (− 4) · (+ 5) · (− 6) _____

c) (− 5) · (+ 6) · (+ 7) · (+ 8) _____

d) (− 6) · (− 7) · (− 10) · (+ 11) · (+ 13) _____

31 Resolva as expressões:

a) 27 + (− 15) · (+ 2) _____

b) (− 2) · (− 4) − 38 _____

c) 7 · (− 2) − 8 · (+ 5) − 5 · (− 2) _____

d) 15 + (− 2) · (− 4) · (+ 5) · (− 6) − (− 7) · (− 10) _____

32 A multiplicação de 1 por 6 dá como produto 6. Existem mais sete multiplicações de dois fatores inteiros cujo produto também é 6. Quais são essas multiplicações?

_____
_____
_____
_____

33 O produto dos números de dois tijolos vizinhos é sempre igual ao do número do tijolo de cima. Complete.

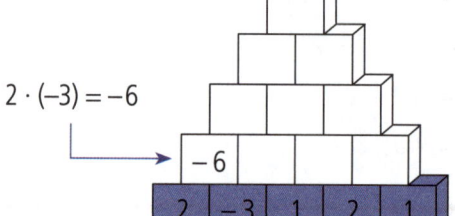

$2 \cdot (-3) = -6$

| 2 | -3 | 1 | 2 | 1 |

Algumas propriedades da multiplicação

Propriedade comutativa

Veja quais são os produtos destas multiplicações:

- $(-1) \cdot (-3) = 3$
- $(-2) \cdot 5 = -10$
- $2 \cdot (-3) = -6$

Agora vamos trocar a ordem dos fatores. Calcule os produtos novamente.

- $(-3) \cdot (-1) = 3$
- $5 \cdot (-2) = -10$
- $(-3) \cdot 2 = -6$

> Numa multiplicação de números inteiros, a ordem dos fatores não altera o produto.

Existência do elemento neutro

Em cada multiplicação abaixo, um dos fatores é igual a 1. Observe que os produtos são sempre iguais ao outro fator.

- $1 \cdot (-2) = -2$
- $3 \cdot 1 = 3$
- $(-5) \cdot 1 = -5$

> O 1 é o elemento neutro da multiplicação.

Propriedade associativa

Vamos efetuar $(-2) \cdot (+3) \cdot (-5)$ de dois modos diferentes.

$[(-2) \cdot (+3)] \cdot (-5) =$
$= (-6) \cdot (-5) =$
$= 30$

$(-2) \cdot [(+3) \cdot (-5)] =$
$= (-2) \cdot (-15) =$
$= 30$

> Numa multiplicação de números inteiros, ao associar os fatores de modos diferentes, o resultado não se altera.

Propriedade distributiva

Veja como resolvemos as expressões $(-2) \cdot [4 + (-3)]$ e $(-2) \cdot 4 + (-2) \cdot (-3)$:

$[(-2) \cdot [4 + (-3)]] =$ $(-2) \cdot 4 + (-2) \cdot (-3)] =$
$= (-2) \cdot 1 =$ $= -8 + 6 =$
$= -2$ $= -2$

Os resultados das duas expressões são iguais. Portanto:

$(-2) \cdot [4 + (-3)] = (-2) \cdot 4 + (-2) \cdot (-3) = -2$

Nesse cálculo utilizamos a propriedade distributiva da multiplicação em relação à adição.

Agora, veja como resolvemos as expressões $3 \cdot [(-5) - (-3)]$ e $3 \cdot (-5) - 3 \cdot (-3)$.

$3 \cdot [(-5) - (-3)] =$ $3 \cdot (-5) - 3 \cdot (-3) =$
$= 3 \cdot [(-5) + 3] =$ $= -15 + 9 =$
$= 3 \cdot (-2)$ $= -6$
$= -6$

Nesse caso, também, os resultados são iguais. Portanto:

$3 \cdot [(-5) - (-3)] = 3 \cdot (-5) - 3 \cdot (-3) = -6$

Nesse cálculo, utilizamos a propriedade distributiva da multiplicação em relação à subtração.

ATIVIDADES

34 Calcule $(-3) \cdot (-2 + 4)$.

35 Identifique a propriedade da multiplicação usada em cada item. A seguir, encontre o resultado.

a) $(+2) \cdot (-2) = (-2) \cdot (+2)$

b) $(-5) \cdot (+27) \cdot (+10) = (-5) \cdot (+270)$

36 Qual número devemos colocar no lugar de x para que as igualdades sejam verdadeiras?

a) $x \cdot (-2) = (-2) \cdot 5$ _____

b) $x \cdot (-15) = -15$ _____

c) $(-35) \cdot x = -35$ _____

d) $[(-2) \cdot (-1)] \cdot (+4) = (-2) \cdot [x \cdot (+4)]$ _____

e) $2 \cdot [(-5) + (-3)] = 2 \cdot (-5) + x \cdot (-3)$ _____

f) $(-3) \cdot [(-2) - x] = (-3)(-2) - (-3)(+5)$

37 Observe como o uso das propriedades da multiplicação facilita os cálculos desta expressão.

$(-5) \cdot (+3) \cdot (-2) =$ (propriedade comutativa)

$= (-5) \cdot (-2) \cdot (+3) =$

$= 10 \cdot (+3) = 30$

Agora é com você. Use as propriedades da multiplicação e calcule.

a) $(-2) \cdot (-41) \cdot (+5)$

b) $(-12) \cdot (+5) \cdot (-10)$

c) $(-2) \cdot (-15) \cdot (-8) \cdot (-10)$

d) $10 \cdot (-3) \cdot (-5) \cdot (-20)$

▶ A divisão exata de números inteiros

A **divisão** é a operação inversa da multiplicação, portanto:

- $(+12) \div (+4) = +3$, pois $(+3) \cdot (+4) = +12$
- $(+25) \div (+5) = +5$, pois $(+5) \cdot (+5) = +25$

> A divisão de dois números inteiros positivos resulta num quociente inteiro positivo.

Veja os exemplos a seguir de divisão com números inteiros, positivos ou negativos.

a) Qual é o número que dividido por 4 resulta -12?

$\boxed{?} \div 4 = -12$

Solução

Como $(-12) \cdot 4 = -48$, o número procurado é -48.

Assim, temos: $(-48) \div (+4) = -12$

> A divisão de um número inteiro negativo por um número inteiro positivo resulta num quociente negativo.

b) O quociente entre dois números é -15. O divisor é -3. Qual é o dividendo?

$\boxed{?} \div (-3) = -15$

Solução

Como $(-15) \cdot (-3) = 45$, o dividendo é 45.

Assim, temos: $(45) \div (-3) = -15$

> A divisão de um número inteiro positivo por um número inteiro negativo resulta num quociente negativo.

c) Determine o dividendo sabendo que o divisor é -7 e o quociente é 2.

$\boxed{?} \div (-7) = 2$

Solução

Como $2 \cdot (-7) = -14$, o número procurado é -14.

Assim, temos: $(-14) \div (-7) = 2$

> A divisão de dois números inteiros negativos resulta num quociente positivo.

Algumas divisões "não podem ser efetuadas no conjunto dos números inteiros".

- $+8 \div (-3) = ?$
- $(-9) \div (-2) = ?$
- $(+25) \div (-4) = ?$

Os quocientes dessas divisões não são números inteiros.

Expressões numéricas

Nestas expressões numéricas trabalhamos com as quatro operações: adição, subtração, multiplicação e divisão.

Lembre-se de que para resolver essas expressões devemos efetuar primeiro as multiplicações e divisões e depois as adições e subtrações.

Precisamos também efetuar as operações internas na seguinte ordem: parênteses, colchetes e chaves.

a) $7 + 15 \cdot (-3) - 2 \cdot (-3) =$
$= 7 - 45 + 6 =$
$= -38 + 6 =$
$= -32$

b) $(-5) - (-8) \cdot (-2) \div [(-3) + (-1)] =$
$= (-5) - (-8) \cdot (-2) \div [-4] =$
$= (-5) - (+16) \div [-4] =$
$= (-5) - [-4] =$
$= -5 + 4 =$
$= -1$

ATIVIDADES

38 Sobre a divisão com números inteiros, responda às questões:

a) A divisão exata de um número inteiro positivo por um número inteiro positivo dá um número inteiro positivo ou negativo?

b) A divisão exata de um número inteiro positivo por um inteiro negativo dá um número inteiro positivo ou um inteiro negativo?

c) A divisão exata de um número inteiro negativo por um inteiro positivo dá um número inteiro positivo ou um número inteiro negativo?

d) A divisão exata de dois números inteiros negativos dá um número inteiro positivo ou um número inteiro negativo?

39 Assinale divisões cujos quocientes não são números inteiros.

( ) $(-4) \div (-3)$
( ) $(-3) \div (-2)$
( ) $(-3) \div (-1)$
( ) $(+15) \div (-3)$
( ) $(+24) \div (+5)$
( ) $(+12) \div (-3)$

40 Efetue as divisões.

a) $(+4) \div (-2)$ _____
b) $(-125) \div (-25)$ _____
c) $(+8) \div (-4)$ _____
d) $169 \div (-13)$ _____
e) $(+625) \div (+125)$ _____
f) $(-144) \div (+12)$ _____

41 Sabendo que x = (− 5) ÷ (− 1) e y = (− 27) ÷ (+ 9), calcule − x · (− y).

42 Observe que em todas as divisões abaixo os pares de números são inteiros opostos.

(− 5) ÷ 5
4 ÷ (− 4)
(− 8) ÷ (+ 8)
10 ÷ (− 10)

a) Qual é o quociente dessas divisões? _____

b) Faça várias outras divisões entre números opostos. O que você conclui?

43 Observe que em todas estas divisões os pares de números são inteiros iguais.

(− 5) ÷ (− 5)   (+ 4) ÷ (+ 4)
(− 7) ÷ (− 7)   (+ 5) ÷ (+ 5)

a) Qual é o quociente dessas divisões? _____

b) Faça várias outras divisões entre números iguais. O que você conclui?

44 Resolva as expressões:

a) (− 24) ÷ (− 3) · (− 2) + [(− 2) ÷ (+ 2) − 1]

b) 2 + (45) ÷ (− 5) − 2 · (− 1)

c) 7 ÷ (− 7) − 4 · (− 2) + 5

d) 25 − [(− 36) ÷ (− 6) − (− 2)]

e) {[54 − (− 1) · (− 1)] ÷ (− 53)} + [(− 2) · (− 5) − 4]

f) 33 ÷ [10 − (− 1)] · (3 − 2)} · 2

g) [(− 16) ÷ (− 4)] ÷ [(− 1) + (− 1)]

h) [33 · (− 1)] ÷ [(− 2) · (− 5) + 1]

▶ Potenciação de números inteiros

Para os números naturais, temos:

$a^n = \underbrace{a \cdot a \cdot a \cdot ... \cdot a}_{n \text{ fatores}}$, com a natural e **n** > 1.

Por exemplo:
$3^4 = 3 \cdot 3 \cdot 3 \cdot 3 = 81$

$3^4 = 81$ — expoente (4), base (3), potência (81)

Para calcular **potenciações** cujas bases são números positivos ou negativos, usamos a mesma definição. Vamos considerar dois casos.

■ Quando o expoente é par

a) $(+ 2)^2 = 2 \cdot 2 = 4$

b) $(− 2)^2 = (− 2) \cdot (− 2) = + 4$

c) $(− 3)^2 = (− 3) \cdot (− 3) = + 9$

d) $(+ 2)^4 = (+ 2) \cdot (+ 2) \cdot (+ 2) \cdot (+ 2) = + 16$

e) $(− 2)^4 = (− 2) \cdot (− 2) \cdot (− 2) \cdot (− 2) = + 16$

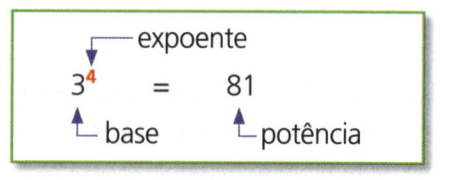

Note que a potência é um número positivo.

- Quando o expoente é ímpar

    a) $(+2)^3 = (+2) \cdot (+2) \cdot (+2) = +8$

    b) $(-2)^3 = (-2) \cdot (-2) \cdot (-2) = -8$

    c) $(-1)^5 = (-1) \cdot (-1) \cdot (-1) \cdot (-1) \cdot (-1) = -1$

    d) $(+3)^3 = (+3) \cdot (+3) \cdot (+3) = +27$

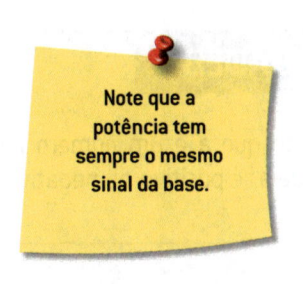

> Note que a potência tem sempre o mesmo sinal da base.

Observações

Existem duas potências especiais:

- Quando o expoente é 1, a potência é igual à base. Exemplos:

    $(-2)^1 = -2$ $\qquad$ $(-4)^1 = -4$

- Quando o expoente é 0 e a base é diferente de zero, a potência é igual a 1. Exemplos:

    $(-1)^0 = 1$ $\qquad$ $(-10)^0 = 1$

Propriedades da potenciação

Observe quatro propriedades da potenciação no conjunto dos números inteiros.

Produto de potências de mesma base

Para escrever um produto de potências de mesma base como uma única potência, conserva-se a base e adicionam-se os expoentes. Exemplos:

- $(-2)^3 \cdot (-2)^2 = (-2)^{3+2} = (-2)^5$
- $3^1 \cdot 3^2 = 3^{1+2} = 3^3$

Quociente de potências de mesma base

Para escrever um quociente de potências de mesma base como uma única potência, conserva-se a base e subtraem-se os expoentes. Exemplos:

- $(+4)^5 \div (+4)^2 = (+4)^{5-2} = (+4)^3$
- $(-3)^6 \div (-3)^5 = (-3)^{6-5} = (-3)^1 = -3$

Potência de uma potência

Para escrever uma potência de potência como uma potência de um só expoente, conserva-se a base e multiplicam-se os expoentes. Exemplos:

- $[(-2)^3]^2 = (-2)^{3 \cdot 2} = (-2)^6$
- $(5^3)^4 = 5^{3 \cdot 4} = 5^{12}$

Potência de um produto ou quociente

Para escrever uma potência de um produto de duas potências, multiplica-se o expoente dessa potência pelos expoentes de cada fator. O processo é o mesmo para o quociente de duas potências.

Exemplos:

a) $[(+3) \cdot (-2)]^2 = (+3)^2 \cdot (-2)^2$

b) $[(-2) \cdot (-4)^2]^3 = (-2)^3 \cdot (-4)^6$

c) $[(-5)^2 \div (+5)]^3 = (-5)^6 \div (+5)^3$

d) $[(-6)^3 \div (-2)^2]^2 = (-6)^6 \div (-2)^4$

ATIVIDADES

45 Sabendo que **a** é um número inteiro positivo, o valor de a^4 é positivo ou negativo?

_____

46 Sabendo que **b** é um número inteiro negativo, o valor de b^3 é um número inteiro positivo ou negativo? E de b^2?

_____

47 Observe as potenciações abaixo e encontre as duas potências seguintes.

$(-3)^6 = 729$

$(-3)^5 = -243$

$(-3)^4 = 81$

$(-3)^3 = $ _____

$(-3)^2 = $ _____

48 Efetue as potenciações:

a) $(+2)^3$ _____

b) $(-3)^2$ _____

c) $(-5)^3$ _____

d) $(+1)^{100}$ _____

e) $(-1)^{102}$ _____

f) $(-1)^{103}$ _____

g) $(-4)^2$ _____

h) $(-8)^3$ _____

i) 8^3 _____

j) $(-16)^2$ _____

k) $(+1)^{2001}$ _____

l) $(+1)^{2004}$ _____

m) $(+5)^2$ _____

n) $(-7)^2$ _____

o) $(-7)^3$ _____

49 Reduza a uma só potência:

a) $(-2)^4 \cdot (-2) \cdot (-2)^2$ _____

b) $[(+3)^2]^4$ _____

c) $(-9)^9 \div (-9)^7$ _____

d) $(+4) \cdot (+4)^5 \cdot (+4)^6$ _____

e) $(-20)^5 \div (-20)^4$ _____

f) $[(-3)^3]^2 \div (-3)$ _____

g) $(+2)^5 \cdot (+2)^3 \div (+2)^2$ _____

h) $[(+3)^2]^2 \cdot (+3)^4 \div (+3)^2$ _____

50 Aplique as propriedades das potências e calcule:

a) $[(-4)^3 \cdot (-4) \cdot (-4)^4] \div [(-4)^2]^3$

_____

b) $[2^{14} \div 2^7 \div 2^2]^2$

_____

51 Sabendo que $a = (2^2)^2$ e $b = 2^4 \div 2$, calcule:

a) $a \cdot b$ _____   b) $a \div b$ _____

52 Qual é o resultado das expressões numéricas?

a) $(-2)^3 \div (+8) \cdot (-2)^2$ _____

b) $(-5)^2 - (-6)^2 + (-11)^0$ _____

c) $13 - 2 \cdot (-3)^2 - (-5)^2 \cdot (-1)^{50}$ _____

d) $1^{100} - (-2)^0 + (-3)^2 \cdot (-3)^3$ _____

e) $\{[(-3)^2]^3\}^0 + (-1)^{52} + (+1)^{102}$ _____

▶ Raiz quadrada de números inteiros

Vamos calcular a **raiz quadrada** de 36. No conjunto dos números naturais, temos:

$\sqrt{36} = 6$, pois $6^2 = 36$

No conjunto dos números inteiros, tanto o **6** quanto o **−6**, quando elevados ao quadrado, têm como resultado 36.

Haveria então dois resultados para a raiz quadrada de 36: 6 e −6. Porém, conveciona-se que a raiz quadrada de um número inteiro, quando existir, é um número não negativo.

$\sqrt{36} = 6$ (número não negativo)

Observações

- O oposto de $+\sqrt{36}$ é $-\sqrt{36}$.

  $-\sqrt{36} = -(+6) = -6$ (número negativo)

- As raízes quadradas de alguns inteiros não existem no conjunto dos números inteiros. Por exemplo:

  a) $\sqrt{10} = $?

  O número 10 não é quadrado de nenhum inteiro, pois: $3^2 = 9$ e $4^2 = 16$.

  Como não há nenhum inteiro entre 3 e 4, não é possível obter a raiz quadrada de 10 no conjunto dos números inteiros.

  b) $\sqrt{-4} = $?

  O quadrado de um número inteiro nunca é negativo. Logo, os números negativos não são "quadrados" de nenhum número inteiro.

ATIVIDADES

53 Se existir, determine no conjunto dos números inteiros a raiz quadrada de:

a) 30 _____
b) – 81 _____
c) 81 _____
d) 1 _____
e) 0 _____

54 Determine:

a) $\sqrt{64}$ _____
b) $\sqrt{36}$ _____
c) $-\sqrt{1}$ _____
d) $\sqrt{100}$ _____
e) $-\sqrt{25}$ _____
f) $\sqrt{121}$ _____
g) $\sqrt{9}$ _____
h) $\sqrt{81}$ _____

55 No conjunto dos números inteiros existe $\sqrt{8}$? Justifique.

_____

56 Sendo $y = 2^3 \cdot 2^5 \div 2^2$, encontre $\sqrt{y}$.

_____

57 Sendo $z = \sqrt{36}$ e $y = -\sqrt{9}$, calcule:

a) $z + y$ _____
b) $z - y$ _____
c) $z \cdot y$ _____
d) $z \div y$ _____

Expressões numéricas

Nas expressões em que aparecem as seis operações, precisamos efetuar primeiro as potenciações e as raízes quadradas, depois, as divisões e as multiplicações e por último as adições e subtrações. Precisamos, também, efetuar as operações internas na seguinte ordem: parênteses, colchetes e chaves.

$(-4+1)^3 \div \sqrt{81} - [4 \cdot (-3 + 2 \cdot 3) - (-2)^4] \cdot 3^2 \div \sqrt{9} =$

$= (-3)^3 \div \sqrt{81} - [4 \cdot (-3 + 6) - (+16)] \cdot 3^2 \div \sqrt{9} =$

$= (-3)^3 \div \sqrt{81} - [4 \cdot (+3) - 16] \cdot 3^2 \div \sqrt{9} =$

$= (-3)^3 \div \sqrt{81} - [12 - 16] \cdot 3^2 \div \sqrt{9} =$

$= (-3)^3 \div \sqrt{81} - [-4] \cdot 3^2 \div \sqrt{9} =$

$= (-27) \div 9 - [-4] \cdot 9 \div 3 =$

$= -3 + 4 \cdot 9 \div 3 =$

$= -3 + 36 \div 3 =$

$= -3 + 12 = 9$

ATIVIDADES

58 Resolva as expressões.

a) $\sqrt{(-3+51) \div [(-2)^2 + 2^1] + 1^{10}}$

b) $(-1-3) \cdot (-9+4) - \{[(-8) \div \sqrt{4} - 6 - (-2)^2] \div [(-2)^3 + 1]\}$

c) $\{(-25) \div [(-3)^2 - 2^2]\} + [(-2)^2 \cdot (-2)^2 - \sqrt{9}\,] \div 13^1$

d) $(-3-1)^2 \cdot \sqrt{3^2 + 40} + (-3)^4 \div (-9)^2 - (-1)^0$

e) $(-2+1-4+5)^2 \div \sqrt{(-3)^2 \cdot (-3)^2} \cdot [(-5)^4]^0 + (-1)^{1001}$

EXPERIMENTOS, JOGOS E DESAFIOS

Descobrindo somas no cubo

Este é um desafio. Os números −1, −2, −3, −4, −5, −6, −7 e −8 devem ser colocados em cada um dos vértices do cubo, de modo que a soma dos números em cada face seja sempre a mesma. Há várias soluções. Encontre uma delas.

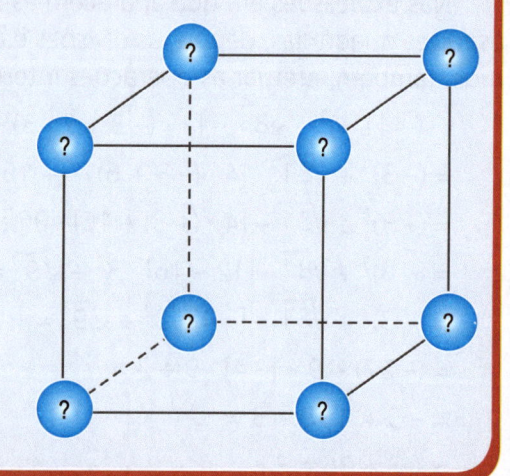

Capítulo 6 — As figuras geométricas

▶ Figuras geométricas

Uma figura geométrica pode ser classificada em **plana** ou **não plana**.

Figuras geométricas planas

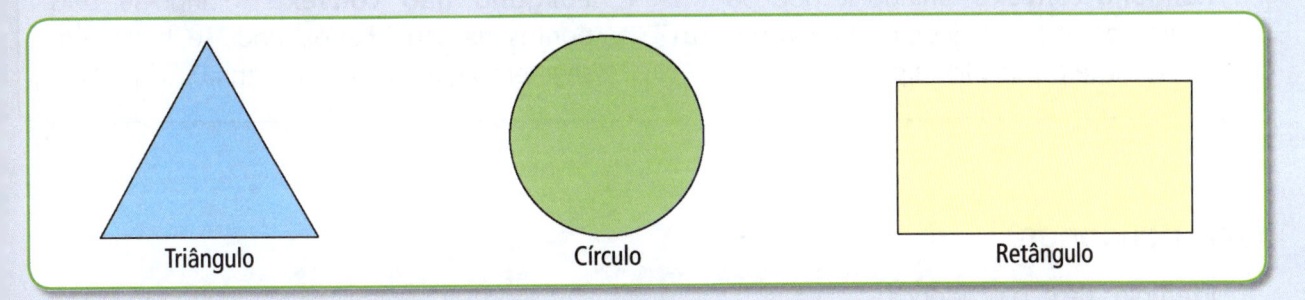

| Triângulo | Círculo | Retângulo |

O triângulo, o círculo e o retângulo são exemplos de figuras geométricas planas.

Figuras geométricas não planas

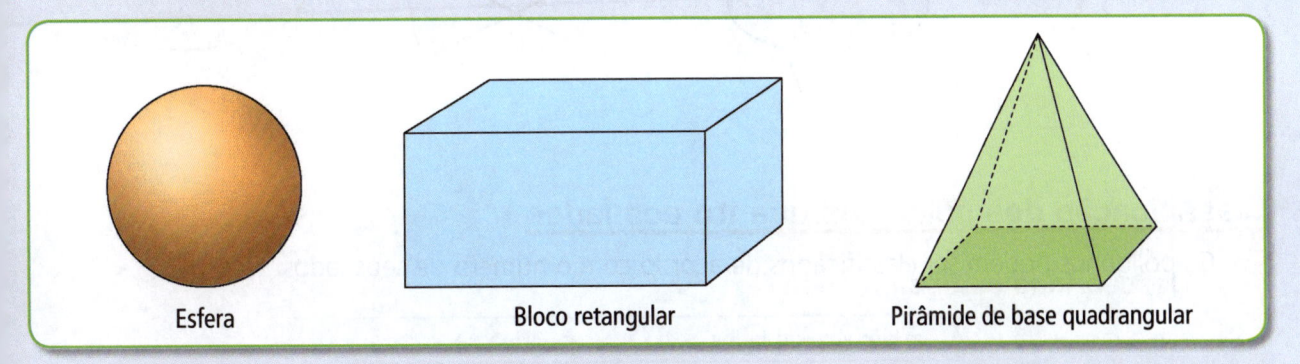

| Esfera | Bloco retangular | Pirâmide de base quadrangular |

A esfera, o bloco retangular e a pirâmide são exemplos de figuras geométricas não planas ou espaciais.

▶ Figuras geométricas planas

As figuras geométricas planas podem ser classificadas em **polígonos** ou **não polígonos**.

Polígonos

Polígono é uma figura geométrica plana formada por uma linha poligonal fechada e pelos pontos de seu interior.

Exemplos de polígonos:

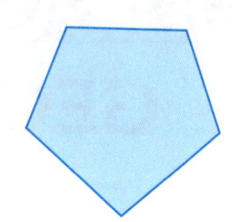

Um polígono pode ser **convexo** ou **não convexo**.

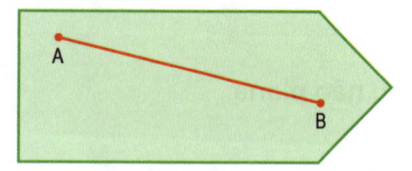

Polígono convexo: unindo-se dois pontos quaisquer de seu interior, o segmento traçado não intercepta a linha poligonal.

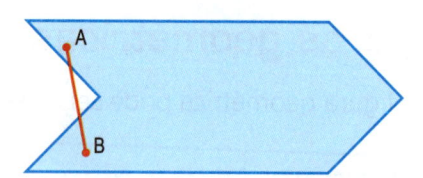

Polígono não convexo: unindo-se dois pontos de seu interior, pode-se traçar um segmento que intercepta a linha poligonal.

Não polígonos

Exemplos de não polígonos:

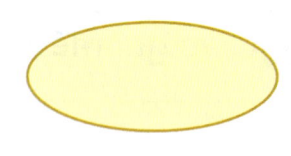

Classificação dos polígonos quanto aos lados

Os polígonos podem ser classificados de acordo com o número de seus lados.

Número de lados	Nome
3	Triângulo
4	Quadrilátero
5	Pentágono
6	Hexágono
7	Heptágono
8	Octógono
9	Eneágono
10	Decágono
11	Undecágono

ATIVIDADES

1 A foto mostra o desenho que ornamenta o calçadão de Copacabana (RJ).

Ele tem forma poligonal ou não poligonal?

_____

2 Classifique como polígonos (P) ou não polígonos (NP).

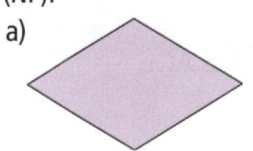

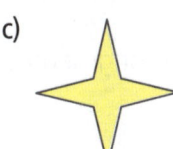

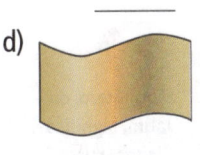

a)
b)
c)
d)

3 As abelhas constroem, em suas colmeias, estruturas que, visualmente, podem ser representadas como na figura 1. Que polígono está representado?

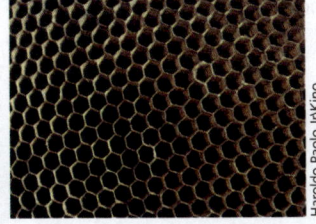

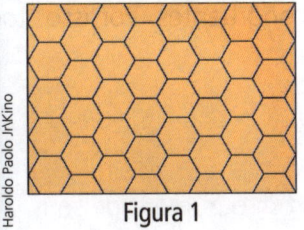

Figura 1

4 Que polígonos aparecem nesta figura?

_____

5 Escreva o nome de cada um destes polígonos.

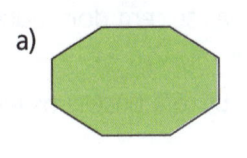

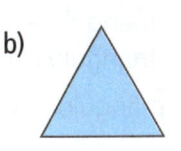

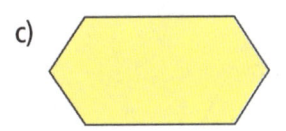

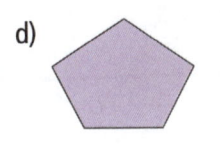

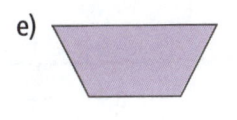

a)
b)
c)
d)
e)

6 Desenhe no caderno um octógono ABCDEFGH. Depois trace o segmento $\overline{AC}$ para dividir o octógono em dois polígonos. Qual é o nome desses polígonos?

_____

● Os triângulos

O **triângulo** é um polígono de 3 lados.

No triângulo a seguir destacamos os principais elementos: vértices, lados e ângulos.

- Vértices: são os pontos A, B e C.
- Lados: são os segmentos $\overline{AB}$, $\overline{CA}$ e $\overline{BC}$.
- Ângulos: são os ângulos internos $\hat{A}$, $\hat{B}$ e $\hat{C}$.

Representação do triângulo ABC: $\triangle$ ABC.

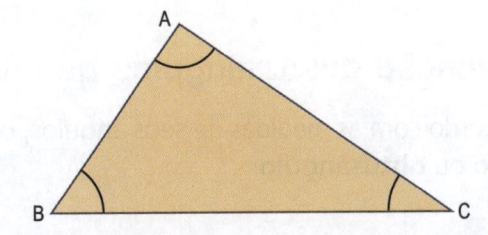

Classificação dos triângulos quanto aos lados

De acordo com as medidas de seus lados, os triângulos podem ser classificados em **isósceles**, **equiláteros** e **escalenos**.

Triângulo isósceles

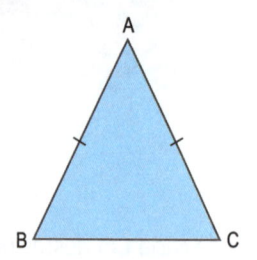

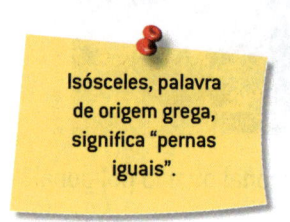

> Isósceles, palavra de origem grega, significa "pernas iguais".

Um triângulo é isósceles se tem dois lados congruentes (mesma medida). O terceiro lado chama-se base do triângulo isósceles.

No triângulo anterior, $\overline{BC}$ é a base e os lados $\overline{AB}$ e $\overline{AC}$ são congruentes ($\overline{AB} \cong \overline{AC}$).

Triângulo equilátero

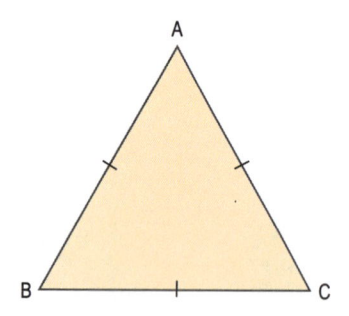

> Equilátero, do latim, significa "lados iguais".

Um triângulo é equilátero se tem os três lados congruentes. Por isso, todo triângulo equilátero é também triângulo isósceles.

No triângulo acima, $\overline{AB} \cong \overline{AC} \cong \overline{BC}$.

Triângulo escaleno

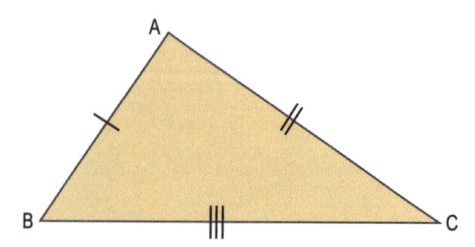

> Escaleno, do grego, significa "desigual".

Um triângulo é escaleno se não tem lados congruentes. Todos os lados têm medidas diferentes.

Classificação dos triângulos quanto aos ângulos

De acordo com as medidas de seus ângulos, os triângulos podem ser classificados em **acutângulo**, **retângulo** ou **obtusângulo**.

Triângulo acutângulo

Um triângulo é acutângulo se tem os três ângulos agudos (menores que 90°).

No triângulo ao lado: m(Â) < 90°, m(B̂) < 90° e m(Ĉ) < 90°.

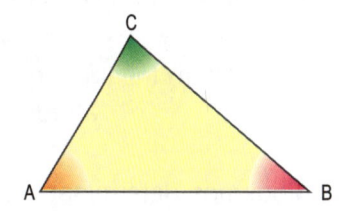

Triângulo retângulo

Um triângulo é retângulo quando tem um ângulo reto.

Neste triângulo retângulo m(Â) = 90°.

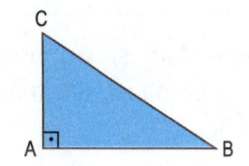

Triângulo obtusângulo

Um triângulo é obtusângulo quando tem um ângulo obtuso (medida maior que 90° e menor que 180°).

No triângulo obtusângulo ao lado, 90° < m(Ĉ) < 180°.

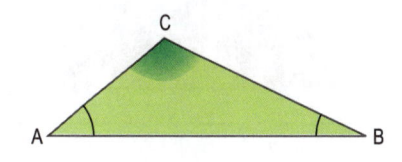

ATIVIDADES

7 Classifique os triângulos em escaleno, isósceles ou equilátero.

a)

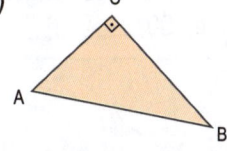

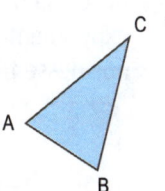

b)

c)

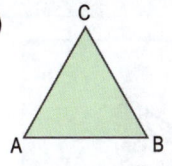

d)

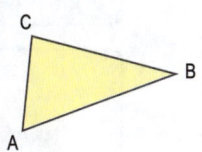

8 Classifique os triângulos em acutângulo, retângulo ou obtusângulo.

a)

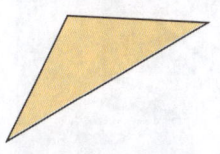

b)

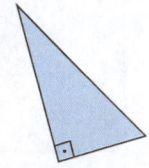

c)

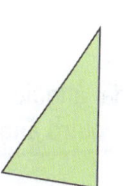

d)

9 Classifique estes triângulos quanto aos lados e aos ângulos:

a) 3,6 cm; 5,8 cm; 6,8 cm; 99°; 44°; 37°

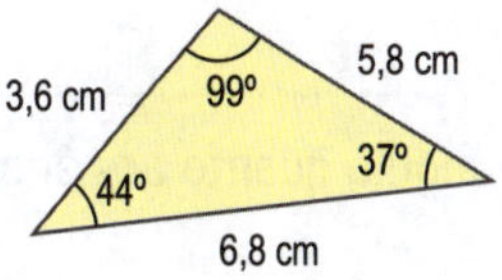

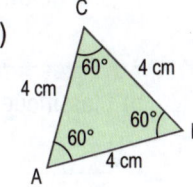

b) 4 cm; 4,4 cm; 6,8 cm

c) 4 cm; 4 cm; 4 cm; 60°; 60°; 60°

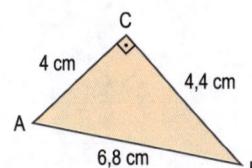

d) 2,8 cm; 4,4 cm; 4,4 cm; 70°; 70°

73

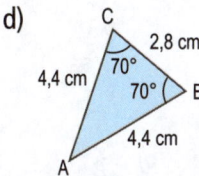

Soma dos ângulos internos de um triângulo

> Num triângulo qualquer, a soma das medidas de seus ângulos internos é igual a 180°.

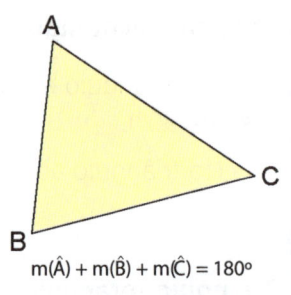

Podemos determinar essa soma de modo experimental seguindo os passos 1, 2 e 3.

m(Â) + m(B̂) + m(Ĉ) = 180°

1) Recortamos, em uma folha de papel, um triângulo ABC.

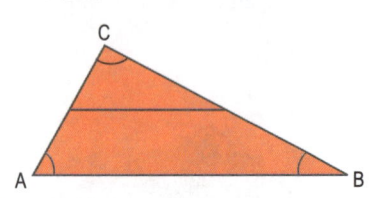

2) Dobramos o papel de modo que o vértice C coincida com o lado $\overline{AB}$.

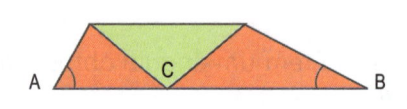

3) Com mais duas dobraduras obtemos esta figura.

ATIVIDADES

10) Um dos ângulos de um triângulo retângulo mede 61°. Qual é a medida do outro ângulo?

11) Num triângulo isósceles cada ângulo da base mede 54°. Qual é a medida do outro ângulo?

12) Um triângulo tem ângulos iguais a 20° e 35°.

a) Qual é a medida do terceiro ângulo desse triângulo?

b) Classifique esse triângulo quanto aos ângulos.

13) Nestes triângulos, determine a medida do ângulo x.

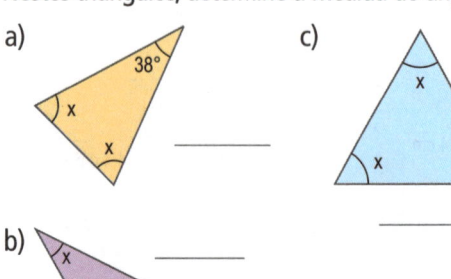

a) 38°, x, x

b) x, 55°

c) x, x, x

14) Classifique, quanto aos ângulos, os triângulos da questão anterior.

15) Recortamos um triângulo de papel e observamos experimentalmente que a soma dos ângulos internos desse triângulo vale 180°.

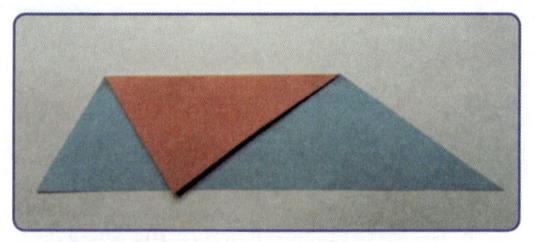

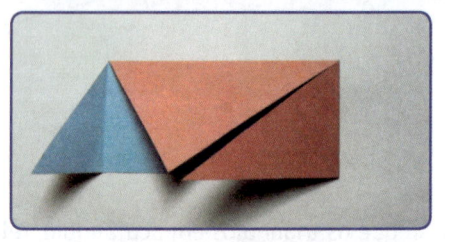

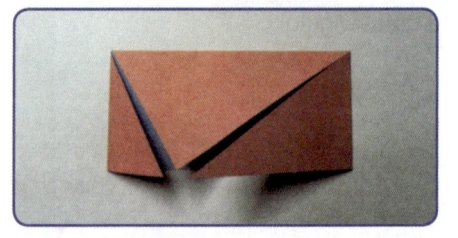

Repita o procedimento para um triângulo retângulo.

EXPERIMENTOS, JOGOS E DESAFIOS

Contando triângulos

Este é um desafio.

Quantos triângulos estão desenhados nesta figura?

São mais de 10 e menos de 20 triângulos. _____

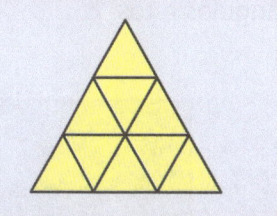

▶ Os quadriláteros

O quadrilátero é um polígono de quatro lados.

No quadrilátero ao lado destacamos seus principais elementos: vértices, lados, ângulos e diagonais.

- Vértices: são os pontos A, B, C e D.
- Lados: são os segmentos $\overline{AB}$, $\overline{BC}$, $\overline{CD}$ e $\overline{DA}$.
- Ângulos: são os ângulos internos destacados na figura.
- Diagonais: são os segmentos $\overline{AC}$ e $\overline{BD}$.

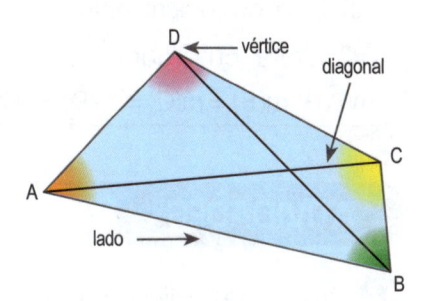

Classificando os quadriláteros

Existem dois grupos importantes de quadriláteros: os **trapézios** e os **paralelogramos**.

Trapézios

Os trapézios são quadriláteros que têm apenas dois lados opostos paralelos.

Nas figuras abaixo temos $\overline{AB}$ // $\overline{DC}$. Os lados opostos paralelos são chamados base. Os trapézios podem ser classificados em **trapézio retângulo**, **trapézio isósceles** e **trapézio escaleno**.

Trapézio retângulo	Trapézio isósceles	Trapézio escaleno
Dois de seus ângulos são retos.	Seus lados não paralelos são congruentes.	Seus lados não paralelos não são congruentes.

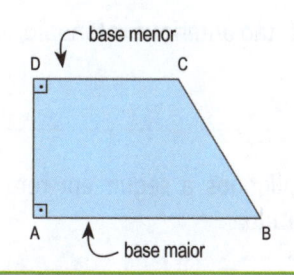

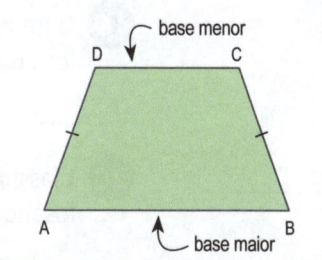

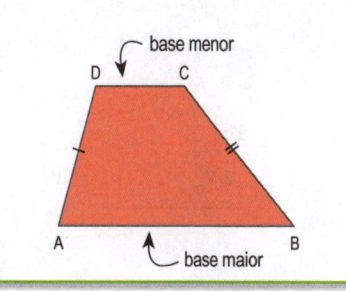

Paralelogramos

Os paralelogramos são quadriláteros que têm os lados opostos paralelos.

O retângulo, o losango e o quadrado são paralelogramos especiais.

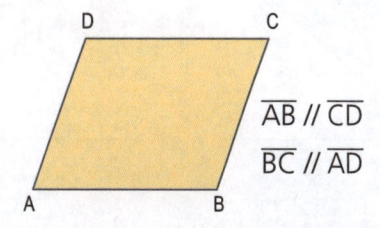

$\overline{AB}$ // $\overline{CD}$

$\overline{BC}$ // $\overline{AD}$

Retângulo	Losango	Quadrado
É o paralelogramo que tem os 4 ângulos retos.	É o paralelogramo que tem os 4 lados congruentes.	É o paralelogramo que tem os 4 lados congruentes e os 4 ângulos retos.
$\overline{AB}$: base (ou comprimento) $\overline{BC}$: altura (ou largura) $m(\hat{A}) = m(\hat{B}) = m(\hat{C}) = m(\hat{D}) = 90°$.	$\overline{AB} \cong \overline{BC} \cong \overline{CD} \cong \overline{DA}$.	$\overline{AB} \cong \overline{BC} \cong \overline{CD} \cong \overline{DA}$ $m(\hat{A}) = m(\hat{B}) = m(\hat{C}) = m(\hat{D}) = 90°$.

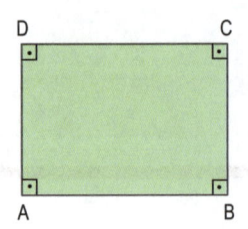

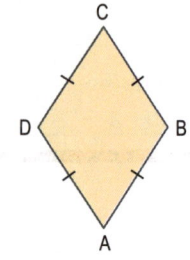

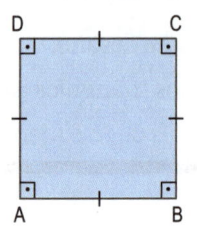

ATIVIDADES

16 Qual destes polígonos não é um quadrilátero? Justifique.

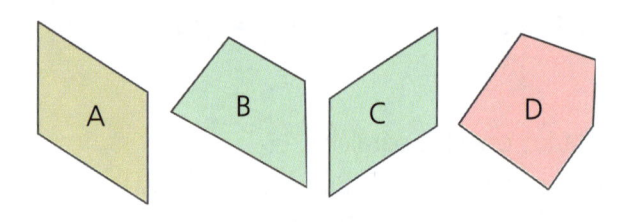

17 Classifique estes polígonos em trapézio ou paralelogramo.

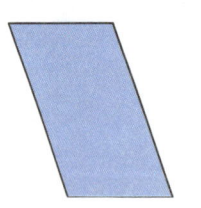

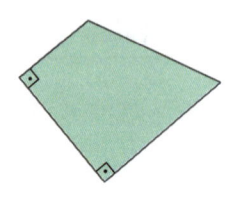

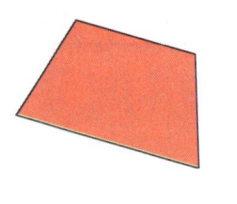

18 Nesta malha triangular, todos os triângulos são equiláteros. Observe o trapézio ABCD e determine:

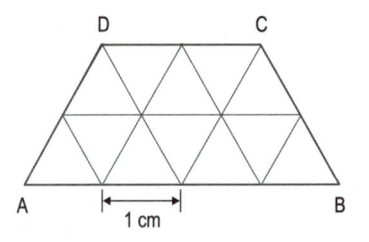

a) a medida da base maior _____

b) a medida da base menor _____

c) as medidas dos lados não paralelos _____

19 O trapézio da questão anterior é retângulo, isósceles ou escaleno?

20 Classifique os polígonos a seguir em retângulo, losango ou quadrado.

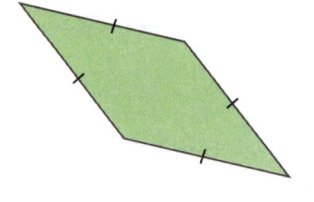

76

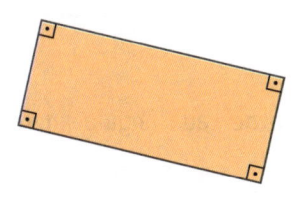

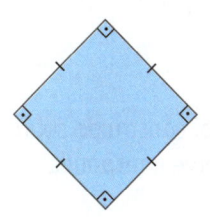

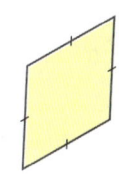

21 Identifique as sentenças verdadeiras (V) e falsas (F).

( ) Todo quadrado é um retângulo.

( ) Todo losango é um quadrado.

( ) Todo retângulo é um quadrado.

( ) Todo triângulo equilátero é isósceles.

22 A base maior de um trapézio isósceles mede 22 cm, a base menor, 11 cm e o perímetro, 69 cm. Calcule a medida de cada um dos lados congruentes.
Lembre-se: O perímetro de um polígono é a soma das medidas de seus lados.

_____
_____
_____
_____
_____
_____

Soma dos ângulos internos de um quadrilátero

Num quadrilátero convexo a **soma das medidas de seus ângulos internos é igual a 360°**.

Vamos determinar essa soma de modo experimental. Observe os passos 1 e 2.

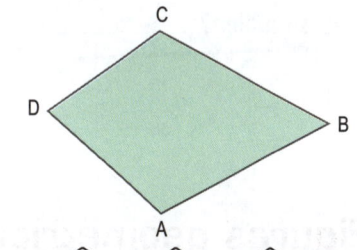

$m(\hat{A}) + m(\hat{B}) + m(\hat{C}) + m(\hat{D}) = 360°$.

Passos:

1) Recorte um quadrilátero qualquer em uma folha. Pinte os ângulos como está indicado na figura. Recorte o quadrilátero de modo a separar os 4 ângulos.

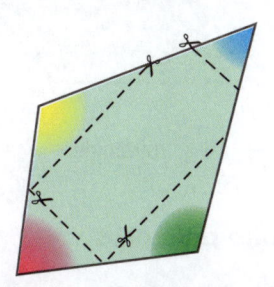

2) Junte os quatro vértices fazendo-os coincidir, conforme a figura.

77

ATIVIDADES

23 Em quais dos polígonos abaixo, a soma de seus ângulos internos é igual a 360°?

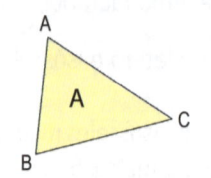

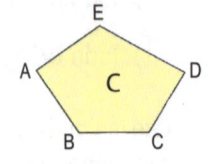

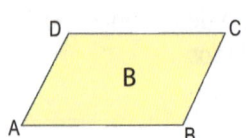

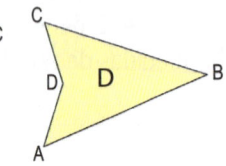

24 O losango ABCD foi construído numa malha de triângulos equiláteros. Observe e responda:

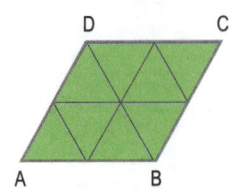

a) Qual é a medida de cada ângulo dos triângulos dessa malha? _____

b) Qual é a medida de cada ângulo interno do losango ABCD?
_____

c) Qual é a soma das medidas dos ângulos internos do losango? _____

25 O trapézio ABCD abaixo foi construído sobre uma malha quadrangular. Observe e responda:

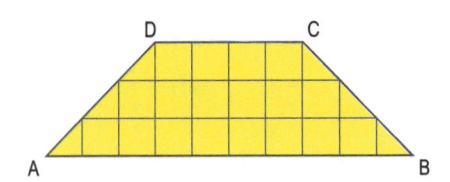

a) Qual é a medida de cada ângulo dos quadrados dessa malha? _____

b) Qual é a medida de cada ângulo interno do trapézio ABCD?
_____

c) Qual é a soma das medidas dos ângulos internos do trapézio? _____

▶ Figuras geométricas espaciais

Figuras geométricas não planas, como a esfera, o cubo e a pirâmide, são chamadas **sólidos geométricos**.

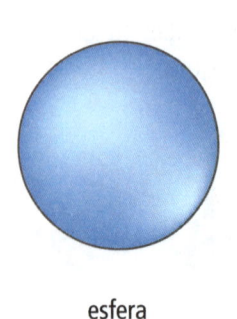

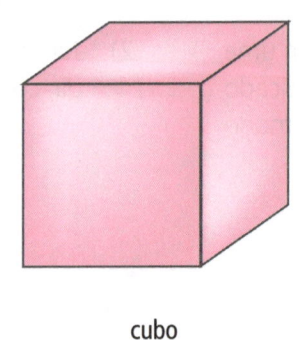

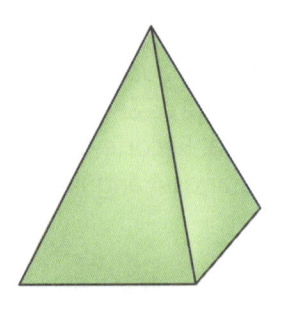

esfera   cubo   pirâmide

Os sólidos geométricos podem ser classificados em **poliedros** e **não poliedros**.

78

Poliedros

Os poliedros são sólidos cuja superfície é formada apenas por partes planas. Essas partes são suas faces. Todas as faces de um poliedro são polígonos. Veja alguns exemplos de poliedros:

> Poliedro é uma palavra de origem grega. Poli significa *muitos* e edro significa *faces*. Então: poli + edro significa *muitas faces*. Portanto, poliedro é um sólido com muitas faces.

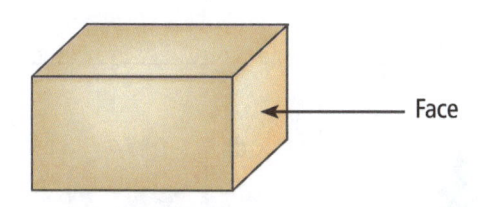

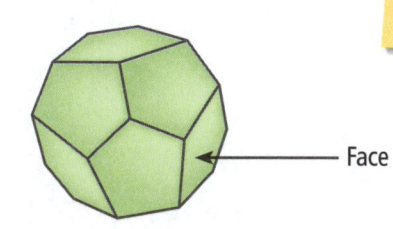

← Face

← Face

Não poliedros

Qualquer sólido que tenha partes arredondadas não é poliedro.

O cilindro, a esfera e o cone são figuras geométricas não poliédricas.

cilindro   esfera   cone

VOCÊ SABIA?   O planeta Marte

Marte é um dos planetas do Sistema Solar.

No verão, a temperatura em Marte chega a 20 °C e no inverno, a − 140 °C. Acredita-se que exista água congelada próximo aos polos e também embaixo da superfície. Marte tem calotas polares formadas de gelo-seco (gás carbônico sólido). Como os demais planetas, Marte tem forma esférica.

O planeta Marte.

ATIVIDADES

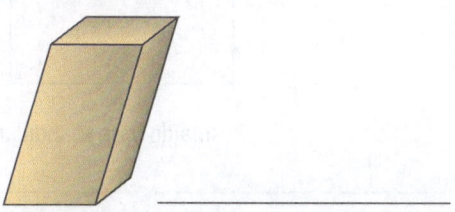

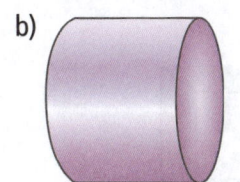

26 Classifique como poliedros ou não poliedros:

a)

b)

c) _____

d) _____

Agora é com você. Classifique as figuras:

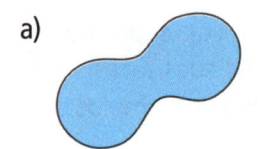

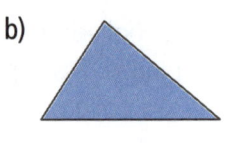

a) _____

b) _____

c) _____

d) _____

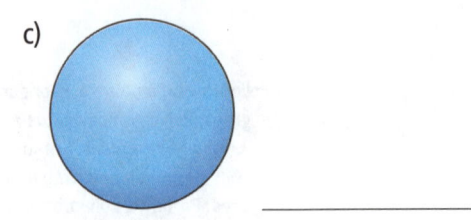

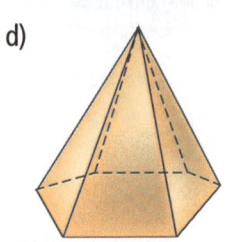

27 Veja como classificamos estas figuras:

Figura plana e polígono

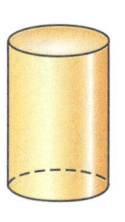

Figura não plana e não poliedro

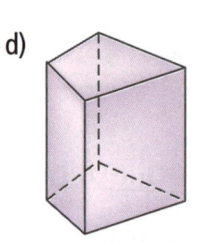

28 Faça uma relação de objetos de seu cotidiano que podem ser representados por:

a) uma figura plana
b) uma figura não plana
c) um polígono
d) um sólido geométrico

▶ Poliedros

Vimos que poliedros são figuras geométricas não planas com faces poligonais. Entre os poliedros vamos estudar os **prismas** e as **pirâmides**.

Prismas

Alguns objetos têm a forma de um prisma. Veja dois exemplos:

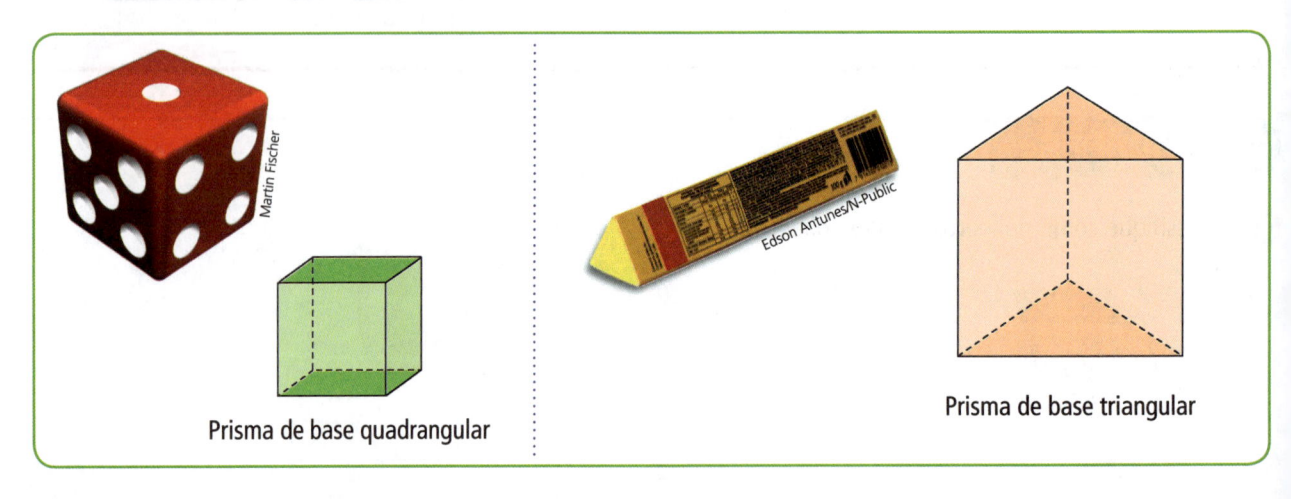

Prisma de base quadrangular

Prisma de base triangular

Em cada um desses prismas, destacamos duas faces. Essas faces são opostas e paralelas. As outras faces são paralelogramos. No caso dos prismas retos, essas faces são retangulares.

Num prisma as faces paralelas são chamadas **bases** e as demais são chamadas **faces laterais**.

Observe na figura abaixo os principais elementos de um prisma:

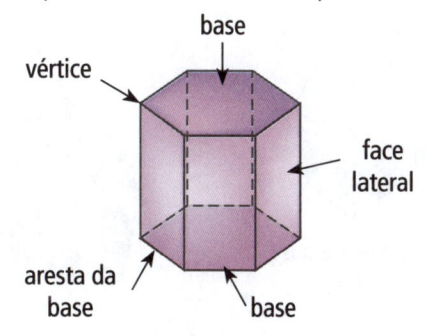

Os prismas são classificados de acordo com o tipo de polígono das bases:

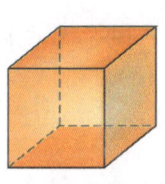

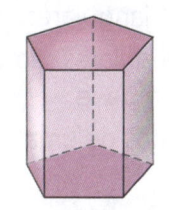

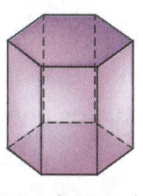

Prisma quadrangular   Prisma triangular   Prisma pentagonal   Prisma hexagonal

> Poliedros convexos que têm duas faces opostas paralelas e as demais faces com forma de paralelogramos são chamados **prismas**.

A planificação de um prisma

Uma caixa de creme dental tem a forma de um prisma.

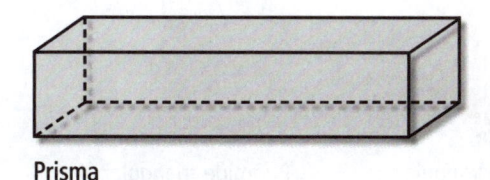

Prisma

A caixa aberta, sem abas, lembra a planificação do prisma.

Planificação do prisma.

81

Pirâmides

Alguns objetos têm a forma piramidal. Veja dois exemplos:

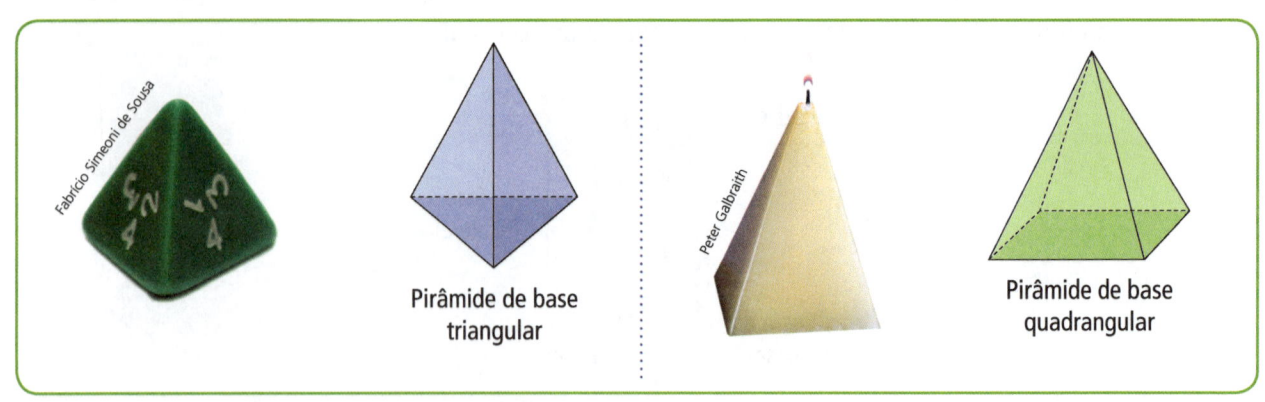

Pirâmide de base triangular

Pirâmide de base quadrangular

Em cada pirâmide, destacamos uma face. Essa face, que é um polígono convexo qualquer, é chamada **base**. As outras faces são triangulares.

Numa pirâmide, as faces triangulares são chamadas de **faces laterais** e a outra face, que pode ser um polígono qualquer, é chamada **base**.

Observe os principais elementos de uma pirâmide

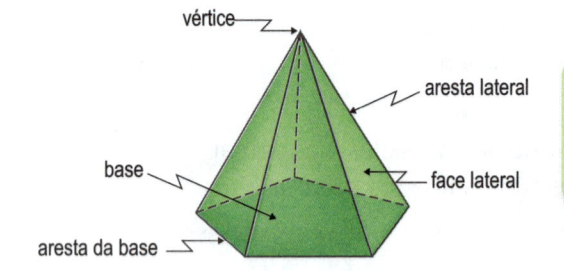

vértice
aresta lateral
base
face lateral
aresta da base

Poliedros convexos, cuja base é um polígono convexo qualquer e as demais faces são triângulos, são chamados **pirâmides**.

As pirâmides também podem ser classificadas de acordo com o tipo de polígono da base.

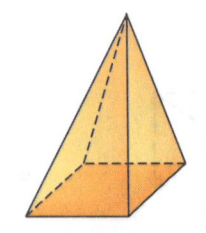

Pirâmide quadrangular 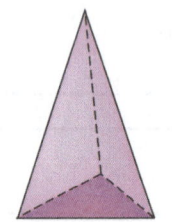   Pirâmide triangular 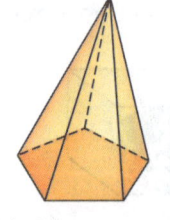   Pirâmide pentagonal 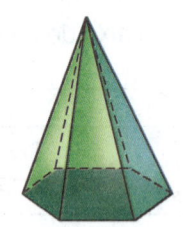   Pirâmide hexagonal

A planificação da pirâmide

Como exemplo, vamos planificar uma pirâmide de base hexagonal.

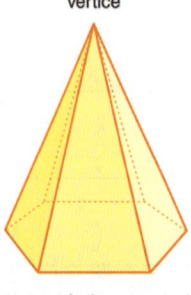

vértice

Pirâmide hexagonal

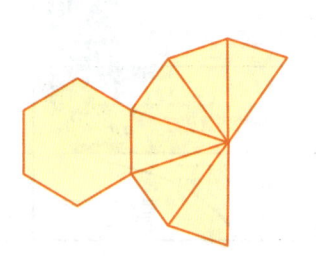

Planificação da pirâmide hexagonal

VOCÊ SABIA?

A forma piramidal no Louvre

O Museu do Louvre, em Paris, é um dos museus de arte mais importantes do mundo. Uma das obras de destaque do Louvre é o quadro chamado *La Gioconda*, popularmente conhecido como Mona Lisa, de Leonardo da Vinci (1452-1519).

No Museu do Louvre há uma construção recente com a forma de pirâmide com 21 m de altura e 200 t de vidro e vigas metálicas. Essa construção contrasta com o prédio original construído entre 1852 e 1857.

Pirâmide de entrada no Museu do Louvre, em Paris, França.

ATIVIDADES

29) As faces laterais de um prisma podem ser retângulos? Dê um exemplo.
_____

30) Um prisma tem quantas bases? _____

31) Se um prisma é pentagonal, quantas arestas ele tem? _____

32) Esta ilustração mostra a forma do satélite brasileiro SCD-2 de coleta e transmissão de dados ambientais e meteorológicos.
Ele tem a forma de um prisma.

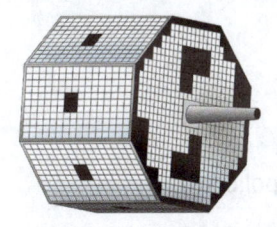

a) Qual é o polígono das bases desse prisma?
_____

b) Qual é o número de vértices, arestas e faces desse polígono?
_____

33) Quantas bases tem uma pirâmide? _____

34) Em uma pirâmide pentagonal, quantas arestas há? _____

35) Uma pirâmide tem 6 faces. Quantas são as faces laterais dessa pirâmide? _____

36) A base de uma pirâmide é octogonal. Dê o número de seus vértices, arestas e faces.
_____

37) Observe a pirâmide.

a) Quantas arestas tem a base dessa pirâmide?
_____

b) Quantas são as arestas dessa pirâmide?
_____

c) Quantas são as faces dessa pirâmide?
_____

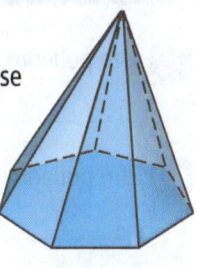

83

38 Observe prismas e pirâmides e responda.

a) Se o número de arestas da base de um prisma for ímpar, então o número de faces desse prisma é par ou ímpar?

b) Se o número de arestas da base de uma pirâmide for ímpar, então o número de faces dessa pirâmide é par ou ímpar?

▶ Relação de Euler

Vamos chamar de V o número de vértices, de F o número de faces e de A o número de arestas, e encontrar o valor de V + F − A para cada um dos poliedros abaixo.

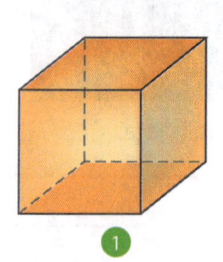

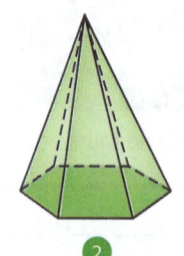

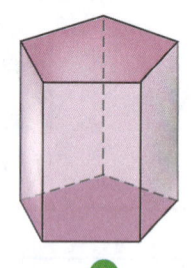

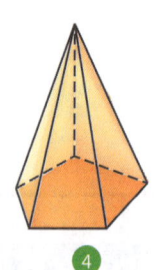

	Poliedro 1	Poliedro 2	Poliedro 3	Poliedro 4
número de arestas (A)	12	12	15	10
número de vértices (V)	8	7	10	6
número de faces (F)	6	7	7	6
V + F − A	2	2	2	2

Perceba que o valor de V + F − A é 2 para todos os poliedros.

A relação **V + F − A = 2** é conhecida como **relação de Euler**.

ATIVIDADES

39 Um poliedro tem 18 vértices e 11 faces. Quantas são as suas arestas?

40 Um poliedro tem 12 faces e 16 arestas. Quantos são os vértices desse poliedro?

41 Quantas faces tem um poliedro com 15 vértices e 18 arestas?

42 Num poliedro, o número de vértices adicionado ao número de faces é igual a 16. Quantas arestas tem esse poliedro?

EXPERIMENTOS, JOGOS E DESAFIOS

Ilusão de ótica

Quantos cubos existem nesta figura? Depende do modo como você olha para a figura!

Observe que existem 8 faces pintadas de vermelho.

- Procure olhar os cubos de modo que tenham uma face superior vermelha. Quantos cubos você vê? Quantos quadrados vermelhos não são faces de cubo?
- Procure, agora, olhar os cubos de modo que tenham uma face inferior vermelha. Quantos cubos são vistos agora? Quantos quadrados vermelhos não são faces de cubo?

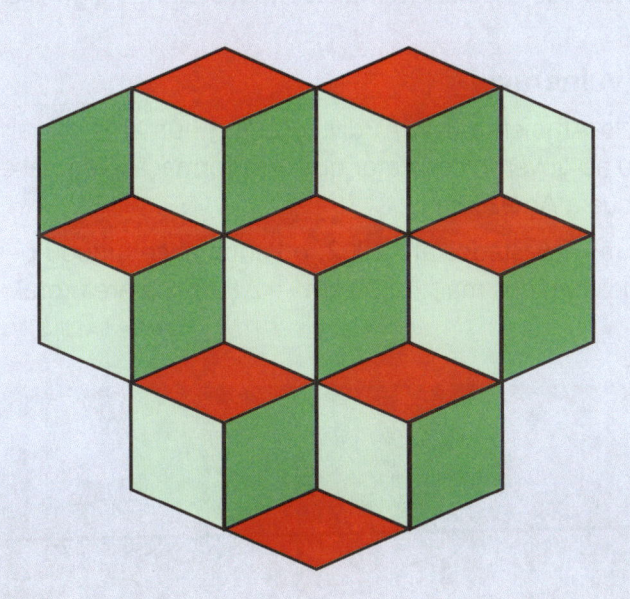

Capítulo 7 — Os números racionais

▶ Os números racionais

Os **números racionais** são usados em muitas situações. Veja alguns exemplos.

O Pantanal está vulnerável

O Ministério de Meio Ambiente (MMA) divulgou [...] números oficiais sobre o desmatamento do Pantanal, o que permitiu ao governo constatar que essa formação vegetal e o cerrado estão mais vulneráveis à devastação do que a Amazônia.

[...] Com 18,7 mil km² devastados até 2002, o Pantanal continuou perdendo mata nativa nos seis anos seguintes: foram desmatados mais 4 279 km² – 2,82% da área total.

Fonte: SASSINE, Vinicius. *Correio Braziliense*, 8 jun. 2010.

Planície no Pantanal, Mato Grosso do Sul, 2006.

- Os números 2 e – 2 são números racionais inteiros.
- O número 18,7 é um número racional positivo apresentado na forma decimal.
- O número – 2,8 é um número racional negativo apresentado na forma decimal.
- Os números $\frac{1}{3}$ e $\frac{2}{5}$ são números racionais apresentados na forma fracionária.

Observe esta outra situação em que se usam números racionais.

- Cleide pretende dividir igualmente as 2 barras de chocolate entre suas 5 filhas. Que parte da barra cada uma irá receber?

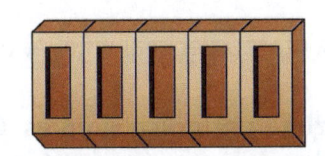

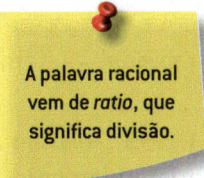

> A palavra racional vem de *ratio*, que significa divisão.

Nesse caso, é preciso dividir 2 por 5.

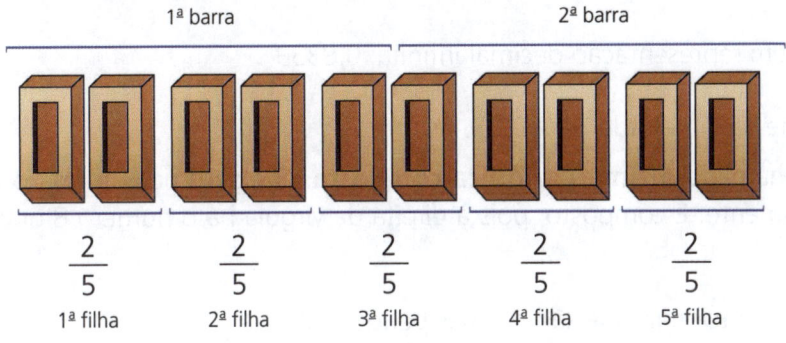

1ª barra   2ª barra

$\frac{2}{5}$ 1ª filha $\frac{2}{5}$ 2ª filha $\frac{2}{5}$ 3ª filha $\frac{2}{5}$ 4ª filha $\frac{2}{5}$ 5ª filha

O quociente da divisão 2 ÷ 5 pode ser expresso pela fração $\frac{2}{5}$.

> Todo **número racional** é o quociente de dois números inteiros, sendo o divisor diferente de zero.

Escrevendo um número racional na forma decimal

Os números racionais escritos na forma fracionária podem ser escritos na forma decimal.

Veja como escrever $\frac{1}{2}$, $\frac{5}{9}$ e $\frac{5}{6}$ na forma decimal.

$\frac{1}{2}$ ou 1 ÷ 2

```
10 | 2
 0   0,5
```

$\frac{5}{9}$ ou 5 ÷ 9

```
50 | 9
50   0,555
50
50
 5
```

$\frac{5}{6}$ ou 5 ÷ 6

```
50 | 6
20   0,8333
20
20
 2
```

87

A representação decimal de um número fracionário pode ser finita ou infinita.

- O número racional $\dfrac{1}{2}$ tem representação decimal finita: 0,5.

- O número racional $\dfrac{5}{9}$ tem representação decimal infinita: 0,555...

> As reticências indicam que o algarismo 5 se repete indefinidamente.

O número 0,555... é chamado **dízima periódica simples**. O algarismo 5 forma o **período** que se repete indefinidamente. É simples, pois o período está logo após a vírgula.

Para abreviar a escrita de uma dízima periódica, coloca-se um traço sobre o período. O número 0,555... é abreviado para $0,\overline{5}$.

- O número racional $\dfrac{5}{3}$ tem representação decimal infinita: 0,8333...

O número 0,8333... pode ser abreviado para $0,8\overline{3}$.

O número 0,8333... é chamado **dízima periódica composta**. O algarismo 3 forma o período que se repete indefinidamente. É composto, pois à direita da vírgula há o número 8 que não se repete.

Outros exemplos de números racionais que são dízimas periódicas:

- $\dfrac{31}{99} = 0{,}313131\ldots = 0{,}\overline{31}$
- $-\dfrac{23}{9} = -2{,}555\ldots = -2{,}\overline{5}$
- $\dfrac{37}{90} = 0{,}4111\ldots$ ou $0{,}4\overline{1}$

Conjunto dos números racionais

Considere os números abaixo:

$-2 \qquad 1 \qquad \dfrac{1}{3} \qquad 1{,}6666\ldots \qquad -\dfrac{2}{5} \qquad -0{,}4$

O que eles têm em comum?

Todos resultam da divisão de dois números inteiros. Veja:

- -2 pode resultar de $(-4) \div 2$
- 1 pode resultar de $(-2) \div (-2)$
- $\dfrac{1}{3}$ pode resultar de $1 \div 3$
- $1{,}666\ldots$ pode resultar de $5 \div 3$
- $-\dfrac{2}{5}$ pode resultar de $4 \div (-10)$
- $-0{,}4$ pode resultar de $4 \div (-10)$

> Todos os números obtidos pela divisão de dois números inteiros (sendo o segundo diferente de zero) formam o conjunto dos **números racionais**.

Indicamos esse conjunto com o símbolo $\mathbb{Q}$.

$\mathbb{Q} = \left\{ \dfrac{a}{b}, \text{ tal que } a \in \mathbb{Z}, b \in \mathbb{Z} \text{ e } b \neq 0 \right\}$

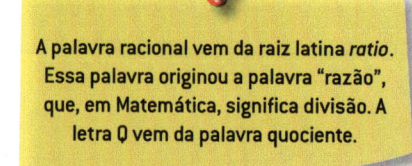

> A palavra racional vem da raiz latina *ratio*. Essa palavra originou a palavra "razão", que, em Matemática, significa divisão. A letra Q vem da palavra quociente.

VOCÊ SABIA?

A polegada

Algumas unidades de medida de comprimento antigas continuam em uso até hoje. A diferença é que agora elas não estão mais na dependência ou interesse de cada governante. Foram padronizadas, de maneira que em qualquer lugar do mundo seu valor é o mesmo.

A polegada, muito usada em países de língua inglesa, é uma dessas medidas.

O segmento ao lado mede uma polegada.

A polegada é dividida em meios, quartos, oitavos, dezesseis avos etc.

Observe esta régua. Ela está graduada em centímetros e em polegadas. Uma polegada corresponde a aproximadamente 2,54 cm.

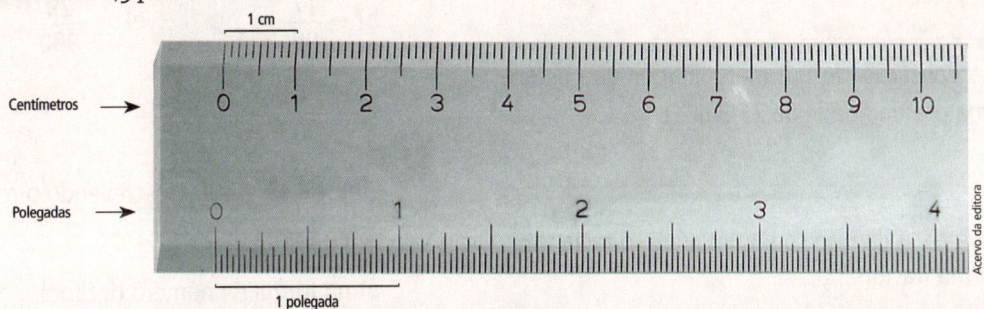

No Brasil, usamos a polegada como unidade de medida de comprimento em algumas situações. Nos aparelhos de TV e computadores, por exemplo, o tamanho da tela é indicado em polegadas.

29" significa 29 polegadas.

29" é a medida da diagonal da tela. Essa fita está graduada em polegadas.

Os diâmentros internos dos canos de PVC são medidos em fração de polegada.
Exemplos:

- Cano de $\frac{3}{4}$".
- Cano de $\frac{1}{2}$".

Os parafusos também podem ser identificados pela medida de seu comprimento em polegada.

Parafuso de 1".

Parafuso de $\frac{1}{4}$".

Parafuso de $\frac{5}{8}$".

89

ATIVIDADES

1 Escreva o número racional positivo ou negativo que representa:

a) a temperatura de 2,9 °C abaixo de zero.

b) a localização de um submarino que se encontra a 1250,5 m abaixo do nível do mar.

c) a altitude de uma montanha de 1,6 km.

d) a localização de um mergulhador que está a uma profundidade de 25,8 m.

2 Escreva cada divisão como um número racional na forma fracionária:

a) $(+9) \div (+4)$ _____ e) $(-144) \div (-13)$ _____

b) $(-8) \div (+3)$ _____ f) $0 \div (-15)$ _____

c) $(+4) \div (-5)$ _____ g) $(-18) \div (-9)$ _____

d) $(-10) \div (-3)$ _____ h) $(+4) \div (-2)$ _____

3 Veja que $-\dfrac{4}{23}$ é a forma irredutível do número racional $-\dfrac{8}{46}$, ou seja, a fração $-\dfrac{4}{23}$ não pode mais ser simplificada. Numerador e denominador de $-\dfrac{8}{46}$ foram divididos por 2:

$-\dfrac{8 \div 2}{46 \div 2} = -\dfrac{4}{23}$.

Agora é com você. Escreva na forma irredutível estes números racionais.

a) $-\dfrac{64}{36}$

b) $\dfrac{15}{125}$

c) $-\dfrac{27}{81}$

d) $\dfrac{42}{63}$

e) $-\dfrac{150}{240}$

4 Escreva os números racionais na forma decimal.

a) $-\dfrac{33}{15}$ _____ c) $-\dfrac{9}{20}$ _____

b) $\dfrac{64}{40}$ _____ d) $\dfrac{82}{5}$ _____

5 Represente as frações na forma decimal:

a) $-\dfrac{5}{9}$

b) $-\dfrac{17}{99}$

c) $-\dfrac{3}{90}$

d) $\dfrac{121}{99}$

e) $-\dfrac{29}{990}$

Os quocientes são dízimas periódicas

6 Efetue $143 \div 9900$, escrevendo o resultado:

a) na forma de fração.

b) na forma de número decimal.

7 Observe a figura que representa um cartaz de oferta:

a) Qual é o preço aproximado de cada sabonete?

OFERTA! 3 sabonetes por R$ 5,00

b) O quociente obtido é um decimal cuja representação é finita ou é uma dízima periódica?

8 A palavra razão vem da palavra *ratio*, que significa "divisão".

Assim, a razão entre os números -4 e -5 é, por exemplo, a divisão:

$(-4) \div (-5) = \dfrac{-4}{-5} = 0,8$.

Agora é com você.

Escreva a razão entre os números abaixo na forma fracionária e na forma decimal.

a) 1 e 4

b) -3 e 5

c) -5 e -8

Representação dos números racionais na reta numérica

■ Veja a representação de alguns números inteiros na reta numérica:

■ Observe a representação do número racional $\frac{8}{5}$ na reta numérica.

• Traçamos uma reta e marcamos o ponto O correspondente à origem zero.

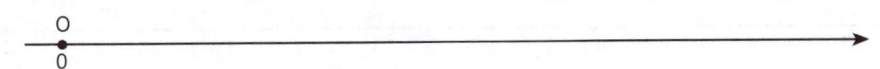

• Como na fração $\frac{8}{5}$ o denominador é 5, divide-se cada inteiro em 5 partes iguais. Considera-se, à direita do ponto O, oito dessas partes. Marca-se o ponto B que representa o número $\frac{8}{5}$.

■ Vamos representar os números 0,5 e $-\frac{3}{4}$ na mesma reta numérica.

• Inicialmente representamos os números 0,5 e $-\frac{3}{4}$ na forma fracionária, com o mesmo denominador.

• Encontramos as frações equivalentes a essas frações.

$0,5 = \frac{5}{10} = \frac{1}{2} = \frac{2}{4}$

$\frac{2}{4}$ e $-\frac{3}{4}$

• Como cada denominador é 4, divide-se cada inteiro em 4 partes. Para representar o número $\frac{2}{4}$ consideramos duas dessas partes a partir da origem. E para o número $-\frac{3}{4}$, consideramos três dessas partes.

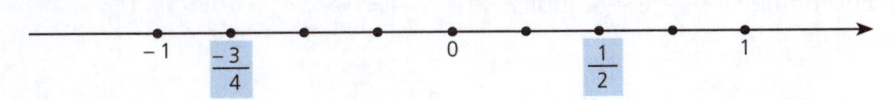

ATIVIDADES

9 Complete com as letras A, B ou C. Na reta numérica abaixo, o ponto _____ representa o número $-\frac{3}{4}$. E o ponto _____ representa o número $\frac{1}{2}$.

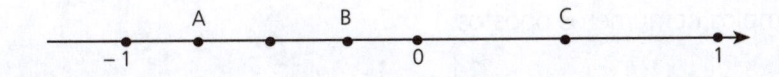

91

10 Marque os pontos correspondentes aos números racionais indicados:

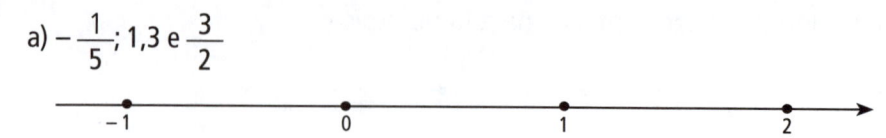

a) $-\dfrac{1}{5}$; 1,3 e $\dfrac{3}{2}$

b) $-0,75$; 0,25 e $\dfrac{7}{4}$

c) $\dfrac{1}{5}$; $-\dfrac{3}{7}$; $\dfrac{7}{5}$ e $-2,2$

Módulo ou valor absoluto de um número racional

No conjunto dos números inteiros, a distância de um ponto à origem é o **módulo** (ou **valor absoluto**) do número correspondente.

O mesmo ocorre com os números racionais. Por exemplo, qual é o módulo dos números $-\dfrac{3}{4}$ e $\dfrac{3}{4}$?

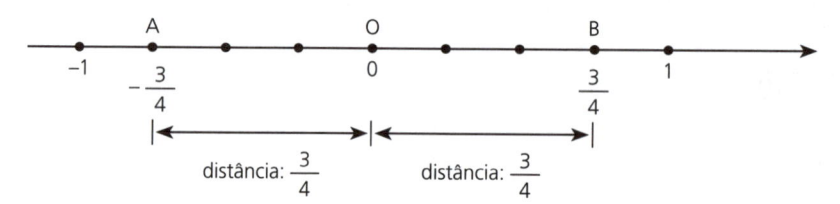

Os pontos A e B estão à mesma distância do ponto O (origem).

- O módulo do número $-\dfrac{3}{4}$ é $\dfrac{3}{4}$. Indica-se $\left|-\dfrac{3}{4}\right| = \dfrac{3}{4}$.

- O módulo do número $\dfrac{3}{4}$ é $\dfrac{3}{4}$. Indica-se $\left|+\dfrac{3}{4}\right| = \dfrac{3}{4}$.

Números opostos ou simétricos

Dois números racionais, de sinais contrários, têm o mesmo módulo. Eles são denominados números opostos ou simétricos.

Os números $-\dfrac{3}{4}$ e $\dfrac{3}{4}$ são opostos ou simétricos.

Veja outros exemplos de números opostos:

- $-0,5$ e $0,5$
- $-\dfrac{1}{2}$ e $+\dfrac{1}{2}$
- $-0,75$ e $0,75$

ATIVIDADES

11 Observe a reta numérica abaixo e determine a distância de:

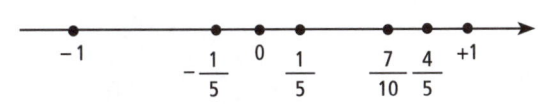

a) $-\dfrac{1}{5}$ a 0

b) $\dfrac{4}{5}$ a 0

c) 0 a $\dfrac{1}{5}$

d) 0 a $\dfrac{7}{10}$

12 Observe a reta numérica e determine a distância de: $-\dfrac{2}{10}$ a $\dfrac{5}{10}$.

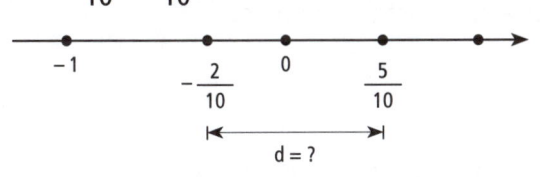

13 Qual é o módulo destes números racionais?

a) $\dfrac{13}{5}$ _____

b) $-\dfrac{19}{31}$ _____

c) 0 _____

d) $-0,48$ _____

e) -2 _____

f) $-0,07$ _____

14 Determine o valor absoluto de:

a) $-\dfrac{3}{5}$ _____

b) $+\dfrac{4}{7}$ _____

c) $-8,16$ _____

d) $+7,6$ _____

15 Escreva o oposto de:

a) $-\dfrac{4}{9}$ _____

b) $-0,1$ _____

c) $3,27$ _____

d) $-\dfrac{8}{3}$ _____

e) $\dfrac{4}{7}$ _____

f) $+1,4$ _____

Comparação de números racionais

Podemos usar a reta numérica para comparar números racionais.

Como na reta numérica os números são representados em ordem crescente, da esquerda para a direita, o maior número é aquele que estiver à direita de outro.

Vamos comparar, por exemplo, $-\dfrac{1}{8}$ e $-\dfrac{3}{4}$.

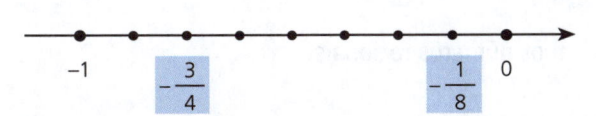

Como $-\dfrac{1}{8}$ está à direita de $-\dfrac{3}{4}$, temos: $-\dfrac{3}{4} < -\dfrac{1}{8}$.

Podemos comparar números racionais sem o auxílio da reta numérica.

> Quando comparamos dois números positivos, o maior é o que tiver maior módulo.
> Quando os dois números forem negativos, o maior é o que tiver menor módulo.

Observações

- Um número positivo é sempre maior que um número negativo.
- O zero é maior que qualquer número negativo e menor que qualquer número positivo.

Observe estes exemplos:

a) Vamos comparar $-0,5$ e $-1,25$.

   Inicialmente determinamos o módulo de cada número.

   $|-0,5| = 0,5$ $|-1,25| = 1,25$

   Como são dois números negativos, o maior é o que tem o menor módulo.

   $-0,5 > -1,25$

b) Vamos comparar $3,5$ e $4,15$.

   Inicialmente determinamos o módulo de cada número:

   $|3,5| = 3,5$ $|4,15| = 4,15$

   Como são dois números positivos, o maior é o que tem o maior módulo.

   $4,15 > 3,5$

c) Vamos comparar $-\frac{1}{2}$ e $0,15$.

   Como um número positivo é sempre maior que um número negativo, temos:

   $0,15 > -\frac{1}{2}$

d) Vamos comparar $\frac{3}{5}$ e $\frac{4}{9}$.

   Para comparar frações podemos, inicialmente, escrevê-las na forma decimal:

   $\frac{3}{5} = 0,6$

   $\frac{4}{9} = 0,444...$

   Como $0,6 > 0,444...$, então: $\frac{3}{5} > \frac{4}{9}$

ATIVIDADES

16 Numa reta numérica, marque os pontos que representam os números racionais
$-0,7$; $-1,1$; 0; $-2,3$; $4,1$; $3,7$ e, em seguida, compare:

a) $-0,7$ _____ 0

b) $-1,1$ _____ $-0,7$

c) $4,1$ _____ $-2,3$

d) $3,7$ _____ $4,1$

e) 0 _____ $3,7$

17 Escreva os números racionais da questão anterior em ordem crescente.

_____

18 Compare os seguintes números:

$-\dfrac{1}{2}; \dfrac{3}{4}; -1; \dfrac{5}{8}; 2\dfrac{1}{8}.$

a) –1 _____ $-\dfrac{1}{2}$

b) $-\dfrac{1}{2}$ _____ $\dfrac{3}{4}$

c) $2\dfrac{1}{8}$ _____ –1

d) $2\dfrac{1}{8}$ _____ $-\dfrac{5}{8}$

e) 0 _____ $-\dfrac{1}{2}$

f) $\dfrac{5}{8}$ _____ 0

19 Escreva os números racionais da questão anterior em ordem decrescente.

_____

20 Numa reta numérica, o ponto correspondente a – 2,8 está mais próximo do número – 2 ou do número – 3?

_____

Qual destes números: – 2 e – 3 é o maior?

_____

21 Compare os números racionais:

a) $-\dfrac{1}{2}$ _____ $\dfrac{13}{15}$

b) – 0,01 _____ – 0,001

c) 4,5 _____ – 4,5

d) $\dfrac{3}{8}$ _____ $\dfrac{7}{10}$

e) $-\dfrac{4}{5}$ _____ $-\dfrac{12}{7}$

f) $3\dfrac{1}{2}$ _____ $-10\dfrac{1}{2}$

g) – 3,05 _____ – 3,5

h) 0 _____ – 100,57

i) 208,745 _____ 0

22 Qual número é o maior?

a) $\left|-\dfrac{7}{9}\right|$ ou o oposto de $-\dfrac{3}{4}$.

_____

b) O oposto de – 0,25 ou o oposto do oposto de – 0,75.

_____

23 Observe os números racionais – 3,01; 4,05; – 1,75; 3,85; 2.

a) Qual é o maior número?

_____

b) Qual é o menor número?

_____

c) Qual é o menor número positivo?

_____

d) Qual é o maior número negativo?

_____

EXPERIMENTOS, JOGOS E DESAFIOS

Trapézio isósceles

Desenhe quatro hexágonos e faça as divisões como mostra a figura.

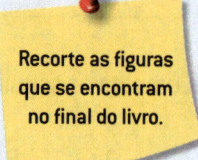

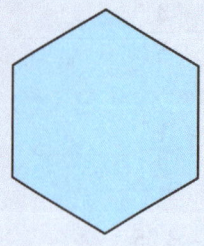

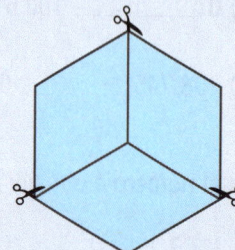

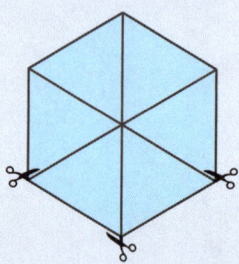

> Recorte as figuras que se encontram no final do livro.

Um deles está inteiro, porém os outros foram divididos em metades, terços ou sextos.

Recorte todas as peças e com elas monte um trapézio isósceles.

Dica!

Você pode usar uma malha de triângulos equiláteros para desenhar esses hexágonos.

Adição e subtração de números racionais

Acompanhe estas situações e verifique como podemos adicionar e subtrair números racionais na forma decimal.

SITUAÇÃO 1

Em um certo local, o termômetro marcava que a temperatura ambiente era − 4,5 °C. Subiu 2,7 °C. Para quantos graus Celsius foi a temperatura?

Para responder, efetuamos esta operação:

− 4,5 + (+ 2,7) = − 4,5 + 2,7 = − 1,8

Portanto, a temperatura foi para − 1,8 °C.

SITUAÇÃO 2

Em outro local, a temperatura ambiente passou de − 2,5 °C para 5 °C. Qual foi o aumento de temperatura?

Para responder efetuamos esta operação:

$5 - (-2,5) = 5 + 2,5 = 7,5$

Portanto, o aumento da temperatura foi de 7,5 °C.

Observe, agora, como adicionar ou subtrair números racionais em sua forma fracionária.

a) $-\dfrac{3}{5} + \left(+\dfrac{4}{10}\right)$

Eliminamos os parênteses:

$-\dfrac{3}{5} + \dfrac{4}{10}$

Escrevemos frações equivalentes com mesmo denominador:

$-\dfrac{6}{10} + \dfrac{4}{10}$

Mantemos o denominador comum e adicionamos algebricamente os numeradores:

$\dfrac{-6+4}{10} = -\dfrac{2}{10}$

Simplificamos o resultado:

$-\dfrac{2}{10} = -\dfrac{1}{5}$

b) $+\dfrac{2}{3} + \left(-\dfrac{1}{2}\right) =$

$= +\dfrac{2}{3} - \dfrac{1}{2} =$

$= \dfrac{4}{6} - \dfrac{3}{6} =$

$= \dfrac{4-3}{6} =$

$= \dfrac{1}{6}$

c) $(-1) - \left(+\dfrac{3}{4}\right) =$

$= -1 - \dfrac{3}{4} =$

$= -\dfrac{4}{4} - \dfrac{3}{4} =$

$= \dfrac{-4-3}{4} =$

$= -\dfrac{7}{4}$

d) $\left(-\dfrac{1}{6}\right) - \left(-\dfrac{2}{8}\right) =$

$= -\dfrac{1}{6} + \dfrac{2}{8} =$

$= -\dfrac{4}{24} + \dfrac{6}{24} =$

$= \dfrac{-4+6}{24} =$

$= +\dfrac{2}{24} =$

$= +\dfrac{1}{12}$

Observe, ainda, como calcular o valor destas expressões.

a) $-1,6 - \left(\dfrac{1}{2} - \dfrac{1}{4}\right)$

Escrevemos o número $-1,6$ na forma fracionária.

$-\dfrac{16}{10} - \left(\dfrac{1}{2} - \dfrac{1}{4}\right)$

Eliminamos os parênteses e efetuamos as operações.

$-\dfrac{16}{10} - \left(+\dfrac{1}{4}\right) =$

$= -\dfrac{16}{10} - \dfrac{1}{4} =$

$= -\dfrac{32}{20} - \dfrac{5}{20} =$

$\dfrac{-32-5}{20} = -\dfrac{37}{20}$

b) $0,4 + (-1,2) - [-5,4 - (-2 + 1,1)]$

Efetuamos as operações dentro dos parênteses.

$0,4 + (-1,2) - [-5,4 - (-0,9)]$

Eliminamos os parênteses.

$0,4 - 1,2 - [-5,4 + 0,9]$

Efetuamos as operações dentro dos colchetes.

$0,4 - 1,2 - [-4,5]$

Eliminamos os colchetes e efetuamos as operações.

$0,4 - 1,2 + 4,5 = 3,7$

ATIVIDADES

24 Efetue:

a) $(-6,5) + (+6,5)$ _____

b) $(+0,3) + (+4,7)$ _____

c) $(+1,2) - (-0,8)$ _____

d) $(-1,5) - (-2,4)$ _____

e) $\left(-\dfrac{1}{2}\right) - \left(-\dfrac{5}{2}\right)$ _____

f) $\left(+\dfrac{2}{3}\right) - \left(-\dfrac{1}{6}\right)$ _____

25 Um termômetro está marcando a temperatura de $-7,1\ °C$. Quanto ele marcará se a temperatura descer $4,6\ °C$?

_____

26 Calcule:

a) $\left(\dfrac{9}{2}\right) + \left(-\dfrac{3}{2}\right) + \left(-\dfrac{1}{2}\right)$

_____

b) $-1,2 + \dfrac{4}{5}$

_____

c) $(+0,25) + (+1,45) + (-2,5) + (-0,5)$

_____

d) $-\dfrac{1}{2} + \dfrac{3}{4} - \left(-\dfrac{2}{5}\right)$

_____

27 Em certo dia, a temperatura, no início da manhã, era $-1\ °C$; à tarde tinha aumentado $14\ °C$ e durante a noite desceu $5\ °C$. Qual foi a temperatura registrada durante a noite?

_____

28 A soma de dois números racionais é $-4,55$. Um deles é $-2,76$. Qual é o outro número? Lembre que a subtração é a operação inversa da adição.

_____

29 A diferença entre dois números racionais é $-\dfrac{1}{2}$. O subtraendo é $\dfrac{3}{7}$. Qual é o minuendo?

_____

Propriedades da adição

São validadas para o conjunto $\mathbb{Q}$ as seguintes propriedades da adição.

Propriedade comutativa

- $(-3,5) + (-2,1) = -(-2,1) + (-3,5) = -5,6$
- $\dfrac{2}{3} + \left(-\dfrac{1}{3}\right) = \left(-\dfrac{1}{3}\right) + \dfrac{2}{3} = \dfrac{1}{3}$

A ordem das parcelas não altera a soma.

Propriedade da existência do elemento neutro

- $(-1,5) + 0 = 0 + (-1,5) = -1,5$
- $\left(-\dfrac{1}{5}\right) + 0 = 0 + \left(-\dfrac{1}{5}\right) = -\dfrac{1}{5}$

> O elemento neutro da adição é o **zero**.

Propriedade associativa

$[(-1,3) + (+0,5)] + (-0,2) = -0,8 - 0,2 = -1$

$(-1,3) + [(+0,5) + (-0,2)] = (-1,3) + (+0,3) = -1$

Logo: $[(-1,3) + (+0,5)] + (-0,2) = (-1,3) + [(+0,5) + (-0,2)]$.

> Numa adição com três ou mais números racionais, podemos associar as parcelas de maneiras diferentes e a soma não se altera.

ATIVIDADES

30) Qual propriedade da adição foi usada em cada igualdade?

a) $\left(-\dfrac{1}{2}\right) + \left(-\dfrac{3}{2}\right) = \left(-\dfrac{3}{2}\right) + \left(-\dfrac{1}{2}\right)$ _____

b) $(+4,1) + 0 = 0 + (+4,1)$ _____

c) $0,5 + [0,1 + (-18)] = [0,5 + 0,1] + (-18)$ _____

d) $\left[\left(-\dfrac{1}{3}\right) + \left(\dfrac{1}{5}\right)\right] + \left(-\dfrac{1}{2}\right) = \left(-\dfrac{1}{3}\right) + \left[\left(+\dfrac{1}{5}\right) + \left(-\dfrac{1}{2}\right)\right]$ _____

31) Sendo $a = -\dfrac{1}{2}$, $b = \dfrac{3}{5}$ e $c = -\dfrac{3}{4}$, calcule $(a + b) + c$.

_____

Em seguida, sem efetuar as contas, diga: quanto vale $a + (b + c)$? _____

Que propriedade você usou para responder à questão acima? _____

32) Aplique as propriedades da adição para determinar o valor de a:

a) $(-2,1) + a = -2,1$ _____

b) $\left(-\dfrac{3}{11}\right) + \left(-\dfrac{2}{33}\right) = a + \left(-\dfrac{3}{11}\right)$ _____

c) $2,1 + [3,5 + (-1,75)] = [2,1 + 3,5] + a$ _____

d) $\left[(-1,6) + \dfrac{3}{4}\right] + (-1,05) = a + \left[\dfrac{3}{4} + (-1,05)\right]$ _____

▶ Multiplicação de números racionais

Multiplicando dois números racionais positivos

a) $(+2,1) \cdot (+3,5) = ?$

```
      3,5   ← uma casa decimal
    × 2,1   ← uma casa decimal
    -----
      3 5
    + 7 0
    -----
    7,35    ← duas casas decimais
```

$(+2,1) \cdot (+3,5) = 7,35.$

b) $3,6 \cdot \dfrac{5}{6} = ?$

Inicialmente escreve-se o número 3,6 na forma de fração: $3,6 = \dfrac{36}{10}$

$\dfrac{\cancel{36}^{\;6}}{\cancel{10}_{\;2}} \cdot \dfrac{\cancel{5}^{\;1}}{\cancel{6}_{\;1}} \cdot \dfrac{}{1} = 3$

$3,6 \cdot \dfrac{5}{6} = 3.$

> O produto de dois números racionais positivos é um número positivo.

Multiplicando dois números racionais negativos

a) $(-2,6) \cdot (-1,75)$

```
      1,75    ← duas casas decimais
    × 2,6     ← uma casa decimal
    ------
     1050
    + 350
    ------
    4,550     ← três casas decimais
```

$(-2,6) \cdot (-1,75) = 4,550$

b) $\left(-\dfrac{1}{2}\right) \cdot \left(-\dfrac{8}{5}\right)$

Efetuando o produto, temos:

$\left(-\dfrac{1}{\cancel{2}_{\;1}}\right) \cdot \left(-\dfrac{\cancel{8}^{\;4}}{5}\right) = +\dfrac{4}{5}$

> O produto de dois números racionais negativos é um número positivo.

Multiplicando números racionais com sinais diferentes

a) $(-3,25) \cdot \dfrac{4}{5}$

Inicialmente escreve-se o número $-3,25$ na forma fracionária: $-3,25 = -\dfrac{325}{100} = -\dfrac{13}{4}$

$\left(-\dfrac{13}{\cancel{4}_{\;1}}\right) \cdot \dfrac{\cancel{4}^{\;1}}{5} = -\dfrac{13}{5}$

Portanto, $(-3,25) \cdot \dfrac{4}{5} = -\dfrac{13}{5}$

> O produto de dois números racionais, um positivo e o outro negativo, é um número negativo.

Podemos, também, determinar o valor de uma expressão numérica que envolva a multiplicação.

$-\dfrac{1}{2} \cdot \left(-\dfrac{3}{8} - \dfrac{1}{4}\right) - \left(0,5 + \dfrac{3}{4}\right) + 1,5 =$

$= -\dfrac{1}{2} \cdot \left(-\dfrac{3}{8} - \dfrac{1}{4}\right) - \left(\dfrac{5}{10} + \dfrac{3}{4}\right) + \dfrac{15}{10} =$

$= -\dfrac{1}{2} \cdot \left(-\dfrac{5}{8}\right) - \left(+\dfrac{5}{4}\right) + \dfrac{3}{2} =$

$= +\dfrac{5}{16} - \dfrac{5}{4} + \dfrac{3}{2} = \dfrac{5 - 20 + 24}{16} = \dfrac{9}{16}$

Números racionais inversos

■ Veja como efetuamos as multiplicações de racionais:

a) $\left(\dfrac{2}{3}\right) \cdot \left(\dfrac{3}{2}\right) = 1$ b) $(-4) \cdot \left(-\dfrac{1}{4}\right) = 1$ c) $\left(-\dfrac{2}{5}\right) \cdot \left(-\dfrac{5}{2}\right) = 1$

Observe que o produto encontrado em cada multiplicação foi igual a 1.

> Se o produto de dois números racionais, escritos na forma fracionária, for igual a 1, dizemos que um deles é o inverso do outro.

ATIVIDADES

33 Efetue as multiplicações.

a) $\left(-\dfrac{2}{14}\right) \cdot \left(+\dfrac{7}{3}\right)$ _____

b) $(-1,2) \cdot (-0,5)$ _____

c) $(+5,15) \cdot (-2,1)$ _____

d) $\left(-\dfrac{2}{3}\right) \cdot (-3)$ _____

e) $\dfrac{21}{8} \cdot \left(-\dfrac{2}{14}\right)$ _____

f) $(-1,5) \cdot \dfrac{4}{5}$ _____

34 Efetue as multiplicações. Simplifique os resultados, sempre que possível.

a) $\dfrac{1}{2} \cdot \dfrac{2}{3} \cdot \left(-\dfrac{3}{4}\right)$

_____

b) $\left(-\dfrac{2}{5}\right) \cdot \left(-\dfrac{3}{2}\right) \cdot \dfrac{5}{9}$

_____

c) $\left(-\dfrac{1}{5}\right) \cdot \left(\dfrac{11}{135}\right) \cdot \left(\dfrac{1\,213}{415}\right) \cdot 0$

_____

d) $0,5 \cdot (-0,2) \cdot (-1,1)$

_____

35 Determine:

a) o dobro de −3,6.

_____

b) o triplo de $-\dfrac{4}{27}$.

_____

c) o quádruplo de (−3,1 + 4,2).

_____

36 Cláudio tinha R$ 54,60 em sua conta bancária, pagou uma compra com dois cheques de R$ 36,40 e depositou R$ 120,00.

a) Escreva uma expressão para representar a situação atual da conta bancária de Cláudio.

_____

b) Qual é o saldo bancário do Cláudio?

_____

37 Determine o valor da expressão:

$$\left(-3,4 + \dfrac{5}{9}\right) \cdot \dfrac{3}{2}$$

_____

38 Quais destes pares de números são inversos?

a) $\left(-\dfrac{1}{3}\right) \cdot (+3)$

b) $\left(-\dfrac{2}{3}\right) \cdot \left(+\dfrac{3}{2}\right)$

c) $\dfrac{1}{5} \cdot (-5)$

d) $\left(-\dfrac{2}{9}\right) \cdot \left(-\dfrac{9}{2}\right)$

Propriedades da multiplicação de números racionais

Propriedade comutativa

a) $(-2,4) \cdot (-1,2) \quad (-1,2) \cdot (2,4) = +2,88$

b) $\left(-\dfrac{7}{\cancel{6}_{3}}\right) \cdot \left(+\dfrac{\cancel{2}\cancel{4}}{3}\right) = \left(-\dfrac{\cancel{2}\cancel{4}}{3}\right) \cdot \left(-\dfrac{7}{\cancel{6}_{3}}\right) = -\dfrac{14}{9}$

> A ordem dos fatores não altera o produto.

Propriedade da existência do elemento neutro

- $3,4 \cdot 1 = 1 \cdot 3,4 = 3,4$

- $\left(-\dfrac{1}{2}\right) \cdot 1 = 1 \cdot \left(-\dfrac{1}{2}\right) = -\dfrac{1}{2}$

> O elemento neutro da multiplicação é o número **1**.

Propriedade associativa

- $\left[\left(+\dfrac{7}{4}\right) \cdot \left(-\dfrac{1}{2}\right)\right] \cdot \left(+\dfrac{2}{21}\right) =$

  $= \left[-\dfrac{7}{8}\right] \cdot \left(+\dfrac{2}{21}\right) =$

  $= -\dfrac{1}{12}$

- $\left(+\dfrac{7}{4}\right) \cdot \left[\left(-\dfrac{1}{2}\right) \cdot \left(+\dfrac{2}{21}\right)\right]$

  $= \left(+\dfrac{7}{4}\right) \cdot \left[-\dfrac{1}{21}\right] =$

  $= -\dfrac{1}{12}$

Logo, $\left[\left(+\dfrac{7}{4}\right)\cdot\left(-\dfrac{1}{2}\right)\right]\cdot\left(+\dfrac{2}{21}\right)=\left(+\dfrac{7}{4}\right)\cdot\left[\left(-\dfrac{1}{2}\right)\cdot\left(+\dfrac{2}{21}\right)\right]$

> Numa multiplicação com três ou mais números racionais, podemos associar as parcelas de maneiras diferentes e o produto não se altera.

Propriedade distributiva da multiplicação em relação à adição ou subtração

- $(-1{,}3)\cdot[(+4{,}1)+(-1{,}2)] = (-1{,}3)\cdot(+4{,}1)+(-1{,}3)\cdot(-1{,}2) = -5{,}33+(+1{,}56) = -3{,}77$

- $\dfrac{1}{2}\cdot\left[\left(-\dfrac{1}{4}\right)-\left(-\dfrac{1}{5}\right)\right]=\dfrac{1}{2}\cdot\left(-\dfrac{1}{4}\right)-\dfrac{1}{2}\cdot\left(-\dfrac{1}{5}\right)=-\dfrac{1}{8}+\dfrac{1}{10}=\dfrac{-5+4}{40}=-\dfrac{1}{40}$

> Numa multiplicação de um número racional por uma adição algébrica, multiplicamos esse número pelas parcelas e, em seguida, adicionamos os valores obtidos.

ATIVIDADES

39 Que propriedade foi usada em cada item?

a) $[0{,}1\cdot 0{,}2]\cdot 0{,}3 = 0{,}1\cdot[0{,}2\cdot 0{,}3]$ _____

b) $(-4{,}5)\cdot 1 = 1\cdot(-4{,}5) = -4{,}5$ _____

c) $\left(-\dfrac{10}{11}\right)\left[\left(-\dfrac{1}{3}\right)\cdot\dfrac{1}{4}\right]=\left[\left(-\dfrac{10}{11}\right)\cdot\left(-\dfrac{1}{3}\right)\right]\cdot\dfrac{1}{4}$

_____

d) $1{,}5\cdot 2 = 2\cdot 1{,}5$ _____

40 Sendo $a = (-1{,}5)\cdot(-4{,}5)$ e $b = \dfrac{1}{2}\cdot\left(-\dfrac{1}{2}\right)$, calcule $a\cdot b$.

_____

- Sem efetuar as contas, diga quanto vale $b\cdot a$.

_____

- Qual propriedade foi aplicada?

_____

41 Resolva a expressão de duas maneiras:

$$\left(-\dfrac{3}{4}\right)\cdot\left(-\dfrac{12}{5}+\dfrac{25}{3}\right)$$

1ª maneira
Resolva primeiro o que está entre os parênteses e, em seguida, multiplique o resultado por $\left(-\dfrac{3}{4}\right)$.

2ª maneira
Aplique a propriedade distributiva da multiplicação em relação à adição algébrica.

▶ Divisão de números racionais

Acompanhe algumas **divisões com números racionais**.

a) $\left(-\dfrac{2}{3}\right) \div \left(+\dfrac{5}{9}\right)$ Como os números estão na forma fracionária, multiplicamos a primeira fração pelo inverso da segunda.

$$\left(-\dfrac{2}{3}\right) \div \left(+\dfrac{5}{9}\right) = \left(-\dfrac{2}{3}\right) \cdot \left(+\dfrac{9}{5}\right) = -\dfrac{6}{5}$$

b) $\dfrac{4{,}5}{\left(-\dfrac{3}{2}\right)}$ Aqui, temos um número decimal dividido por um número fracionário.

$$\dfrac{4{,}5}{\left(-\dfrac{3}{2}\right)} = 4{,}5 \div \left(-\dfrac{3}{2}\right) = \dfrac{45}{10} \cdot \left(-\dfrac{2}{3}\right) = -3$$

c) $(-4{,}25) \div (-2{,}5)$ Trata-se da divisão entre dois números decimais.

$\times 100 \Big(\begin{matrix} (-4{,}25) \div (-2{,}5) \\ -425 \div (-250) \end{matrix} \Big) \times 100$

$\begin{array}{r|l} 425 & \underline{250} \\ 1750 & 1{,}7 \\ 000 & \end{array}$

Logo, $-4{,}25 \div (-2{,}5) = 1{,}7$.

Observe, agora, como determinar o valor de uma expressão numérica com números racionais.

- $5 \cdot \left(-\dfrac{1}{5}\right) - \left(-\dfrac{2}{3}\right) \div \left(+\dfrac{2}{7}\right) =$

  $= -1 - \left(-\dfrac{2}{3}\right) \cdot \left(+\dfrac{7}{2}\right) =$

  $= -1 - \left(-\dfrac{7}{3}\right) =$

  $= -1 + \dfrac{7}{3} = -\dfrac{3}{3} + \dfrac{7}{3} = \dfrac{4}{3}$

- $\dfrac{\left(\dfrac{1}{2} - \dfrac{5}{4}\right) \div \left(-\dfrac{9}{4}\right)}{\left(0{,}25 - \dfrac{5}{4}\right) \cdot \left(-\dfrac{1}{2}\right)} = \dfrac{\left(-\dfrac{3}{4}\right) \div \left(-\dfrac{9}{4}\right)}{\left(\dfrac{1}{4} - \dfrac{5}{4}\right) \cdot \left(-\dfrac{1}{2}\right)} = \dfrac{\left(-\dfrac{3}{4}\right) \cdot \left(-\dfrac{4}{9}\right)}{\left(-\dfrac{4}{4}\right) \cdot \left(-\dfrac{1}{2}\right)} =$

  $= \dfrac{+\dfrac{1}{3}}{-\dfrac{1}{2}} = \left(+\dfrac{1}{3}\right) \div \left(-\dfrac{1}{2}\right) = \dfrac{1}{3} \cdot \dfrac{2}{1} = \dfrac{2}{3}$

ATIVIDADES

42 Determine o quociente das divisões.

a) $\left(-\dfrac{7}{3}\right) \div \left(-\dfrac{7}{3}\right)$ _____

b) $\left(-\dfrac{10}{3}\right) \div (+5)$ _____

c) $\left(-\dfrac{21}{6}\right) \div \left(-\dfrac{42}{5}\right)$ _____

d) $-4{,}2 \div (+5{,}6)$ _____

e) $(-1{,}21) \div (-0{,}11)$ _____

f) $(-20{,}8) \div (+4)$ _____

43 Determine:

a) a metade de $(-0{,}5)$. _____

b) a terça parte de $-\dfrac{3}{4}$. _____

c) a quarta parte de $\dfrac{8}{5}$. _____

44 Fernando tem 2,04 m de altura. João, seu filho, tem a quarta parte de sua altura. Qual é a altura de João?

_____

Ele é um bebê, um adolescente ou um adulto?

_____

45 Um carro consome 1 L de gasolina para percorrer 11 km. Quantos litros serão consumidos ao percorrer 238,7 km?

_____

46 Calcule o valor das expressões numéricas.

a) $\dfrac{+\dfrac{1}{3}}{+\dfrac{5}{8}}$

b) $\left(-\dfrac{2}{3}\right) \div \left(\dfrac{8}{9}\right) + \left(-\dfrac{1}{5}\right) \cdot \left(-\dfrac{7}{4}\right)$

c) $(-2{,}4) \div (-1{,}2) \div (-2) - (-5) \div (-0{,}5)$

d) $(3{,}2) \div \dfrac{16}{5} - \dfrac{4}{11} \cdot \dfrac{11}{4}$

e) $(-0{,}2) \cdot (-0{,}4) \div 0{,}1 + (-1{,}5)$

f) $\dfrac{(-0{,}54) \div (-0{,}6) + 1{,}1}{\left(-\dfrac{17}{2}\right) \div \left(+\dfrac{34}{3}\right) - \left(-\dfrac{1}{4}\right)}$

▶ Média aritmética simples e ponderada

Média aritmética simples

José, Joaquim, Juliana e Joana são irmãos. Medem respectivamente 1,84 m; 2,05 m; 1,63 m e 1,72 m. Qual é a altura média desses irmãos?

Para calcular a média, adicionamos os valores das quatro alturas e dividimos o resultado por 4.

$$\dfrac{1{,}84 + 2{,}05 + 1{,}63 + 1{,}72}{4} = \dfrac{7{,}24}{4} = 1{,}81$$

A altura média dos irmãos é 1,81 m.

Média aritmética ponderada

Lídia comprou 8 canetas; duas delas custaram R$ 1,50 cada, uma custou R$ 1,30 e pelas outras 5 pagou R$ 2,50 cada uma. Qual é o preço médio das canetas que Lídia comprou?

Cada produto está associado a um preço.

A quantidade de cada produto é diferente. Veja:

Quantidade de caneta de cada modelo	Preço unitário
2	1,50
1	1,30
5	2,50

A quantidade de cada produto é chamada **fator de ponderação** ou **peso**.

Veja o cálculo da média ponderada nesse exemplo.

$$\frac{2 \cdot 1,50 + 1 \cdot 1,30 + 5 \cdot 2,50}{2 + 1 + 5} = \frac{3 + 1,30 + 12,50}{8} = 2,10$$

O preço médio das canetas que Lídia comprou é R$ 2,10.

Dizemos que 2,10 é a **média ponderada** dos números 1,50, 1,30 e 2,50, cujos respectivos pesos são 2, 1 e 5.

Ponderar significa "dar peso", dar importância. Na média aritmética simples, todas as ocorrências têm a mesma importância ou o mesmo peso. Na média aritmética ponderada, algumas ocorrências têm mais importância, têm mais peso que outras.

ATIVIDADES

47 Qual é a média aritmética de – 12, + 24, – 35 e – 17?

48 Qual é a média aritmética ponderada de – 18, 9 e – 112, com pesos 2, 4, 8, respectivamente?

49 Sete pessoas pesam respectivamente 56,5 kg; 81,8 kg; 35,4 kg; 90 kg; 86,7 kg; 101 kg e 75 kg. Qual é o peso médio dessas pessoas?

50 Mateus vendeu 30 latinhas de refrigerante por R$ 1,25 cada uma. No dia seguinte aumentou o preço de cada latinha para R$ 1,50 e vendeu 20 latinhas. Por quanto Mateus vendeu cada latinha, em média?

51 A tabela mostra as partidas disputadas pela seleção brasileira na Copa do Mundo de futebol de 2010, na qual a Espanha foi campeã.

Data	Jogo
15/06/2010	Brasil 2 × 1 Coreia do Norte
20/06/2010	Brasil 3 × 1 Costa do Marfim
25/06/2010	Portugal 0 × 0 Brasil
28/06/2010	Brasil 3 × 0 Chile
02/07/2010	Holanda 2 × 1 Brasil

Fonte: Disponível em: <http://copadomundo.uol.com.br/2010/tabela-da-copa/>. Acesso em 11 jun. 2012.

a) Quantos gols o Brasil marcou? _____

b) Quantos gols sofreu? _____

c) Qual foi o saldo de gols? _____

d) Qual foi a média de gols marcados pela seleção brasileira? _____

e) Qual foi a média de gols sofridos pela seleção? _____

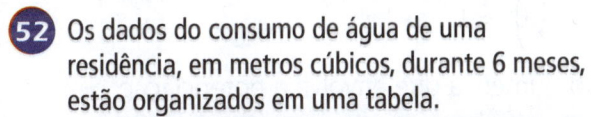

52 Os dados do consumo de água de uma residência, em metros cúbicos, durante 6 meses, estão organizados em uma tabela.

Mês	Jan	Fev	Mar	Abr	Mai	Jun
Consumo (m³)	35	48	32	34	30	52

Qual foi o consumo médio de água nesse período?

_____

53 Em um teste de conhecimentos gerais com 100 questões, participaram 48 pessoas.

Veja a quantidade de questões que cada uma das 48 pessoas acertou:

60	76	90	64	100	84
64	78	84	90	100	76
78	64	84	76	94	60
90	60	84	76	78	95
94	84	95	90	78	84
94	64	81	64	95	100
60	78	90	78	90	100
90	64	100	78	90	78

a) Construa uma tabela relacionando a quantidade de acertos com a sua frequência.

b) Qual foi a média de acertos por participante nesse teste?

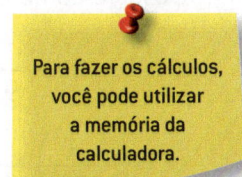

Para fazer os cálculos, você pode utilizar a memória da calculadora.

_____

Potenciação de números racionais

Uma multiplicação de fatores iguais pode ser escrita de forma abreviada. Veja um exemplo:

$(-2) \cdot (-2) \cdot (-2) = (-2)^3$ — forma abreviada

Logo, $(-2)^3 = (-2) \cdot (-2) \cdot (-2) = -8$

A essa operação damos o nome de potenciação.

$(-2)^3 = -8$

base — expoente — potência

Observe agora o cálculo de outras potências.

- $\left(-\dfrac{2}{5}\right)^2 = \left(-\dfrac{2}{5}\right) \cdot \left(-\dfrac{2}{5}\right) = +\dfrac{4}{25}$

- $(-1,8)^3 = (-1,8) \cdot (-1,8) \cdot (-1,8) = -5,832$
- $(+0,2)^4 = (+0,2) \cdot (+0,2) \cdot (+0,2) \cdot (+0,2) = 0,0016$
- $\left(-\dfrac{3}{2}\right)^6 = \left(-\dfrac{3}{2}\right) \cdot \left(-\dfrac{3}{2}\right) \cdot \left(-\dfrac{3}{2}\right) \cdot \left(-\dfrac{3}{2}\right) \cdot \left(-\dfrac{3}{2}\right) \cdot \left(-\dfrac{3}{2}\right) = +\dfrac{729}{64}$

> Se o expoente é par, a potência é sempre um número positivo.

> Se o expoente é ímpar, a potência tem o mesmo sinal da base.

Observações

- Quando o expoente é 1 e a base diferente de 0, a potência é igual à base. Exemplos:

$\left(-\dfrac{1}{2}\right)^1 = -\dfrac{1}{2}$ $(+0,8)^1 = +0,8$ $(-2,7)^1 = -2,7$

- Quando o expoente é zero e a base diferente de 0, a potência é igual a um.

$(-0,2)^0 = 1$ $\left(-\dfrac{1}{4}\right)^0 = 1$ $\left(-\dfrac{2}{7}\right)^0 = 1$

Observe como determinar o valor de uma expressão numérica que envolva a potenciação.

a) $\left(-\dfrac{1}{3}\right)^3 \div \dfrac{1}{9} - \left(-\dfrac{1}{2} + \dfrac{5}{6}\right) =$

$= \left(-\dfrac{1}{27}\right) \div \dfrac{1}{9} - \left(\dfrac{-3+5}{6}\right) =$

$= \left(-\dfrac{1}{27}\right) \div \dfrac{1}{9} - \left(+\dfrac{2}{6}\right) =$

$= \left(-\dfrac{1}{27}\right) \div \dfrac{1}{9} - \dfrac{1}{3} =$

$= -\dfrac{1}{\cancel{27}_3} \cdot \dfrac{\cancel{9}}{1} - \dfrac{1}{3} =$

$= -\dfrac{1}{3} - \dfrac{1}{3} = -\dfrac{2}{3}$

b) $\dfrac{(-2)^3 \cdot \left(-\dfrac{1}{2}\right)^4}{-0,5 - 0,5} =$

$= \dfrac{(-8) \cdot \left(+\dfrac{1}{16}\right)}{-1} =$

$= \dfrac{\left(-\dfrac{1}{2}\right)}{-1} =$

$= \left(-\dfrac{1}{2}\right) \div (-1) = -\dfrac{1}{2} \cdot (-1) = \dfrac{1}{2}$

Propriedades da potenciação

Produto de potências de mesma base

Se os fatores são potências de mesma base, somam-se os expoentes. Exemplos:

- $\left(-\dfrac{2}{3}\right)^2 \cdot \left(-\dfrac{2}{3}\right)^2 = \left(-\dfrac{2}{3}\right)^{2+2} = \left(-\dfrac{2}{3}\right)^4$
- $(+1,7)^1 \cdot (+1,7)^2 \cdot (+1,7)^3 = (+1,7)^{1+2+3} = (+1,7)^6$

Quociente de potências de mesma base

Se o dividendo e o divisor são potências de mesma base, subtraem-se os expoentes. Exemplos:

- $(-2,3)^4 \div (-2,3)^2 = (-2,3)^{4-2} = (-2,3)^2$
- $\left(+\dfrac{1}{2}\right)^5 \div \left(+\dfrac{1}{2}\right) = \left(+\dfrac{1}{2}\right)^{5-1} = \left(+\dfrac{1}{2}\right)^4$

Potência de uma potência

No caso da potência de uma potência, multiplicam-se os expoentes. Exemplos:

- $[(-0,1)^2]^3 = (-0,1)^6$
- $\left[\left(-\dfrac{2}{5}\right)^4\right]^2 = \left(-\dfrac{2}{5}\right)^8$

ATIVIDADES

54 Escreva na forma de potência.

a) $\left(-\dfrac{3}{7}\right) \cdot \left(-\dfrac{3}{7}\right) \cdot \left(-\dfrac{3}{7}\right)$ _____

b) $(-4,1) \cdot (-4,1) \cdot (-4,1) \cdot (-4,1)$ _____

55 Calcule:

a) $\left(-\dfrac{1}{7}\right)^2$ _____

b) $\left(-\dfrac{3}{2}\right)^3$ _____

c) $(-0,1)^4$ _____

d) $\left(-\dfrac{1}{4}\right)^0$ _____

e) $\left(-\dfrac{11}{5}\right)^1$ _____

f) $\left(-\dfrac{1}{5}\right)^2$ _____

g) $(+1,5)^1$ _____

h) $(-0,625)^0$ _____

56 Escreva na forma de potência e calcule:

a) o cubo de $\left(-\dfrac{1}{3}\right)$.

_____

b) a quinta potência de $-0,1$.

_____

c) o quadrado de 2,5.

_____

d) o quadrado de $(-0,2)$ adicionado à quarta potência de 2.

_____

57 Qual é a diferença entre o quadrado do número $-\dfrac{1}{2}$ e o cubo do número $\dfrac{1}{4}$?

_____

58 Sendo $x = -\dfrac{3}{4}$ e $y = -0,5$, determine:

a) $x^2 + y^2$

_____

b) $x^2 - y^2$

_____

59 Calcule o valor das expressões numéricas.

a) $\left(-\dfrac{1}{2}\right)^2 \div \left(-\dfrac{1}{16}\right)$

b) $\left(-\dfrac{1}{3}\right) \cdot \left(-\dfrac{5}{4}\right) - \left(-\dfrac{5}{3}\right)^2$

c) $4 \cdot \left(-\dfrac{1}{4}\right)^2 + (-1) \cdot \left(-\dfrac{1}{2}\right)^4$

d) $(-2)^2 \cdot \dfrac{1}{2} + (-1{,}4) \div (-0{,}2)^3$

e) $[(-0{,}85)^2]^0 - (0{,}47 - 0{,}37 + 0{,}2)^2$

60 Que propriedade da potenciação é usada em cada item?

a) $(-1{,}3)^4 \div (-1{,}3)^2 = (-1{,}3)^2$

b) $\left[\left(-\dfrac{1}{2}\right)^2\right]^{11} = \left(-\dfrac{1}{2}\right)^{22}$

c) $\{[(0{,}4)^2]^3\}^6 = (0{,}4)^{36}$

d) $\left(+\dfrac{1}{5}\right)^{12} \cdot \left(+\dfrac{1}{5}\right)^{38} = \left(+\dfrac{1}{5}\right)^{50}$

61 Escreva numa só potência as expressões.

a) $[(-1{,}25)^3]^5$ _____

b) $(-0{,}1)^3 \cdot (-0{,}1) \cdot (-0{,}1)^4$ _____

c) $\left[\left(-\dfrac{3}{7}\right)^2\right]^8$ _____

d) $\left(-\dfrac{2}{5}\right)^2 \cdot \left(-\dfrac{2}{5}\right)^3 \cdot \left(-\dfrac{2}{5}\right)^4 \cdot \left(-\dfrac{2}{5}\right)^5$ _____

e) $\left(-\dfrac{3}{4}\right)^{23} \div \left(-\dfrac{3}{4}\right)^{20}$ _____

62 Calcule o valor da expressão.

$(1{,}2)^3 \div (1{,}2)^2 + [(2{,}3)^2]^0$

▶ Raiz quadrada de um número racional

Qual é a **raiz quadrada** de $\dfrac{4}{25}$?

Para responder, precisamos encontrar um número racional que elevado ao quadrado dê $\dfrac{4}{25}$.

Veja que existem dois números que, elevados ao quadrado, dá $\dfrac{4}{25}$.

$$\left(+\dfrac{2}{5}\right)^2 = \dfrac{4}{25} \quad \text{e} \quad \left(-\dfrac{2}{5}\right)^2 = \dfrac{4}{25}$$

Porém, como a raiz quadrada não pode ter dois resultados, consideramos apenas o número racional não negativo.

$$\sqrt{\dfrac{4}{25}} = \dfrac{2}{5}$$

Para extrair a raiz quadrada de alguns números racionais, pode-se usar a decomposição em fatores primos e as propriedades da potenciação.

Veja alguns exemplos:

a) Qual é a raiz quadrada de 1296?

- Decompondo em fatores primos:

1296	2
648	2
324	2
162	2
81	3
27	3
9	3
3	3
1	

- Pelas propriedades da potenciação:

$1\,296 = 2^4 \cdot 3^4 = (2^2)^2 \cdot (3^2)^2 = 4^2 \cdot 9^2 = (4 \cdot 9)^2 = 36^2$

Portanto, $\sqrt{1\,296} = 36$.

b) Qual é a raiz quadrada de $\dfrac{16}{25}$?

- Decompondo em fatores primos:

numerador

16	2
8	2
4	2
2	2
1	

denominador

25	5
5	5
1	

- Pelas propriedades da potenciação:

$\dfrac{16}{25} = \dfrac{2^4}{5^2} = \dfrac{(2^2)^2}{5^2} = \dfrac{4^2}{5^2} = \left(\dfrac{4}{5}\right)^2$

Portanto, $\sqrt{\dfrac{16}{25}} = \dfrac{4}{5}$.

c) Um tapete tem 2,25 m² de área. Quanto mede cada lado do tapete?

Para saber a medida do lado desse quadrado, extraímos a raiz quadrada de 2,25.

Inicialmente, escreve-se o número decimal 2,25 na forma fracionária e, em seguida, procede-se como nos itens anteriores.

$2{,}25 = \dfrac{225}{100}$

Área do tapete = 2,25 m².

- Decompondo em fatores primos:

225	3
75	3
25	5
5	5
1	

100	2
50	2
25	5
5	5
1	

- Pelas propriedades da potenciação:

$$\frac{225}{25} = \frac{3^2 \cdot 5^2}{2^2 \cdot 5^2} = \frac{15^2}{10^2} = \left(\frac{15}{10}\right)^2$$

$$\sqrt{2{,}25} = \frac{15}{10} = 1{,}5$$

Portanto, o lado do tapete mede 1,5 m.

ATIVIDADES

63 Calcule:

a) $\sqrt{1{,}44}$ _____

b) $-\sqrt{\dfrac{9}{49}}$ _____

c) $\sqrt{\dfrac{484}{1\,225}}$ _____

d) $-\sqrt{23{,}04}$ _____

64 É possível calcular a raiz quadrada de $-\dfrac{4}{25}$ no conjunto dos números racionais? Justifique.

_____
_____
_____

65 Pensei em um número, multipliquei-o por ele mesmo e obtive 9,61 como resultado. Em que número pensei?

_____
_____
_____
_____

66 No esquema a seguir, o quadrado maior tem área de 0,64 cm² e cada quadrado menor tem área de 0,16 cm². Qual é o valor de x?

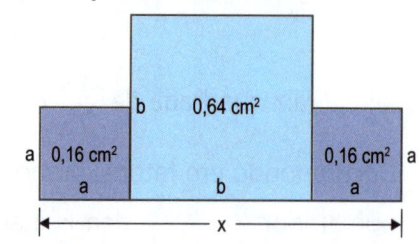

_____
_____
_____
_____
_____
_____

67 Determine o valor de:

a) $2^3 + 0{,}2^2 - \sqrt{0{,}04} \cdot \sqrt{\dfrac{121}{100}}$

_____
_____

b) $-\sqrt{\dfrac{1}{100}} + (-\sqrt{0{,}16}) \cdot \left(-\sqrt{\dfrac{4}{9}}\right) + \sqrt{0{,}01}$ 1

_____
_____

Capítulo 3

EQUAÇÕES

▶ Expressões algébricas

Expressão algébrica é uma sequência de operações que envolvem letras e números.

Uma **expressão algébrica** pode ser usada para indicar uma generalização. Acompanhe duas situações:

SITUAÇÃO 1

Dada a sequência 4, 7, 10...

Podemos representar os termos dessa sequência assim?

1º termo   3 · **1** + 1 = 4
2º termo   3 · **2** + 1 = 7
3º termo   3 · **3** + 1 = 10
⋮   ⋮

Podemos representar um termo qualquer de sequência assim: (3 · m + 1)

A expressão **3 · m + 1** é uma expressão algébrica.

Nessa expressão a letra m é chamada variável, e pode assumir o valor de qualquer número natural maior que 0. Por exemplo, se m for igual a 37, temos:

37º termo: 3 × 37 + 1 = 112

Logo o 37º termo dessa sequência é 112.

SITUAÇÃO 2

Veja, no quadro, o uso de expressões algébricas para indicar uma generalização ou para representar quantidades desconhecidas.

Sentença na linguagem comum	Expressão algébrica
Um número qualquer.	x
O dobro de um número.	2 · x
A metade de um número.	$\frac{1}{2} \cdot x$
O dobro de um número mais dois.	2 · x + 2
O triplo da diferença entre um número e quatro.	3 · (x − 4)

113

SITUAÇÃO 3

Vamos usar uma expressão algébrica para escrever uma fórmula matemática.

Para encontrar a área de um quadrado, eleva-se a medida de seu lado ao quadrado.

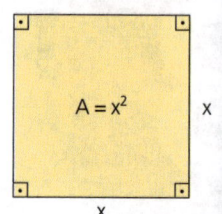

Indicando a medida do lado de um quadrado por **x**, podemos expressar a área desse quadrado por meio da fórmula **$A = x^2$**.

ATIVIDADES

1) Indicando por y um número racional, represente:

a) o triplo desse número. _____

b) o dobro desse número menos quatro. _____

c) o quádruplo desse número. _____

d) a metade desse número mais cinco. _____

e) a terça parte do quádruplo desse número. _____

f) dois sétimos desse número. _____

g) o dobro da soma desse número com três. _____

h) a diferença entre esse número e cinco. _____

i) a diferença entre o dobro desse número e sete. _____

j) a diferença entre oito e o triplo desse número. _____

k) o triplo da diferença entre o triplo desse número e dois. _____

2) Sabendo que x representa um número natural, escreva:

a) o sucessor desse número. _____

b) o antecessor desse número. _____

c) o sucessor do antecessor desse número. _____

d) o dobro do sucessor desse número. _____

e) a metade do antecessor desse número. _____

3) Complete o quadro:

Número	1	2	3	4	10	20	100	...	n
O dobro desse número								...	

4) Em um retângulo, a medida do comprimento é igual ao dobro da medida da largura. Como podemos representar as medidas de seus lados utilizando expressões algébricas?

▶ Operando com letras

Acompanhe alguns exemplos de cálculos cujas letras representam números.

EXEMPLO 1

Compare o cálculo do perímetro de um retângulo nos dois casos:

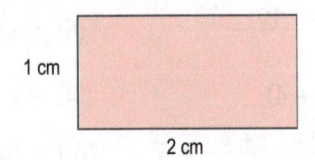

P = 1 + 1 + 2 + 2
P = 6 cm

P = 1 · x + 1 · x + 2 · x + 2 · x
P = 6 · x

EXEMPLO 2

Qual é a expressão que representa a área do retângulo ABCD?

Para encontrar essa expressão, vamos aplicar a propriedade distributiva da multiplicação em relação à adição.

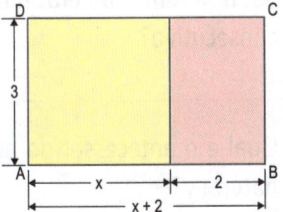

$3 \cdot (x + 2) = 3 \cdot x + 3 \cdot 2 = 3x + 6$

EXEMPLO 3

Compare o cálculo de expressões numéricas e expressões algébricas:

2 − 1 + 5 − 4 =	2x − 1x + 5x − 4x
= 1 + 5 − 4 =	= 1x + 5x − 4x =
= 6 − 4 =	= 6x − 4x =
= 2	= 2x

$\dfrac{12 + 40}{4} =$	$\dfrac{12x + 40x}{4} =$
$= \dfrac{12}{4} + \dfrac{40}{4} =$	$= \dfrac{12x}{4} + \dfrac{40x}{4} =$
= 3 + 10	= 3x + 10x
= 13	= 13x

EXEMPLO 4

Acompanhe como simplificamos a expressão algébrica $3 \cdot \left(x - \dfrac{1}{2}\right) + 5 \cdot \left(x + \dfrac{2}{3}\right)$.

$3 \cdot \left(x - \dfrac{1}{2}\right) + 5 \cdot \left(x + \dfrac{2}{3}\right) =$

$= 3x - \dfrac{3}{2} + 5x + \dfrac{10}{3} =$

$= 8x - \dfrac{9}{6} + \dfrac{20}{6} =$

$= 8x + \dfrac{11}{6}$

ATIVIDADES

5) Simplifique estas expressões.

a) $2x - x + 5x$ _____

b) $-3x - 4x + 4 - 1$ _____

c) $-4t + 5t - t + 2$ _____

d) $4y - 5y - 2y$ _____

e) $5y + 3y - 2y + 4 - 1 - 7$ _____

f) $3x - 3x + 3y - 3y + 2 - 1$ _____

g) $5 \cdot (y - 2)$ _____

h) $\dfrac{4x - 4}{2}$ _____

i) $\dfrac{6x + 12}{3} + \dfrac{7x - 21}{7}$ _____

j) $\dfrac{8(x + 4) - 4}{2}$ _____

6) Escreva duas expressões que representem o perímetro de cada figura:

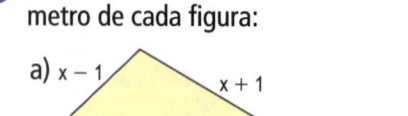

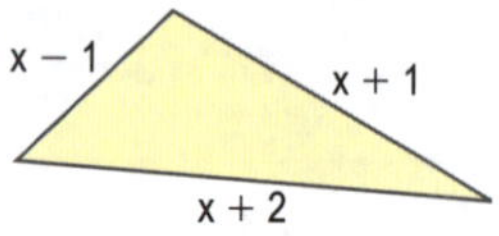

a) Triângulo com lados $x - 1$, $x + 1$ e $x + 2$.

b) 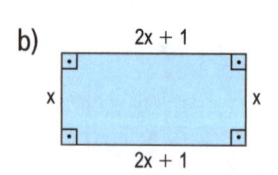 Retângulo com lados $2x + 1$ e x.

c) 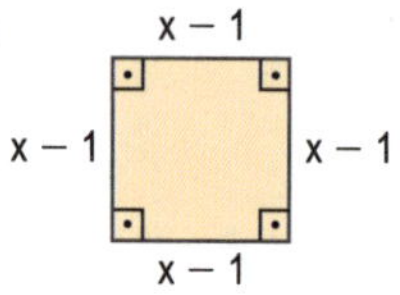 Quadrado com lado $x - 1$.

7) Relacione as expressões equivalentes nas duas colunas.

a) $2x - 4x - 3x + 1 - x + 4 - 2$ (I) $-4x - 8$

b) $\dfrac{2x - 7x + 10}{5}$ (II) $x + 14$

c) $-2 \cdot (2x + 4)$ (III) $-x + 2$

d) $\dfrac{3(x + 6) - 2x + x}{2} + 5$ (IV) $-6x + 3$

8) Os números 6 e 7 são naturais consecutivos. Os números 10, 11 e 12 também são naturais consecutivos.

a) Escreva três números naturais consecutivos.

b) Se n é um número natural, qual é o seu consecutivo?

c) Qual é o antecessor do antecessor do número natural y?

d) Sendo n um número natural, qual é a terça parte da soma desse número com seu antecessor e com seu sucessor?

9) Este hexágono regular é formado por 6 triângulos equiláteros. Lado $x + 2$.

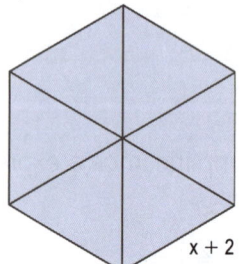

a) Qual é a expressão que representa seu perímetro?

b) Qual é a expressão que representa o perímetro de cada triângulo?

116

EXPERIMENTOS, JOGOS E DESAFIOS

Descobrindo o número pensado

Acompanhe este diálogo entre Lia e Joel:

Lia: Joel, pense num número natural e multiplique-o por 3.
Joel: Multipliquei.
Lia: Some 9 ao resultado.
Joel: Somei.
Lia: Multiplique o resultado por 2.
Joel: Multipliquei.
Lia: Divida o resultado por 6.
Joel: Dividi.
Lia: Subtraia o número pensado do resultado.
Joel: Subtraí.
Lia: Deu 3.
Joel: Como você adivinhou?

Na verdade, Lia não advinhou o número que Joel pensou. Ela usou um raciocínio matemático:

- Número pensado: x
- Multiplicar por 3: $3 \cdot x$

Adicionar 9: $3x + 9$

Multiplicar por 2: $2 \cdot (3x + 9)$

Dividir por 6: $\dfrac{2(3x + 9)}{6}$

Subtrair o número pensado: $\dfrac{2(x + 9)}{6} - x$

Simplificando: $\dfrac{2(3x + 9)}{6} - x =$

$= \dfrac{6x + 18}{6} - x = \cancel{x} + 3 - \cancel{x} = 3$

O resultado será sempre 3, qualquer que seja o número pensado.

Agora é com você.

- Pense num número, subtraia 7, multiplique o resultado por 2, adicione 14 e divida o resultado por 2.

a) Considerando que o número pensado é x, escreva a sequência de expressões algébricas que representam cada instrução.

b) Simplifique a última expressão. A que resultado você chegou? O que isso significa?

- Agora convide um colega ou um parente e brinque de adivinho.

Peça ao seu parceiro que siga as instruções que estão na 1ª coluna deste quadro:

Instruções	Expressão numérica
Pense um número	x
Adicione 2 a esse número	$x + 2$
Multiplique o resultado por 3	$3(x + 2)$
Subtraia 6 do resultado	$3 \cdot (x + 2) - 6$
Quanto deu?	$3 \cdot x$

Dividindo por 3 o número que ele falou, você descobrirá o número que foi pensado inicialmente.

117

▶ O que é uma equação?

Isaac Newton (1643-1727), um importante físico e matemático inglês, em seu manual de álgebra chamado *Aritmética Universal*, escreveu esta frase:

> "Para resolver um problema referente a números ou relações abstratas entre quantidades, basta traduzir tal problema do inglês, ou outra língua, para a linguagem algébrica."

O problema a seguir é muito famoso. Foi escrito sobre o túmulo de um notável matemático grego da Antiguidade, Diofanto de Alexandria, que viveu há cerca de 2000 anos.

> Caminhante! Aqui foram sepultados os restos de Diofanto. E os números podem, ó milagre!, revelar quão dilatada foi sua vida, cuja sexta parte constituiu sua linda infância. Transcorrera uma duodécima parte de sua vida quando seu queixo se cobriu de penugem. A sétima parte de sua existência transcorreu num matrimônio estéril. Passado um quinquênio, fê-lo feliz o nascimento de seu precioso primogênito, o qual entregou seu corpo, sua formosa existência, que durou apenas a metade da idade de seu pai, a Terra. E com dor profunda desceu à sepultura, tendo sobrevivido quatro anos ao falecimento de seu filho. Diz-me quantos anos vivera Diofanto quando lhe sobreveio a morte.

A resolução deste problema torna-se simples quando o traduzimos para a linguagem algébrica.

Linguagem comum	Linguagem algébrica
Caminhante! Aqui foram sepultados os restos de Diofanto. E os números podem, ó milagre!, revelar quão dilatada foi **sua vida**	x
cuja sexta parte constituiu sua linda infância	$\dfrac{x}{6}$
Transcorrera uma **duodécima parte de sua vida** quando seu queixo se cobriu de penugem	$\dfrac{x}{12}$
A **sétima parte de sua existência** transcorreu num matrimônio estéril	$\dfrac{x}{7}$
Passado **um quinquênio**, fê-lo feliz o nascimento de seu precioso primogênito	5
o qual entregou seu corpo, sua formosa existência, que durou apenas **a metade da idade de seu pai**, a Terra	$\dfrac{x}{2}$
E com dor profunda desceu à sepultura, tendo sobrevivido **quatro anos** ao falecimento de seu filho	4
Diz-me quantos anos vivera Diofanto quando lhe sobreveio a morte	?

Para saber quantos anos Diofanto viveu é preciso resolver esta **equação**:

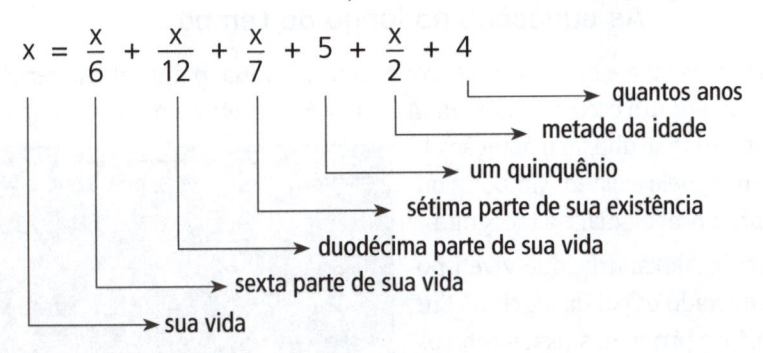

$$x = \frac{x}{6} + \frac{x}{12} + \frac{x}{7} + 5 + \frac{x}{2} + 4$$

- quantos anos
- metade da idade
- um quinquênio
- sétima parte de sua existência
- duodécima parte de sua vida
- sexta parte de sua vida
- sua vida

Numa equação temos:

- letras que representam números. Elas são chamadas **incógnitas**.
- uma expressão antes do sinal de igual, que é o **1º membro** e a que vem depois, que é o **2º membro**.

Mas afinal o que é uma equação?

> **Equação** é uma **igualdade** que contém pelo menos uma letra que representa números.

Exemplos de equação:

- $\underline{2x - 3} = \underline{4}$ (equação de incógnita x)
  1º membro   2º membro

- $\underline{3y + 2y} = \underline{5}$ (equação de incógnita y)
  1º membro   2º membro

- $\underline{x^2 + y^2} = \underline{4}$ (equação de duas incógnitas x e y)
  1º membro   2º membro

Existem sentenças matemáticas que não são equações. Por exemplo:

- $2x - 5 < 4$ → não é uma equação porque não é uma igualdade.
- $4 + 8 = 12$ → não é uma equação porque não tem incógnita.

Grau de uma equação

Podemos classificar uma equação de acordo com os expoentes de suas incógnitas.

- **Equações de 3º grau:** o maior expoente da incógnita é 3.
  - $3x^2 + x^3 = 4$
  - $5x^3 - \frac{1}{4} = x$
  - $x^2 - x = x^3$

- **Equações de 2º grau:** o maior expoente da incógnita é 2.
  - $x^2 - 3x + 2 = 0$
  - $x^2 = 4$
  - $3x = 2x^2 - 1$

- **Equações de 1º grau:** o maior expoente da incógnita é 1.
  - $x + 1 = 4$
  - $3x - x = 5 - x$
  - $4 + x = 2$

VOCÊ SABIA? As equações ao longo do tempo

No século XVII a.C., o escriba egípcio Ahmes escreveu um manual prático de matemática em um papiro que foi encontrado por um escocês chamado A. Henry Rhind. Nesse manual existem 85 problemas matemáticos. Apesar de não se utilizar a notação algébrica que conhecemos, nele existem símbolos ou ideogramas para representar o igual e a incógnita.

O grego Diofanto de Alexandria, que viveu no século III d.C., é considerado o "pai da álgebra". Em sua obra Aritmética, foi o primeiro a usar símbolos para representar as incógnitas.

Al-Khwarizmi, matemático árabe do século IX, escreveu o livro *Hisab al-jabr W'al mugabala*. O texto que foi traduzido para o latim, na Europa, tornou a palavra al-jabr, álgebra, sinônimo de ciência das equações. A partir do século XIX, o termo álgebra assumiu significado muito mais amplo.

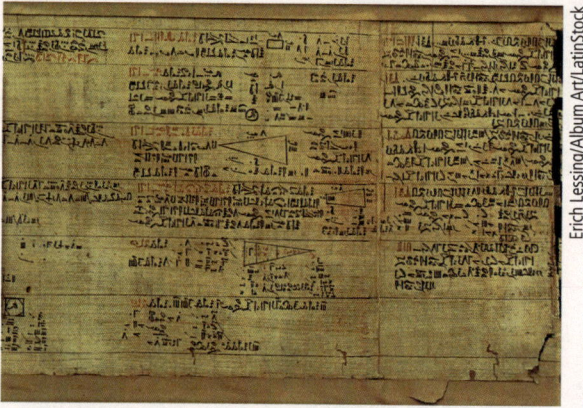

Parte do papiro de Rhind, atualmente exposto no Museu Britânico, em Londres.

ATIVIDADES

10 A sentença $3 + 4 - 2^3 = -1$ é uma igualdade, mas não é uma equação. Por quê?

11 Quais das sentenças abaixo representam uma equação?

$3x - 4 = x^2$ $4 + 1 = 5$

$x + y = y^2$ $3x - 4 > 0$

$4x \leq x + 2$ $3 + 4 - 1 \neq 10$

$x^3 + y^3 = 9$

12 Quais são as incógnitas das equações algébricas:

a) $x + x^2 + x^3 = 4$ _____

b) $x^2 + y^2 = 4$ _____

c) $x + y + z + t = 2$ _____

d) $y + y^2 + z + z^2 = z + y$ _____

13 Qual é o grau das equações abaixo?

a) $x^3 + x^2 + x + 1 = 4$ _____

b) $-x^2 + x^4 = 8$ _____

c) $x^3 + x^4 + x^5 = x^6$ _____

d) $x^2 + x + 1 = 0$ _____

14 A sentença $3x^2 + 4y^2 - x + y = 9 - 2x$ é uma equação? Por quê?

• Se a resposta é sim, quantas são suas incógnitas?

15 Escreva uma equação que traduza para a linguagem matemática estes problemas:

a) A metade de um número mais 100 é igual a 500. Qual é esse número?

b) A adição de dois números consecutivos é igual a 47. Quais são esses números?

c) A soma das massas de um pai e de seu filho está indicada na balança.

Sabendo que o filho pesa 47 kg, qual é o peso do pai?

d) A diferença entre um número e sua terça parte é 34. Qual é esse número?

e) O triplo de um número é igual ao dobro desse número menos 36. Qual é esse número?

f) O perímetro deste retângulo é igual a 138,5 cm.

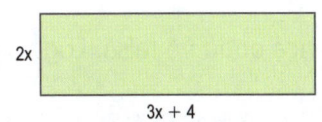

2x
3x + 4

Quais são as medidas de seus lados?

16 Em 1787, o cientista francês Jacques Charles observou que os gases se dilatam quando aquecidos e se contraem quando resfriados. Essas dilatação e concentração ocorrem de acordo com uma sentença matemática:

$V = \frac{5}{3} T + 455$, em que V é o volume e T, a temperatura associada a esse volume.

• Qual é a temperatura de um gás que apresenta um volume de 500 cm³?

Podemos responder a essa questão resolvendo uma equação. Qual é essa equação?

▶ Solução de uma equação

Para verificar se um número é solução de uma equação, substitui-se a incógnita por esse número. Se a sentença é verdadeira, esse número é solução da equação.

Veja dois exemplos:

EXEMPLO 1

■ Verifique se 2,5 é solução da equação 2 · x + 2,5 = 7,5.

Substituímos a incógnita x pelo número 2,5 e efetuamos os cálculos.

2 · 2,5 + 2,5 = 7,5
 5 + 2,5 = 7,5
  7,5 = 7,5

A sentença obtida é verdadeira. Logo, o número 2,5 é solução da equação 2x + 2,5 = 7,5.

EXEMPLO 2

■ Agora vamos verificar se o número $\frac{1}{2}$ é solução da equação $x - \frac{1}{3} = \frac{4}{5}$.

Substituímos a incógnita x pelo número $\frac{1}{2}$ e efetuamos os cálculos.

$$\frac{1}{2} - \frac{1}{3} = \frac{4}{5}$$

$$\frac{3-2}{6} = \frac{4}{5}$$

$$\frac{1}{6} = \frac{4}{5}$$

A sentença obtida é falsa. Logo, o número $\frac{1}{2}$ não é solução da equação $x - \frac{1}{3} = \frac{4}{5}$.

ATIVIDADES

17 Verifique se o número:

a) -2 é solução da equação $6x - 4 = 3x + 1$. _____

b) $-\frac{1}{2}$ é solução da equação $7 + 4x = 5$. _____

c) 2 é solução da equação $x + \frac{1}{2}x = 2x - 1$. _____

18 Responda.

a) Quais dos números abaixo são soluções da equação $-4x - \frac{7}{2} = \frac{x^2}{2}$? _____

$\boxed{1}$ $\boxed{-7}$ $\boxed{-1}$ $\boxed{7}$

b) O número -1 é raiz da equação $\frac{2x-7}{3} - \frac{2+x}{5} = \frac{x-47}{15}$? _____

▶ Resolvendo uma equação

Resolver uma equação significa encontrar as soluções dessa equação.

Algumas equações podem ser resolvidas mentalmente.

Veja o exemplo:

Qual é o número que multiplicado por 2 dá 4?

$2 \cdot x = 4$ (linguagem algébrica)

É o 2, pois $2 \cdot 2 = 4$.

Portanto, **x = 2**.

Também podemos resolver equações por meio de tentativas.

Veja um exemplo:

> A diferença entre o triplo de um número e 4 é igual a 41. Qual é esse número?

> Vou traduzir o problema pela equação $3x - 4 = 41$.

> Eu acho que é 10. $3 \cdot 10 - 4 = 30 - 4 = 26$ $26 \neq 41$ É pouco!

> Eu acho que é 12. $3 \cdot 12 - 4$ $36 - 4$ $32 \neq 41$ É pouco.

> Vou tentar 15. $3 \cdot 15 - 4$ $45 - 4 = 41$ Achei a solução.

Existem métodos mais rápidos para resolver uma equação, quando sua resolução não é tão imediata, como no caso das que podem ser resolvidas mentalmente. Vamos resolvê-las por meio de operações inversas e por meio de equações equivalentes.

Resolução de equações por meio de operações inversas

Relembre:
- a adição é a operação inversa da subtração, e vice-versa;
- a divisão é a operação inversa da multiplicação, e vice-versa;
- a radiciação é a operação inversa da potenciação, e vice-versa.

Podemos usar as **operações inversas** para encontrar a solução de uma equação algébrica. Veja os exemplos a seguir.

a) Lúcia pensou em um número. Multiplicou por 4. Adicionou 7. Obteve 39. Em que número ela pensou?

■ Primeiro, representa-se o número por uma letra, por exemplo, x, e indicam-se as operações da seguinte forma:

$$\underbrace{4 \cdot x}_{\text{Número pensado multiplicado por 4}} + \underbrace{7}_{\text{Adicionado a 7}} = \underbrace{39}_{\text{Número obtido}}$$

Dessa forma, obtém-se a equação: $4x + 7 = 39$.

■ Encontra-se x realizando as operações inversas.

Para encontrar o valor de x (o número pensado), utiliza-se inicialmente a operação inversa da adição, a subtração:

$4 \cdot x + 7 = 39$
$\quad 4 \cdot x = 39 - 7$
$\quad 4 \cdot x = 32$

Para continuar a resolução, usa-se a operação inversa da multiplicação: a divisão.

$4 \cdot x = 32$
$\quad x = \dfrac{32}{4}$
$\quad x = 8$

O número pensado por Lúcia é 8.

b) O triplo do antecessor de um número é igual a 78. Qual é esse número?

■ Representando por **y** o número desconhecido, seu antecessor é y – 1. Portanto, a equação que traduz o problema apresentado é: $3 \cdot (y - 1) = 78$.

■ Para resolver a equação, inicialmente aplica-se a propriedade distributiva para eliminar os parênteses:

$3 \cdot (y - 1) = 78$
$3y - 3 = 78$

Para encontrar o valor de y (o número procurado), usam-se as operações inversas:

$3y - 3 = 78$
$\quad 3y = 78 + 3$
$\quad 3y = 81$
$\quad y = \dfrac{81}{3}$
$\quad y = 27$

O número procurado é 27.

ATIVIDADES

19 Resolva as equações mentalmente:
   a) x − 3 = 4
   b) 2x = 8
   c) x + 2 = 5
   d) x^2 = 36
   e) − 3 · x = 6
   f) 3 x + 2 = 5

20 Observe a figura. Sabendo que cada bola tem o mesmo peso, escreva uma equação que represente o equilíbrio da balança.
   • A seguir, resolva a equação mentalmente.

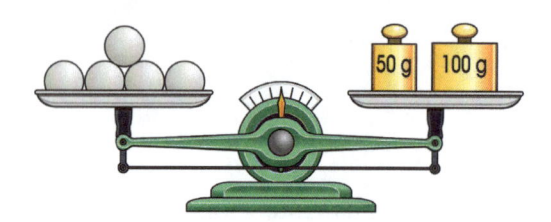

21 Os dois polígonos ao lado têm o mesmo perímetro.
   a) Escreva uma equação que represente a igualdade entre os perímetros dos dois polígonos.
   b) Resolva a equação mentalmente.

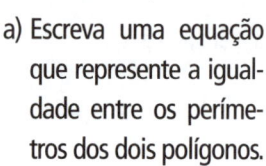

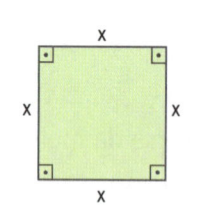

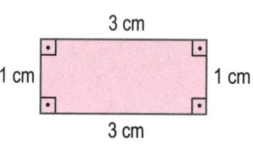

22 Aplique as operações inversas para resolver as equações:
   a) 3x − 4 = 5
   _____
   b) 7x + 21 = 49
   _____
   c) $\frac{2x}{3}$ + 7 = 15
   _____
   d) $\frac{x + 2}{4}$ = 5
   _____

23 Aplique a propriedade distributiva e as operações inversas para resolver as equações algébricas:
   a) 2(x − 12) = 54 _____
   b) − 4 · (x + 1) = − 118 _____
   c) $\frac{1}{2}$ + 2 · (x + 1) = $\frac{3}{2}$ _____
   d) 3 · (x − 2) + 2,5 = 10,5 _____

Resolução de equações por meio de equações equivalentes

SITUAÇÃO 1

Observe a balança representada abaixo:

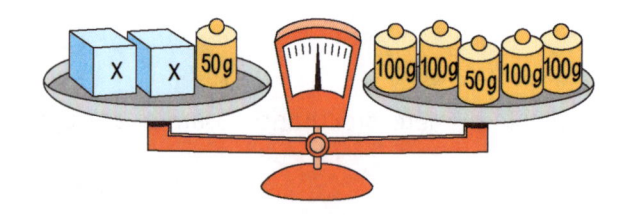

Qual é a massa da cada cubo de madeira?

Cada cubo de madeira tem a mesma massa. Vamos representar essa massa por x.

A equação que traduz esse equilíbrio é: x + x + 50 = 100 + 100 + 100 + 100 + 50.

Para resolver essa equação escrevemos equações equivalentes a ela até encontrarmos o valor da incógnita x:

x + x + 50 = 100 + 100 + 100 + 100 + 50

x + x + 50 **− 50** = 100 + 100 + 100 + 100 + 50 **− 50**

2x = 400

$\frac{2x}{2} = \frac{400}{2}$

x = 200

> Equações que têm a mesma solução são chamadas **equações equivalentes**.

SITUAÇÃO 2

Observe, agora, esta outra balança: ela está equilibrada.

Todas as bolas têm a mesma massa, que podemos representar por x. Qual é a massa de cada bola?

Vamos representar o equilíbrio por essa equação:

x + x + x + 25 = x + x + 25 + 25, ou seja, 3x + 25 = 2x + 50.

Para resolver a equação inicial, escrevemos equações equivalentes a ela até encontrarmos o valor da incógnita. Veja:

x + x + x + 25 = x + x + 25 + 25

3x + 25 = 2x + 50

3x + 25 **− 25** = 2x + 50 **− 25**

3x = 2x + 25

3x + **− 2x** = 2x **− 2x** + 25

x = 25

Com essas situações podemos observar que:

- Ao subtrair ou adicionar um mesmo número nos dois membros de uma equação, a equação original e a obtida apresentam a mesma solução.
- Ao multiplicar ou dividir os dois membros de uma equação por um mesmo número, diferente de zero, a equação original e a obtida têm a mesma solução.
- Para resolver uma equação podemos escrever equações equivalentes a essa equação até obtermos o valor da incógnita.

Veja como podemos resolver a equação $2x + \frac{x}{3} = 21$ por meio de equações equivalentes.

125

MODO 1

$\dfrac{2x}{3} + \dfrac{x}{2} = 21$

Multiplicando os dois membros por 6, que é o mmc (2, 3).

$6 \cdot \left(\dfrac{2x}{3} + \dfrac{x}{2}\right) = 6 \cdot 21$

$\dfrac{12x}{3} + \dfrac{6x}{2} = 126$

$4x + 3x = 126$

$\dfrac{7x}{7} = \dfrac{126}{7}$

$x = 18$

MODO 2

$\dfrac{2x}{3} + \dfrac{x}{2} = \dfrac{21}{1}$

Igualando os denominadores pelo mmc (3,2) = 6.

$\dfrac{4x}{6} + \dfrac{3x}{6} = \dfrac{126}{3}$

$4x + 3x = 126$

$7x = 126$

$\dfrac{7x}{7} = \dfrac{126}{7}$

$x = 18$

ATIVIDADES

24 Observe esta balança:

Escreva a equação correspondente ao equilíbrio da balança e, por meio de equações equivalentes, encontre o valor de x.

25 Resolva estas equações por meio de equações equivalentes:

a) $4x + 7 = 207$ _____

b) $5x - 6 = 2x + 21$ _____

c) $9x + 2 = -6x - 28$ _____

d) $\dfrac{x}{2} + x = 36$ _____

e) $\dfrac{x}{2} + \dfrac{3x}{4} = 32$ _____

▶ Resolução de problemas

Uma das maneiras de resolver problemas é por meio de equações.

Para resolver os próximos problemas, procure seguir as seguintes orientações.

- Leia atentamente o enunciado para identificar os dados e o que se pretende determinar, isto é, qual e a incógnita do problema.
- Represente por uma letra o que se pretende determinar (a incógnita).
- Escreva uma equação que traduza o problema.
- Resolva a equação, determinando o valor da incógnita.
- Verifique se o resultado obtido é a solução do problema.

Veja, por exemplo, a sequência de etapas para a resolução do seguinte problema:

> Um número adicionado ao seu sucessor resulta 25. Qual é esse número?

- Representando por x o número desconhecido (incógnita), seu sucessor é x + 1.

    Equação: x + x + 1 = 25

- Vamos resolver a equação.

    x + x + 1 = 25

    2x + 1 = 25

    2x + 1 − 1 = 25 − 1

    2x = 24

    2x ÷ 2 = 24 ÷ 2

    x = 12

O número procurado é 12.

- Vamos verificar se x = 12 é a solução do problema.

    2x + 1 = 25 ⟶ 2 · 12 + 1 = 25 ⟶ 25 = 25 (V).

    Resposta: x = 12 é a solução do problema.

ATIVIDADES

26 Um número adicionado ao seu antecessor resulta 37. Qual é esse número?

27 A soma de um número com seu antecessor é igual a seu sucessor. Qual é esse número?

28 O volume de um bloco retangular é dado pelo produto entre altura, largura e comprimento:

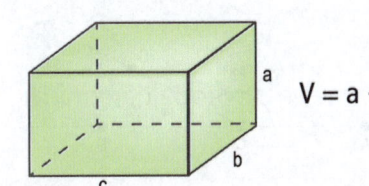

V = a · b · c

O volume de um bloco retangular é 48 cm³. Sabendo que o comprimento é 4 cm e a largura é 2 cm, qual é a medida da altura desse bloco?

29 Pedro tem 15 anos a mais que Danilo. Juntos, eles têm 57 anos. Quais são as idades de Pedro e de Danilo?

30 A soma de dois números pares consecutivos é 66. Quais são esses números?

31 A soma de quatro números ímpares consecutivos é 128. Quais são esses números?

32) Observe a figura.

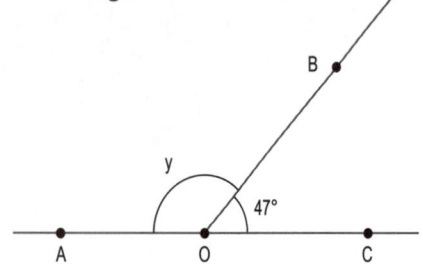

Calcule a medida do ângulo y, sabendo que o ângulo AOC é raso?

33) Um terreno tem forma retangular. Seu comprimento é 15 m maior que sua largura. Seu perímetro mede 210 m. Quais são as medidas desse terreno?

34) Sabendo que $\vec{AC}$ é bissetriz do ângulo BÂE, $\vec{AD}$ é bissetriz de CÂE e m(BÂE) = 60°, encontre o valor de x.

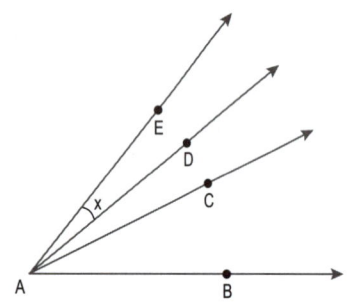

35) Cláudio tinha uma determinada quantia. Seu pai lhe deu a mesma quantia. Ficou com R$ 550,00. Quantos reais Cláudio tinha inicialmente?

36) Qual é o valor do ângulo Ĉ no triângulo abaixo?

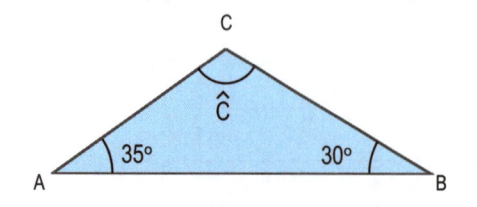

37) A quarta parte da medida de um ângulo é 45°. Qual é a medida desse ângulo?

38) Qual é o valor de x na figura abaixo?

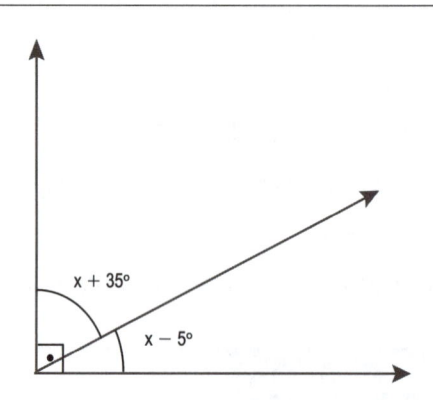

39) Flávio tem uma certa quantia, e sua irmã o dobro dessa quantia mais R$ 125,00. Juntos eles possuem R$ 2.750,00. Quantos reais tem cada irmão?

40) Determine as medidas dos ângulos BÔC e AÔC.

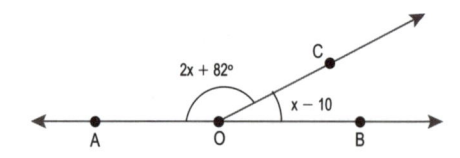

41) Os ângulos AÔB e CÔD são opostos pelo vértice. Quais são os valores de x e de y?

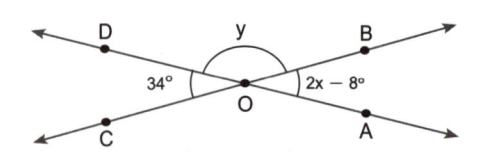

42 Esta balança está equilibrada.

Lembrando que 1 kg = 1000 g, escreva a equação algébrica correspondente ao equilíbrio da balança e resolva-a.

_____

43 Observe esta balança.

Escreva a equação correspondente ao equilíbrio da balança e encontre o valor de x.

_____

44 Pensei em um número. Adicionei a ele sua metade. Deu 81. Que número pensei?

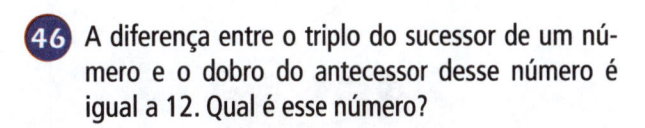

_____

45 A soma de um número com sua quinta parte é igual à diferença entre o dobro desse número e 8. Qual é esse número?

_____

46 A diferença entre o triplo do sucessor de um número e o dobro do antecessor desse número é igual a 12. Qual é esse número?

_____

47 Sabendo que a soma dos ângulos internos de um quadrilátero é igual a 360°, encontre a medida de cada ângulo:

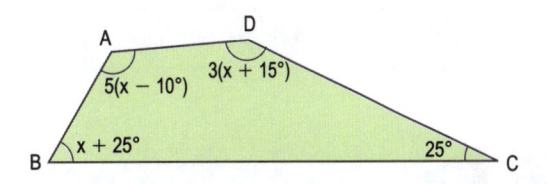

_____

Ângulos do quadrilátero: $A = 5(x-10°)$, $D = 3(x+15°)$, $B = x + 25°$, $C = 25°$.

48 Num triângulo retângulo em $\hat{A}$, a medida do ângulo $\hat{B}$ é igual a $\frac{2}{3}$ da medida do ângulo $\hat{C}$. Determine as medidas dos ângulos $\hat{B}$ e $\hat{C}$.

_____

49 Um problema do papiro de Rhind pode ser traduzido assim:

> Qual é o número que adicionado a sua quinta parte resulta 12? Resolva-o.

_____

129

50 Mauro dividiu R$ 1.650,00 entre seus três filhos. O mais velho recebeu o triplo do irmão do meio e o irmão do meio recebeu R$ 235,00 a mais que o mais novo. Quantos reais recebeu cada filho?

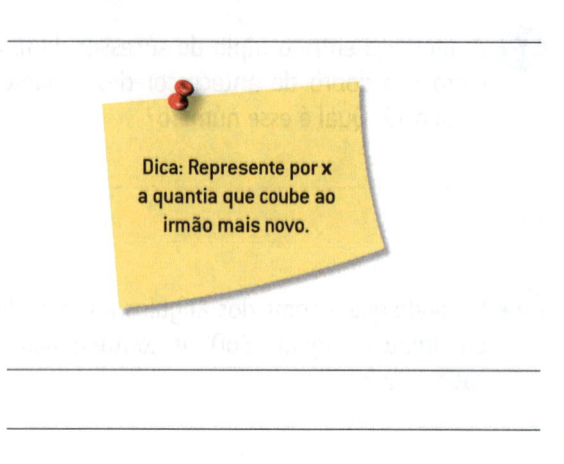

Dica: Represente por **x** a quantia que coube ao irmão mais novo.

51 Numa pesquisa sobre a preferência entre três tipos de creme dental, $\frac{2}{7}$ dos entrevistados optaram pela marca A; $\frac{1}{3}$ pela marca B e 80 entrevistados pela marca C. Quantas pessoas participaram da pesquisa?

52 A adição das idades de Luísa, Lucas e Fernanda resulta 63 anos. Sabendo que a idade de Lucas é o dobro da idade de Luísa e que a de Fernanda é igual à metade da idade de Luísa, qual é a idade dos três?

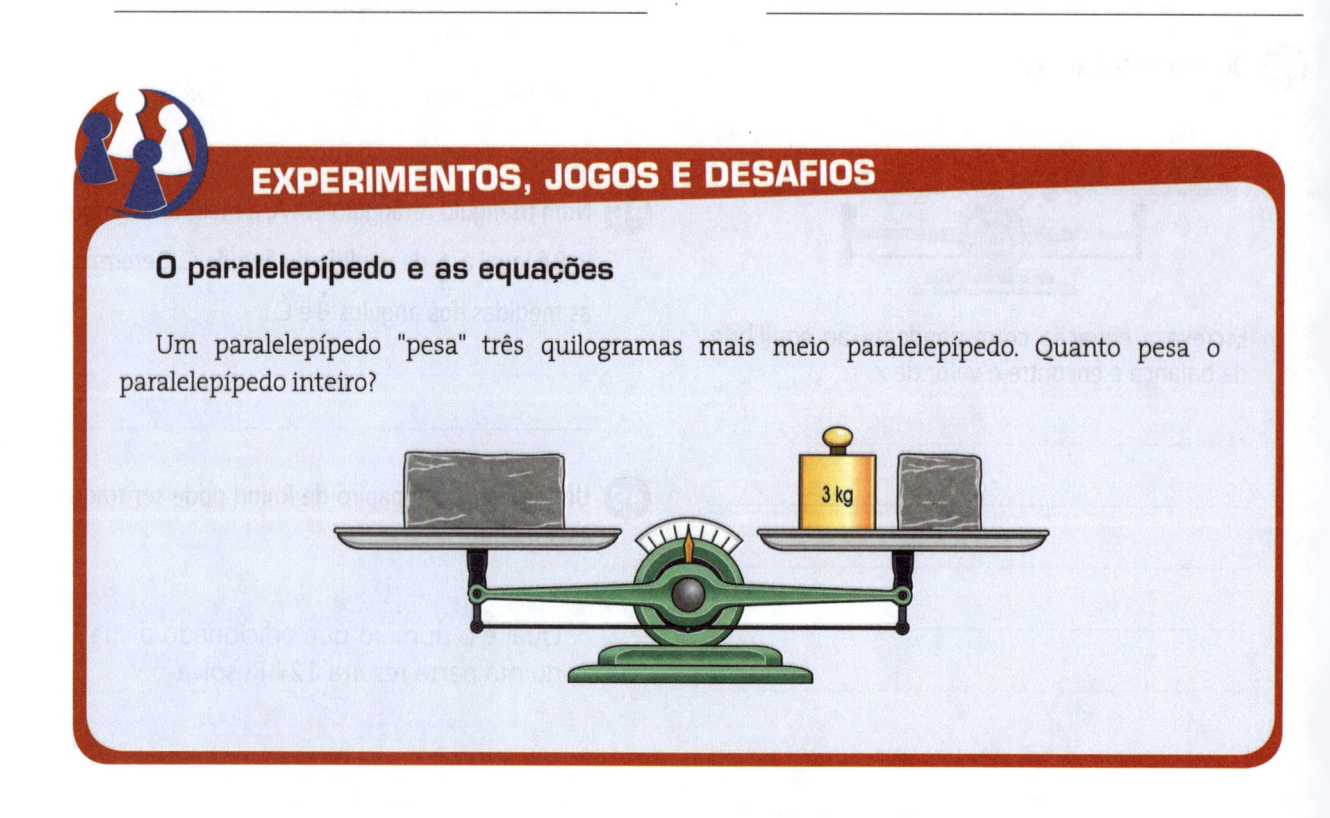

EXPERIMENTOS, JOGOS E DESAFIOS

O paralelepípedo e as equações

Um paralelepípedo "pesa" três quilogramas mais meio paralelepípedo. Quanto pesa o paralelepípedo inteiro?

130

Capítulo 9 — INEQUAÇÕES

▶ O que é uma inequação?

As situações a seguir podem ser representadas por uma **inequação**.

SITUAÇÃO 1

O perímetro deste quadrado é maior que o perímetro do retângulo.

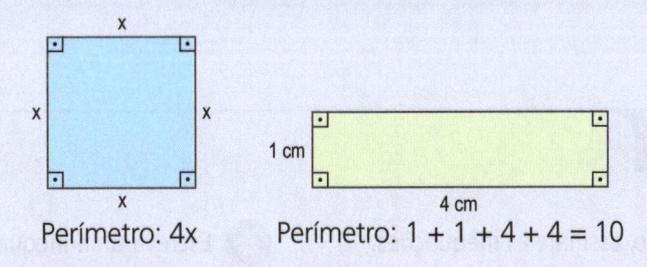

Quadrado de lado x — Perímetro: 4x

Retângulo de 1 cm por 4 cm — Perímetro: 1 + 1 + 4 + 4 = 10

Podemos representar esse fato por meio da sentença:

$4x > 10$.

SITUAÇÃO 2

O triplo de um número x mais 5 é menor ou igual a 26.

Podemos representar esse fato por meio da sentença:

$3x + 5 \leq 26$.

As sentenças $4x > 10$ e $3x + 5 \leq 26$ são exemplos de inequações. Essas sentenças apresentam uma única incógnita (a letra x) com expoente 1 e expressam uma desigualdade. Elas são exemplos de inequações do 1º grau com uma incógnita.

Na inequação $3x + 5 \leq 26$, a expressão $3x + 5$, que está à esquerda do sinal de desigualdade, é chamada primeiro membro; e o número 26, que está à direita do sinal de desigualdade, é chamado segundo membro.

$\underbrace{3x + 5}_{1º \text{ membro}} \leq \underbrace{26}_{2º \text{ membro}}$

> Desigualdade é toda sentença matemática em que aparece um desses sinais!
> $\neq, <, >, \leq$ ou $\geq$.

Toda sentença matemática com uma ou mais incógnitas e que representa uma desigualdade é chamada inequação.

131

Solução de uma inequação

Considere a inequação: $3x + 5 \leq 26$.

Observe o que acontece quando substituímos, por exemplo, x por –2 e por 20.

Substituindo x por –2, temos:
$3x + 5 \leq 26$
$3 \cdot (-2) + 5 \leq 26$
$-6 + 5 \leq 26$
$-1 \leq 26$ (Sentença verdadeira)

Substituindo x por 20, temos:
$3x + 5 \leq 26$
$3 \cdot 20 + 5 \leq 26$
$60 + 5 \leq 26$
$65 \leq 26$ (Sentença falsa)

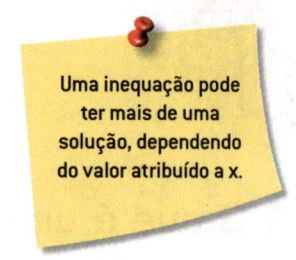

Uma inequação pode ter mais de uma solução, dependendo do valor atribuído a x.

Essas sentenças nos mostram que –1 é **solução da inequação** e que 20 não é solução da inequação.

> Quando substituímos a incógnita de uma inequação por um número e obtemos uma sentença verdadeira, esse número é **solução da inequação**.

ATIVIDADES

1 Das sentenças abaixo, assinale as inequações.

a) $x + 4 = 2$
b) $-2x + 1 < 0$
c) $0 = 1 - 1$
d) $4 \neq 5 - x$
e) $3x > 5$
f) $3 + 5 > 1 + 2$

2 A sentença $3x - 4 > 2x$ é uma inequação? Justifique sua resposta.

_____

3 Qual das sentenças abaixo não é uma inequação?

$-2x \leq -4$ $2 - 5 < 8$

$3 > 4x - 1$ $6x \geq 5x - 1$

4 Considere a inequação $3x - 1 > 5$. Identifique:

a) O primeiro membro _____
b) O segundo membro _____

5 Escreva uma inequação cujo primeiro membro seja $4x - 1$ e o segundo membro $3x + 2$.

_____
_____

6 Escreva uma inequação para cada uma das situações.

a) A soma do dobro de um número com 21 é maior que 30. _____

b) A diferença entre o triplo de um número e 8 é menor ou igual a 36. _____

c) O quádruplo de um número é maior que a soma desse número com 2. _____

d) Dois quintos da diferença entre um número e 4 é menor ou igual a 4. _____

7 O perímetro do triângulo abaixo é menor que 24. Escreva uma inequação que traduza essa situação.

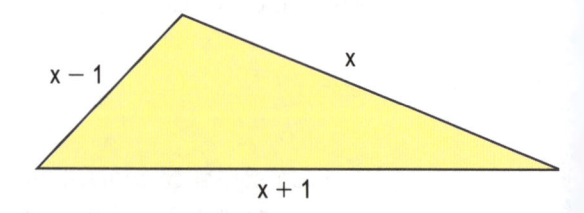

x – 1
x
x + 1

8 A área do retângulo abaixo é maior que 200 m². Escreva uma inequação que traduza essa situação.

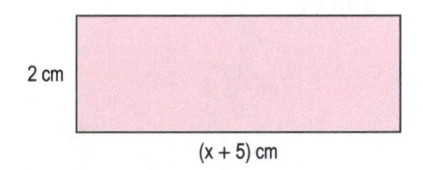

2 cm

(x + 5) cm

9 Verifique se o número $-\frac{1}{2}$ é solução de:
a) $x + 3 > 5$
b) $8x + 1 \leq 6 - x$

10 Por tentativa, encontre uma solução para a inequação $2x + 1 < 5$.

11 Dos números 2,5; –1; 4,6 e 7,4, quais são soluções da inequação $3x - 4 > \frac{3}{5}$.

12 Escreva uma inequação que tenha como solução o número –3.

▶ Propriedades das desigualdades

A seguir veremos duas **propriedades das desigualdades**. São princípios úteis na resolução de inequações.

Princípio aditivo

Considere a desigualdade 8 > 5. Adicionando uma unidade a cada membro da desigualdade, temos:

$$8 > 5$$
$$\underbrace{8 + 1}_{9} > \underbrace{5 + 1}_{6}$$

Subtraindo, por exemplo, duas unidades de cada membro da desigualdade inicial, temos:

$$8 > 5$$
$$\underbrace{8 - 2}_{6} > \underbrace{5 - 2}_{3}$$

> Adicionando ou subtraindo um mesmo número dos dois membros de uma **desigualdade**, obtemos uma nova desigualdade que continua sendo verdadeira.

Princípio multiplicativo

Considere a desigualdade: 5 > 2.
Vamos multiplicar os dois membros da desigualdade por um número positivo, por exemplo, 2.

$$5 > 2$$
$$5 \cdot 2 > 2 \cdot 2$$
$$10 > 4$$

133

A desigualdade obtida é verdadeira.

Agora, considere a desigualdade –2 < –1.

Multiplicando os dois membros por um número positivo, por exemplo, 3.

A desigualdade obtida é verdadeira.

Represente os números obtidos na reta numérica.

$$-2 < -1$$
$$-2 \cdot 3 < -1 \cdot 3$$
$$-6 < -3$$

> Quando multiplicamos os dois membros de uma inequação por um número positivo, obtemos uma nova desigualdade. Ela continua sendo verdadeira.

Considere agora a desigualdade 1 < 3.

Vamos multiplicar os dois membros da desigualdade anterior por um número negativo, por exemplo, – 1.

$$1 < 3$$
$$1 \cdot (-1) < 3 \cdot (-1)$$
$$-1 < -3 \text{ (sentença falsa)}$$

A desigualdade obtida não é verdadeira.

Para essa sentença se tornar verdadeira, precisamos inverter o símbolo da desigualdade.

> Quando multiplicamos os dois membros de uma desigualdade por um mesmo número negativo, obtemos uma nova desigualdade com sentido invertido.

ATIVIDADES

13 Observe a figura.

a) Qual das desigualdades representa essa situação:

3 > 2 ou 3 < 2? _____

b) Se retirarmos 1 kg de cada prato, qual será a nova desigualdade? _____

c) Se acrescentarmos 2 kg em cada prato?

_____

14 Considerando a sentença 1 < 9, é correto escrever que 1 – 5 < 9 – 5? Se sim, que princípio foi utilizado? _____

15 Sendo 3 < 6, podemos escrever que $\frac{3}{3} < \frac{6}{3}$? Se sim, que princípio foi usado?

_____

16 Sendo 4 > –5, pelo princípio multiplicativo podemos multiplicar os dois membros por +2 e a nova desigualdade também será verdadeira. Qual é essa desigualdade?

17 Multiplicando os membros da sentença –3 < 4 por –1, obtém-se uma nova desigualdade. Qual?

18 Quais das sentenças abaixo são verdadeiras?
a) Se a ≤ b, então a + 1 ≤ b + 1
b) Se a > b, então a – 1 > b – 1
c) Se a < b, então (–1) · a < (–1) · b
d) Se a > b, então (–1) · a < (–1) · b

VOCÊ SABIA? — Os sinais matemáticos

Os **sinais matemáticos** que indicam uma operação nem sempre tiveram as formas que conhecemos atualmente.

No início, os símbolos + e – eram usados para indicar excesso e falta, e não com os significados operacionais atuais. Sabe-se que em 1514 o matemático holandês Vander Hoecke usou esses sinais nas operações algébricas, porém não se pode afirmar que eles não haviam sido usados anteriormente com o mesmo significado.

Em 1631, o matemático inglês Ouyktred criou o sinal x para representar uma multiplicação. No mesmo ano, Harriot usou um ponto · para indicar a multiplicação.

Foram os árabes que usaram pela primeira vez o traço para indicar a divisão $\frac{1}{2}$. No século XVII surgiu o sinal : e, posteriormente, o sinal ÷.

Em 1557, o matemático inglês Robert Recorde criou o sinal de igualdade =.

Em 1631, Thomas Harriot criou os símbolos de desigualdade: > (maior que) e < (menor que). Atualmente, usamos também os símbolos: ≥ (maior ou igual a), ≤ (menor ou igual a) e ≠ (diferente).

Thomas Harriot criou o símbolo de desigualdade.

Resolução de inequações

Na resolução de uma inequação, utilizamos os princípios aditivo e multiplicativo.

Princípio aditivo

- Somando ou subtraindo um mesmo número dos dois membros de uma desigualdade, obtemos uma nova desigualdade que continua sendo verdadeira.

Princípio multiplicativo

Multiplicando os dois membros de uma desigualdade por um mesmo número:
- Se o número for positivo, obtém-se uma nova desigualdade, verdadeira.
- Se o número for negativo, obtém-se uma nova desigualdade que não é verdadeira. Para torná-la verdadeira, deve-se inverter o sinal da desigualdade.

Resolver uma inequação é **encontrar** todas as suas soluções.

Acompanhe a resolução de situações que envolvem inequações:

SITUAÇÃO 1

Numa caixa cabe uma certa quantidade de laranjas. Se retirarmos 4 laranjas do dobro do número de laranjas existentes na caixa, restará um número menor que 28. Quantas laranjas cabem na caixa?

Podemos representar a situação descrita por meio da inequação: $2x - 4 < 28$

Vamos resolvê-la usando o princípio aditivo e o multiplicativo:

$2x - 4 < 28$

$2x - 4 + 4 < 28 + 4$ (princípio aditivo)

$2x < 32$

$\frac{1}{2} \cdot 2x < \frac{1}{2} \cdot 32$ (princípio multiplicativo)

$x < 16$

Logo, os números 1, 2, 3, 4, ..., 14, 15 são as soluções da equação.

Nessa caixa podemos ter de 1 a 15 laranjas.

SITUAÇÃO 2

Quais números racionais x pode assumir para que o perímetro do retângulo seja maior que 16?

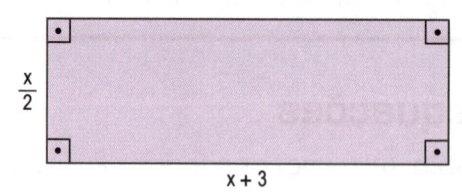

O perímetro desse retângulo é $\frac{x}{2} + \frac{x}{2} + x + 3 + x + 3 = \frac{x + x + 2x + 6 + 2x + 6}{2} = \frac{6x + 12}{2}$.

Como esse perímetro deve ser maior que 16, temos:

$2 \cdot \frac{6x + 12}{2} > 16 \cdot 2$ (princípio multiplicativo)

$6x + 12 > 32$

$6x + 12 - 12 > 32 - 12$ (princípio aditivo)

$6x > 20$

$\frac{1}{6} \cdot 6x > \frac{1}{6} \cdot 20$ (princípio multiplicativo)

$x > \frac{10}{3}$

Resposta: Para que o perímetro do retângulo seja maior que 16, a letra x pode assumir qualquer valor racional maior que $\frac{10}{3}$.

Acompanhe a resolução de mais duas inequações.

EXEMPLO 1

Determine os números inteiros que são solução da inequação: $2(x-1) < 5(x+1) - 1$.

$2(x - 1) < 5(x + 1) - 1$

$2x - 2 < 5x + 5 - 1$

$2x - 2 < 5x + 4$

$2x - 2 + 2 < 5x + 4 + 2$

$2x < 5x + 6$

$2x - 5x < 5x - 5x + 6$

$-3x < 6$

$(-1) \cdot (-3x) > 6 \cdot (-1)$ (princípio multiplicativo)

$3x > -6$

$\frac{1}{3} \cdot 3x > \frac{1}{3} \cdot (-6)$ (princípio multiplicativo)

$x > -2$

Resposta: As soluções dessa inequações são todos os números inteiros maiores do que –2.

EXEMPLO 2

Resolva a inequação $\frac{x}{2} + \frac{2x}{3} \leq \frac{7}{6}$, sendo x um número racional.

Inicialmente, escrevemos as frações equivalentes com denominadores iguais:

$\frac{3x}{6} + \frac{4x}{6} \leq \frac{7}{6} \longrightarrow \frac{7x}{6} \leq \frac{7}{6}$

Multiplicando os dois membros da inequação por 6:

$6 \cdot \frac{7x}{6} \leq \frac{7}{6} \cdot 6$ (princípio multiplicativo)

$7x \leq 7$

$\frac{1}{7} \cdot 7x \leq 7 \cdot \frac{1}{7}$ (princípio multiplicativo)

$x \leq 1$

Resposta: As soluções dessa inequação são todos os números racionais menores ou iguais a 1.

ATIVIDADES

19 Cleide resolveu a inequação $-3x + 1 < 4$ assim:

$-3x + 1 < 4$

$-3x + 1 - 1 < 4 - 1$

$-3x < 3$

$(-1) \cdot (-3x) < (-1) \cdot 3$

$3x < -3$

$\dfrac{1}{3} \cdot 3x < -3 \cdot \dfrac{1}{3}$

$x < -1$

Escolheu um número menor que -1 para verificar se sua resolução estava correta:

$-3 \cdot (-4) + 1 < 4$

$12 + 1 < 4$

$13 < 4$ (sentença falsa)

Percebeu que havia cometido algum erro.

Qual foi o erro cometido pela Cleide?

_____

_____

_____

20 Encontre todos os números naturais para que a expressão:

a) $4x + 2$ seja menor ou igual a 14.

_____

_____

b) $2(-x + 4)$ seja maior que -32.

_____

_____

c) $\dfrac{x}{2} + 1$ seja menor que 1.

_____

_____

d) $3(x - 2)$ seja maior que $\dfrac{3x}{5}$.

_____

_____

21 Relacione as inequações (coluna da esquerda) com suas respectivas soluções (coluna da direita).

a) $5x - 2 < 3$ I) $x < -1$

b) $2x + 5 < -4x - 1$ II) $x > 4$

c) $-3x + 4x > 5x - 6x + 8$ III) $x > 1$

d) $2x + 7 < 3x + 6$ IV) $x < 1$

22 Resolva as inequações considerando que x é um número racional.

a) $5x - 1 < 4x - x + 2$

_____

_____

_____

_____

b) $7x - 1 + 2x < 8$

_____

_____

_____

_____

c) $2 \cdot (x + 4) \geq 3 \cdot (x - 1)$

_____

_____

_____

_____

d) $-3(x - 2) < 4$

_____

_____

_____

_____

e) $5 > -2 \cdot (-x + 4)$

f) $9 \cdot (-x + 2) + 7 \cdot (x - 1) \geq 0$

g) $8 \cdot (+x - 1) < -6 \cdot (x + 2) + 5$

h) $4 \cdot (-2x - 1) + 5x \leq -13x + 6$

i) $3x - \dfrac{1}{2} > +2x + \dfrac{2}{3}$

j) $\dfrac{x}{3} \geq -x + \dfrac{1}{9}$

k) $\dfrac{3x - 4}{12} + \dfrac{2x - 1}{6} < \dfrac{3x + 2}{2}$

l) $\dfrac{2(x - 2)}{3} - 3 > \dfrac{5x}{6}$

23 Qual é o menor valor inteiro que podemos atribuir à incógnita x para que a área do retângulo seja menor que a área do triângulo?

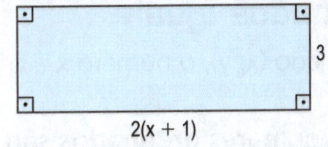

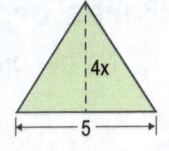

Retângulo: base $2(x+1)$, altura 3.
Triângulo: base 5, altura $4x$.

Capítulo 10

SISTEMA DE EQUAÇÕES

▶ Par ordenado

Como podemos localizar um aluno em uma sala de aula cujas carteiras estão organizadas em 4 linhas e 4 colunas?

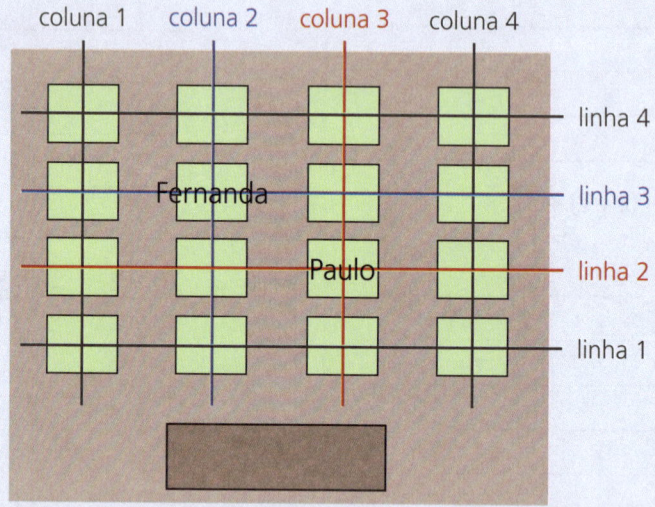

- Paulo está posicionado no cruzamento da linha 2 com a coluna 3. Indicamos essa posição pelo par (2, 3).
- Fernanda está posicionada no cruzamento da linha 3 com a coluna 2. Indicamos essa posição pelo par (3, 2).

Nesse exemplo, a ordem dos números indica carteiras diferentes. Quando a ordem dos números precisa ser respeitada, dizemos que o par de números é um **par ordenado**.

Pares ordenados iguais

No par ordenado (x, y), o número x é o primeiro elemento do par e o y, o segundo elemento.

> Dois **pares ordenados são iguais** se o primeiro elemento do primeiro par for igual ao primeiro elemento do segundo par e o segundo elemento do primeiro par for igual ao segundo elemento do segundo par.

Veja um exemplo.

Sabendo que os pares ordenados (a, −1) e (4, b −2) são iguais, determine os valores de a e de b.

Como (a, −1) = (4, b −2), temos:

a = 4

b − 2 = −1

b = −1 + 2

b = 1

ATIVIDADES

1 Determine os pares ordenados:

a) o 1º elemento é −1 e o 2º é −2

b) o 1º elemento é −2 e o 2º é −1;

c) o 1º elemento é a e o 2º é b.

2 Sabendo que x e y podem assumir apenas os valores 1, 2, 3, 4 e 5, determine os pares ordenados (x, y) em que y tem duas unidades a mais que x.

3 Que pares ordenados podemos escrever com os números −2, −1, 1 e 2, de modo que o 1º número seja menor que o 2º?

4 Sabendo que os pares ordenados a seguir são iguais, determine os valores de x e de y:

a) $(x, -4)$ e $(1, y)$

b) $(y - 2; 5)$ e $\left(\dfrac{1}{2}, x\right)$

c) $\left(3x - 0{,}5; \dfrac{3}{4} - y\right)$ e $\left(2x - 4{,}5; 4y - \dfrac{1}{8}\right)$

5 Os pares ordenados (1, 6) e (6, 1) são iguais?

6 Sabendo que x e y são números da sequência 1; 1,5; 2; 2,5 e 3, escreva os pares ordenados em que x tem 1,5 unidade a mais que y.

▶ Equação do 1º grau com duas incógnitas

Vamos representar duas situações por meio de uma **equação do 1º grau com duas incógnitas** e resolvê-las.

SITUAÇÃO 1

A equipe mirim de xadrez de uma escola é formada por 6 enxadristas, entre meninos e meninas.

Representando o número de meninos por x e o número de meninas por y, vamos escrever a equação que corresponde a essa situação: **x + y = 6**.

Esse é um exemplo de equação do 1º grau com duas incógnitas. Nessa equação, x e y representam números naturais com 0 < x < 6 e 0 < y < 6, pois podemos ter de 0 a 6 meninos e de 0 a 6 meninas.

Para cada valor atribuído a x encontraremos um valor para y, e com isso encontraremos todos os pares (x, y) que são soluções da equação.

Equação: x + y = 6	Par ordenado (x, y)
Para x = 1, temos 1 + y = 6 → y = 6 − 1 → y = 5	(1, 5)
Para x = 2, temos 2 + y = 6 → y = 6 − 2 → y = 4	(2, 4)
Para x = 3, temos 3 + y = 6 → y = 6 − 3 → y = 3	(3, 3)
Para x = 4, temos 4 + y = 6 → y = 6 − 4 → y = 2	(4, 2)
Para x = 5, temos 5 + y = 6 → y = 6 − 5 → y = 1	(5, 1)

Qualquer desses pares ordenados é solução da equação x + y = 6, quando 0 < x < 6 e 0 < y < 6.

SITUAÇÃO 2

Observe as medidas indicadas no retângulo ao lado. Sabendo que seu perímetro mede 30 cm, podemos escrever: x + x + y + 2 + y + 2 = 30.

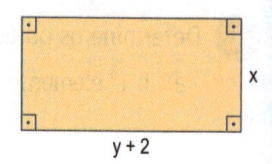

São equações equivalentes a essa equação:

$$\begin{cases} 2x + 2y = 26 \\ x + y = 13 \end{cases}$$

Nessas equações, x e y representam números reais com x > 0 e y > 0, pois as medidas dos lados do retângulo só podem ser números reais positivos.

Na equação x + y = 13, por exemplo, as incógnitas x e y podem assumir qualquer valor real positivo. Essa equação tem infinitas soluções.

Veja, por exemplo, dois pares ordenados que são soluções dessa equação: (3, 10); $\left(\dfrac{1}{2}, \dfrac{25}{2}\right)$.

ATIVIDADES

7 Em uma loja de artigos esportivos, encontram-se skates e bicicletas, num total de 32 peças. Representando o número de skates por s e o número de bicicletas por b, escreva a equação que traduz essa situação.

_____

8 Paguei R$ 5,20 por duas empadinhas e um refrigerante. Representando o preço da empadinha por e e o do refrigerante por f, como se escreve a equação correspondente?

_____

9 Os pratos da balança estão em equilíbrio. Escreva a equação do 1º grau com duas incógnitas que corresponda à situação representada na figura.

_____

10 Cláudio andou x quilômetros a pé e y quilômetros de bicicleta, num total de 15 quilômetros. Escreva uma equação que corresponda a essa situação.

_____

11 Em um quintal encontram-se galinhas e coelhos, num total de 48 cabeças e 196 pés. Representando o número de galinhas por x e o número de coelhos por y, escreva a equação que corresponde ao número total de:

a) cabeças _____

b) pés _____

12 Na equação 2x + y = 5, determine o valor de x sabendo que:

a) y = – 1 _____

b) y = 0,2 _____

c) y = $-\dfrac{1}{2}$ _____

13 Sabendo que z e t representam números racionais, indique três pares ordenados que são soluções para cada equação:

a) 3z · t = 0

b) $-z + t = -2$

c) $\dfrac{3}{2}z - \dfrac{5}{3}t = -1$

14 Quais dos pares ordenados são soluções da equação $4a - 5b = 3$?

a) $(2, 1)$ d) $\left(1, \dfrac{1}{2}\right)$

b) $(-1, 1)$ e) $\left(\dfrac{1}{2}, 0{,}2\right)$

c) $\left(1, \dfrac{1}{5}\right)$ f) $\left(\dfrac{1}{2}, -0{,}2\right)$

15 Daniela comprou x laranjas e y maçãs, num total de 7 frutas.

a) Escreva a equação do 1º grau com duas incógnitas que corresponde a essa situação.

b) Escreva todos os pares ordenados que são soluções dessa equação.

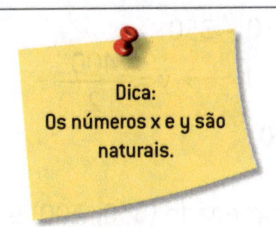

> **Dica:**
> Os números x e y são naturais.

Sistema de equações do 1º grau com duas incógnitas

A situação a seguir pode ser representada por um **sistema de equações**.

Numa prova de vestibular com 80 questões, para cada questão certa o vestibulando ganha 3 pontos e para cada resposta errada ou em branco perde 1 ponto.

Em uma das provas, Cláudia fez 32 pontos. Quantas questões ela acertou?

- Inicialmente representamos por x o número de questões certas e por y o número de questões erradas ou em branco (com x e y números naturais e x > y).

A soma das questões certas com as erradas é igual a 80.

$x + y = 80$ ①

Cada questão certa vale 3 e cada questão errada ou em branco vale -1. A diferença entre esses valores foi de 32 pontos. Representamos essa situação por meio da equação:

$3x - 1y = 32$ ② ← Cláudia fez 32 pontos.

Podemos representar o problema por meio desse sistema de equações:

$\begin{cases} x + y = 80 & ① \\ 3x - y = 32 & ② \end{cases}$

Para resolver esse sistema podemos escrever todos os pares ordenados que são soluções de cada uma das equações. E verificar qual par ordenado é solução das duas equações. Mas seria muito trabalhoso.

Existem métodos mais rápidos para resolver um sistema de equações. Vamos estudar o **método da substituição** e o **método da adição**.

Método da substituição

Veja dois exemplos de resolução de um sistema de equações pelo **método da substituição**:

143

EXEMPLO 1

$$\begin{cases} x + y = 750 & \text{①} \\ x = y + 350 & \text{②} \end{cases}$$

Substituímos x por y + 350 na equação ①:
x + y = 750   ①
y + 350 + y = 750
2y + 350 = 750
2y = 750 − 350
2y = 400 ⟶ y = $\frac{400}{2}$
y = 200

Na equação ②, substituímos y por 200 e encontramos o valor de x.
x = y + 350   ②
x = 200 + 350
x = 550

O par ordenado (550, 200) é a solução do sistema.

Para confirmar que esse par é a solução do sistema, substituímos x por 550 e y por 200 nas duas equações e verificamos que as sentenças obtidas são verdadeiras.

$$\begin{cases} x + y = 750 \\ x = y + 350 \end{cases} \rightarrow \begin{cases} 550 + 200 = 750 \\ 550 = 200 + 350 \end{cases} \rightarrow \begin{cases} 750 = 750 & \text{(V)} \\ 550 = 550 & \text{(V)} \end{cases}$$

EXEMPLO 2

$$\begin{cases} 3x + y = 15 & \text{①} \\ 2x + 3y = 17 & \text{②} \end{cases}$$

Isolamos a incógnita y na equação ①:

3x + y = 15 → y = 15 − 3x

Substituímos y por 15 − 3x na equação ② e encontramos o valor de x:

2x + 3y = 17
2x + 3 · (15 − 3x) = 17
2x + 45 − 9x = 17
− 7x = 17 − 45
(− 1) · − 7x = − 28 · (− 1)
7x = 28

x = 4

Ao substituirmos x por 4 na equação ① ou na equação ②, podemos encontrar o valor de y:

3x + y = 15
3 · 4 + y = 15
12 + y = 15
y = 15 − 12
y = 3

Portanto, o par (4, 3) é a solução do sistema.
Verificando a solução:

$$\begin{cases} 3x + y = 15 \\ 2x + 3y = 17 \end{cases} \rightarrow \begin{cases} 3 \cdot 4 + 3 = 15 \\ 2 \cdot 4 + 3 \cdot 3 = 17 \end{cases} \rightarrow \begin{cases} 12 + 3 = 15 & \text{(V)} \\ 8 + 9 = 17 & \text{(V)} \end{cases}$$

ATIVIDADES

16 Verifique se o par (2, 3) é solução do sistema.

$$\begin{cases} 2x + 4y = 16 \\ 3x - y = 3 \end{cases}$$

17 Verifique se $x = 4$ e $y = -1$ são soluções das equações do sistema.

$$\begin{cases} 4x - 2y = 14 \\ 2x + 4y = 2 \end{cases}$$

18 Resolva os sistemas de equações.

a) $\begin{cases} x + y = -5 \\ 3x - 2y = 0 \end{cases}$

b) $\begin{cases} x + y = 2 \\ y = 3x \end{cases}$

c) $\begin{cases} x - 2y = -\dfrac{4}{12} \\ x = y + \dfrac{1}{12} \end{cases}$

19 Descubra o valor de x e o valor de y de acordo com estas balanças:

20 Observe a resolução deste problema:
A soma das idades de Pedro e Daniel é 57. Para que as duas idades sejam iguais, Pedro deveria ter 6 anos a mais e Daniel 3 anos a menos do que a idade atual. Qual é a idade de cada um?
Solução
Representando a idade de Pedro por P e a de Daniel por D, temos:

$P + D = 57 \rightarrow P = 57 - D$

$P + 6 = D - 3$ ②
$57 - D + 6 = D - 3$
$57 + 6 + 3 = D + D$
$\quad 66 = 2D \rightarrow \dfrac{66}{2} = D \rightarrow 33 = D$

Substituindo D por 33 na equação ①, temos:
$P + D = 57$
$P + 33 = 57 \rightarrow P = 24$

Logo, Pedro tem 24 anos e Daniel, 33 anos.

Agora resolva: a diferença entre as idades de um pai e de sua filha é de 22 anos. Sabendo-se que a soma do dobro da idade da filha com a idade do pai é 112, calcule as idades dessas pessoas.

_____
_____
_____
_____
_____
_____

21 A soma de dois números é 155. Um dos números é o quádruplo do outro. Quais são esses números?

_____
_____
_____
_____

22 Um terreno retangular tem 84 m de perímetro. O comprimento tem 18 m mais que a largura. Qual a área desse terreno?

_____
_____
_____
_____
_____

145

23 Dois números são tais que o triplo do primeiro é igual à terça parte do segundo. Sabendo-se que a metade da soma desses números é – 5, determine-os.

_____
_____
_____
_____
_____

24 Os alunos de um conservatório musical farão uma apresentação no próximo sábado. O grupo é formado por 20 pessoas, que tocarão violão e violino. Sabendo-se que um violão tem 6 cordas, um violino tem 4 cordas e o número total de cordas desse grupo é 104, quantos violões e quantos violinos estarão no palco?

_____
_____

Método da adição

Outro método para resolver um sistema de equações do 1º grau com duas incógnitas é o **método da adição**. Acompanhe estes exemplos.

EXEMPLO 1

$\begin{cases} x + y = 80 \quad \text{①} \\ 3x - y = -32 \quad \text{②} \end{cases}$ ← adicionamos membro a membro as duas equações

$x + 3x + y - y = 80 + 32$

$4x = 112 \rightarrow \boxed{x = 28}$

① $x + y = 80$

$28 + y = 80 \rightarrow y = 80 - 28 = 52 \quad \boxed{y = 52}$

Logo, na situação apresentada, Claudia acertou 28 questões e errou (ou deixou de responder) 52.

EXEMPLO 2

$\begin{cases} 3x + 4y = -11 \quad \text{①} \\ 2x + 7y = -16 \quad \text{②} \end{cases}$

Multiplicamos a equação ① por (– 2) e a equação ② por 3:

$\begin{cases} 3x + 4y = -11 \quad \times(-2) \\ 2x + 7y = -16 \quad \times 3 \end{cases} \rightarrow \begin{cases} -6x - 8y = 22 \\ 6x + 21y = -48 \end{cases}$

Adicionamos membro a membro às equações:

$\begin{cases} -6x - 8y = 22 \\ \underline{6x + 21y = -48} \end{cases} +$

$ 13y = -26$

$ y = -\dfrac{26}{13} \rightarrow \mathbf{y = -2}$

Substituindo y por – 2 na equação ❷:

$2x + 7y = -16$

$2x + 7(-2) = -16$

$2x - 14 = -16$

$2x = -2 \rightarrow x = -\dfrac{2}{2} \rightarrow \mathbf{x = -1}$

Portanto, o par (– 1, – 2) é a solução do sistema.

ATIVIDADES

25 Aplique o método da adição para resolver os sistemas de equações:

a) $\begin{cases} x + y = 15 \\ x - y = -1 \end{cases}$

b) $\begin{cases} 2x + 3y = -2 \\ -2x + y = -6 \end{cases}$

c) $\begin{cases} x + 3y = 1 \\ 2x - 3y = 8 \end{cases}$

d) $\begin{cases} x + 2y = 7 \\ 4x - y = 10 \end{cases}$

Resolva os sistemas no seu caderno.

26 Resolva os sistemas de equações por um dos métodos:

a) $\begin{cases} -5x + y = 3 \\ 7x + 2y = -11 \end{cases}$

b) $\begin{cases} \dfrac{x}{2} + \dfrac{y}{3} = 6 \\ x - y = -3 \end{cases}$

27 Determine a solução de cada sistema de equações:

a) $\begin{cases} x + \dfrac{y}{2} = 7 \\ x + 4y = 2y + 13 \end{cases}$

b) $\begin{cases} 3(x-1) = 6y - 33 \\ x - y = -6 \end{cases}$

c) $\begin{cases} -8 = 4(x + \dfrac{y}{4}) \\ -2(x-1) = 6 + y \end{cases}$

28 Determine o par ordenado (x, y) que é a solução do sistema de equações:

$\begin{cases} \dfrac{x+4}{3} - 2y = x - (y-1) \\ \dfrac{x}{2} + 2(y-2) = -4(2y+1) - 9 \end{cases}$

Em seguida, determine o valor de:

a) $\dfrac{x}{y}$

b) $2xy$

c) $x - y$

d) $x + y$

e) $x^2 - y^2$

29 Observe as balanças, monte um sistema de equações e descubra qual é a massa, em gramas, de cada lata de atum.

147

30 Gabriela comeu 3 sanduíches e 1 suco e gastou R$ 15,40. Felipe comeu 1 sanduíche e 2 sucos e gastou R$ 8,30. Qual é o preço de cada sanduíche? E do suco?

_____
_____
_____
_____
_____
_____

31 Sabendo-se que as retas r e s são paralelas e que $x - y = 60°$, determine o valor de x e de y.

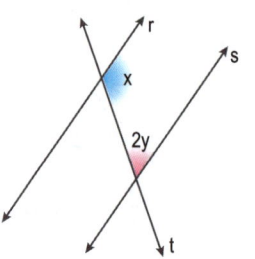

EXPERIMENTOS, JOGOS E DESAFIOS

O burro e o cavalo

Um cavalo e um burro caminhavam juntos e levavam no lombo alguns sacos.

Em certo momento, trocaram este diálogo:

Se eu levasse um de seus sacos, a sua carga seria igual à minha.

Você não deve se queixar! Se eu levasse um de seus sacos, a minha carga seria o dobro da sua.

De acordo com a história, quantos sacos levava o cavalo? E quantos levava o burro?

Este é um problema bem antigo. Ele pode ser resolvido se você o traduzir para a linguagem da álgebra e usar um sistema de equações.

Capítulo 1 — PROPORCIONALIDADE

▶ Grandezas proporcionais e grandezas não proporcionais

Ao consultar um dicionário, encontramos cinco significados para a palavra **grandeza**:

1. Qualidade do que é grande.
2. Título honorífico atribuído aos soberanos.
3. Nobreza de ânimo; generosidade, liberalidade.
4. Astrologia: magnitude.
5. Matemática: ente suscetível de medida.

O significado que nos interessa é o último:

> **Grandeza** é o que pode ser medido ou contado.

São exemplos de grandeza: comprimento, massa, tempo, temperatura, preço, velocidade.

Se podemos prever a variação de uma grandeza a partir da variação de outra, dizemos que essas grandezas são **proporcionais**. Caso contrário, dizemos que são grandezas **não proporcionais**.

Acompanhe estas situações que envolvem grandezas proporcionais.

Grandezas proporcionais

SITUAÇÃO 1

O quadro abaixo mostra a relação entre o lado e o perímetro de alguns quadrados.

Se o lado de um quadrado mede 1 cm, então o perímetro desse quadrado mede 4 cm. Ao dobrar a medida de cada lado do quadrado (2 cm), o perímetro também será dobrado (8 cm). Ao triplicar a medida de cada lado do quadrado (3 cm), o perímetro também será triplicado (12 cm), e assim por diante.

lado do quadrado	1	2	3	4
perímetro do quadrado	4	8	12	16

149

A grandeza **comprimento** (do lado) é proporcional à grandeza **perímetro** (do quadrado).

Devido à proporcionalidade, é possível prever o que acontecerá com o quadrado de medida 12 ou 30 por exemplo. Faça os cálculos para descobrir.

lado	1	2	3	...	12	...	30
perímetro	4	8	12	...		...	

SITUAÇÃO 2

Fátima terminou a leitura de um romance em 18 dias, tendo lido 6 páginas por dia.

Se ela dobrasse o número de páginas lidas por dia (12 páginas), o tempo de leitura seria reduzido à metade (9 dias). Se triplicasse o número de páginas lidas por dia (18 páginas), o tempo de leitura seria reduzido à terça parte (6 dias), e assim por diante.

Páginas lidas por dia	6	12	18
Tempo de leitura	18	9	6

Dizemos que a grandeza **número de páginas** e a grandeza **tempo** são proporcionais.

Grandezas não proporcionais

Acompanhe uma situação que envolve grandezas não proporcionais.

Em uma escola, uma das classes tem 15 alunos. Não podemos afirmar que em duas classes desta mesma escola há 30 alunos, nem que, em três classes, há 45 alunos etc.

Não é possível relacionar a quantidade de classes com a quantidade de alunos. Nesse caso, dizemos que quantidade de classes e quantidade de alunos são grandezas não proporcionais.

ATIVIDADES

1) Para fazer uma pizza utiliza-se 0,5 kg de farinha de trigo. Ao dobrar o número de pizzas, a quantidade de farinha também dobrará (1 kg). Ao triplicar o número de pizzas, a quantidade de farinha também triplicará (1,5 kg); e assim por diante.

As duas grandezas envolvidas são proporcionais? Justifique.

_____

_____

2) Se uma criança de 1 ano de idade tem 8 kg, não podemos afirmar qual será sua massa aos três anos, ou aos cinco anos etc.

As grandezas envolvidas no problema são proporcionais? Justifique.

_____

_____

3 O salário inicial de Sérgio era R$ 1 000,00. Após um ano, seu salário dobrou. Hoje, quatro anos após sua contratação, seu salário é R$ 4 500,00. As grandezas salário e tempo de serviço são proporcionais?

_____

_____

_____

4 O quadro mostra o volume de água despejada num recipiente com a forma de um bloco retangular. Mostra, também, a altura que a água alcança nesse recipiente.

Volume de água (L)	Altura (cm)
1	1,5
2	3
3	4,5
4	6

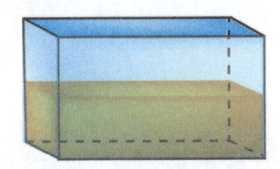

Observando o quadro, o que você pode dizer das grandezas volume e altura? Justifique.

_____

_____

5 O quadro mostra como se relacionam as grandezas número de caixas de leite e preço total.

Número de caixas de leite	Preço
1	1,50
2	3,00
4	6,00
9	13,50
10	?
?	19,50

a) É possível prever o preço de 10 caixas de leite? Qual é esse preço?

_____

_____

_____

b) Quantos litros de leite podemos comprar com R$ 19,50? É possível prever?

_____

_____

c) As grandezas número de caixas de leite e preço são proporcionais?

_____

_____

▶ Grandezas diretamente proporcionais

Acompanhe esta situação e veja um exemplo de **grandezas diretamente proporcionais**.

Na padaria Doce Mania, há um cartaz com o preço de um brigadeiro. Veja, na tabela a seguir, o preço de diferentes quantidades de brigadeiro.

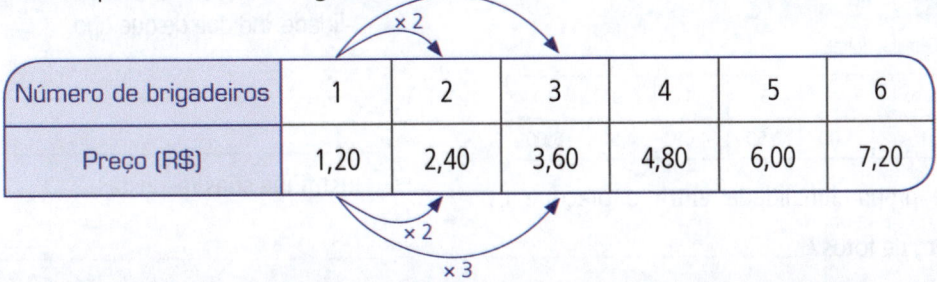

Número de brigadeiros	1	2	3	4	5	6
Preço (R$)	1,20	2,40	3,60	4,80	6,00	7,20

Se o número de brigadeiros dobra, o valor a ser pago também dobra; se o número de brigadeiros triplica, o preço também triplica e assim por diante.

151

Neste caso, o número de brigadeiros e o preço são **grandezas diretamente proporcionais**.

> Dizemos que duas grandezas são **diretamente proporcionais** se, ao dobrar uma delas, a outra também dobra; se, ao triplicar uma delas, a outra também triplica, e assim por diante.

ATIVIDADES

6 As grandezas que estão nestas tabelas são diretamente proporcionais. Complete-as.

a)
Açúcar (kg)	1	2	5			12
Preço (R$)	1,45			11,60	14,50	

b)
Tempo (horas)	0,5	1			4	6,5
Distância (km)	45		135	270		

7 Considerando a tabela de preço dos brigadeiros, responda:

a) Qual é o preço de 8 brigadeiros?
_____

b) Qual é o preço de 18 brigadeiros?
_____

c) Com R$ 18,00 quantos brigadeiros se podem comprar?
_____

8 Numa loja, a "revelação" de fotos digitais é cobrada de acordo com esta tabela de preços.

Câmera digital.

Número de fotos	2	3	8	9	10
Preço (R$)	1,00	1,50	4,00	4,50	5,00

a) Existe proporcionalidade entre o preço e o número de fotos? _____

b) Qual é o preço de uma foto? _____

c) E de 20 fotos? _____

9 Calcule o perímetro e a área destes quadrados.

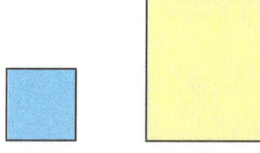

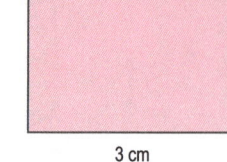

1 cm   2 cm   3 cm

2P = _____   2P = _____   2P = _____

A = _____   A = _____   A = _____

a) As grandezas comprimento do lado e perímetro do quadrado são proporcionais? Se houver proporcionalidade, indique de que tipo.
_____
_____

b) As grandezas comprimento do lado e área do quadrado são proporcionais? Se há proporcionalidade, indique de que tipo.
_____
_____

Justifique suas respostas.
_____
_____
_____

10 Cinco desodorantes idênticos custam R$ 22,50. Quanto custam três desses desodorantes?

11 Para revestir uma parede de 50 m² foram gastos 1 200 ladrilhos. Para revestir uma parede de 10 m², quantos ladrilhos desse mesmo tipo serão usados?

12 A tabela mostra a relação entre a quantidade de álcool em litros e o respectivo valor pago.

Álcool (L)	Valor pago (R$)
2	2,40
3	3,60
7	8,40
13	
	66,00

a) Qual é o valor pago por 1 L de álcool?

b) Qual é o valor pago por 13 L de álcool?

c) Com R$ 66,00, quantos litros de álcool poderíamos colocar no tanque?

d) As duas grandezas são diretamente proporcionais? Justifique.

13 Veja os ingredientes necessários para fazer um bolo.

Bolo de fubá
4 ovos
1 xícara de óleo
2 xícaras de açúcar
2 xícaras de farinha
1 xícara de leite morno
1 $\frac{1}{2}$ xícara de fubá
1 colher de sopa de fermento em pó

Preparo
Separe as claras das gemas.
Bata as gemas com o açúcar.
Acrescente o óleo, o leite, a ....

a) Quantos ovos são necessários para fazer 4 bolos?

b) Com 6 xícaras de fubá, será possível fazer quantos bolos?

c) Indique a quantidade necessária de cada ingrediente para fazer 5 bolos.

▶ Grandezas inversamente proporcionais

As grandezas proporcionais podem ser direta ou **inversamente proporcionais**.

Já vimos grandezas diretamente proporcionais. Agora vamos ver grandezas inversamente proporcionais.

No quadro abaixo estão registrados os valores de velocidade média e de tempo gasto por uma moto para percorrer determinada distância entre duas cidades:

Velocidade média (km/h)	15	30	45	60	90
Tempo (h)	24	12	8	6	4

Observe que se a velocidade média dobra, o tempo gasto para percorrer a mesma distância se reduz à metade; se a velocidade média triplica, o tempo se reduz a um terço, e assim por diante.

Nesse caso, dizemos que a velocidade e o tempo são grandezas inversamente proporcionais.

> Dizemos que duas grandezas são **inversamente proporcionais** se, ao dobrar uma delas, a outra se reduz à metade; se, ao triplicar uma delas, a outra se reduz à terça parte; e assim por diante.

ATIVIDADES

14 Observe os dados da tabela anterior.

a) Se a velocidade média da moto fosse de 120 km/h, qual seria o tempo gasto para realizar o mesmo percurso? _____

b) Para realizar o percurso em 9 horas, qual deveria ser a velocidade média da moto? _____

15 Uma caixa com 36 bombons foi distribuída entre algumas crianças. Este quadro mostra algumas possibilidades de distribuição.

Complete o quadro.

Número de crianças	Bombons por criança
1	36
2	18
3	
	9
6	
	4

a) As grandezas envolvidas são direta ou inversamente proporcionais?

16 Este quadro relaciona o número de máquinas e o tempo necessário, em horas, para a realização de um trabalho.

Número de máquinas	Tempo necessário (h)
5	36
15	12
20	9

a) As grandezas envolvidas são proporcionais? Se sim, são diretamente ou inversamente proporcionais?

b) Qual é o tempo necessário para realizar o trabalho utilizando apenas uma máquina?

c) Quantas máquinas devem ser usadas para realizar o trabalho em 4 horas?

17 Este quadro relaciona o tempo (em horas) e a distância percorrida por um carro em velocidade constante.

Tempo (horas)	Distância (km)
1	70
2	140
3	210

×3, ×2 / ×2, ×3

a) As grandezas envolvidas são proporcionais?

_____

_____

Em caso afirmativo, elas são diretamente ou inversamente proporcionais?

_____

_____

_____

b) Em quanto tempo o carro percorrerá 350 km?

_____

_____

c) Que a distância percorrerá em 1h30 min?

_____

_____

18 Uma torneira enche um tanque em 3h; três torneiras idênticas à 1ª enchem o mesmo tanque em 1h.

a) As grandezas número de torneiras e tempo (horas) são direta ou inversamente proporcionais?

_____

b) Construa uma tabela que mostre as grandezas e os valores mencionados.

c) Usando 6 torneiras idênticas, em quanto tempo o tanque ficaria cheio? _____

_____

d) Para encher esse tanque em 1h e 30min, quantas torneiras serão necessárias? _____

_____

19 Se houver 2 acertadores no próximo sorteio de uma loteria, cada um receberá 20 milhões de reais. Se houver 8 acertadores, quanto receberá cada um?

_____

▶ Razão

Vamos ver duas situações em que aplicamos o conceito de razão.

SITUAÇÃO 1

Em uma certa cidade, 3 em cada 12 habitantes usam óculos. Podemos descrever esta situação de vários modos. Veja três deles:

- 3 em 12 habitantes usam óculos.
- O número dos que usam óculos está para o número total de habitantes assim como 3 está para 12.
- O número dos que usam óculos e o número total de habitantes estão na razão de 3 para 12.
- A razão do número de habitantes que usam óculos em relação ao total de habitantes dessa cidade é $\frac{3}{12}$ ou $\frac{1}{4}$.

155

SITUAÇÃO 2

Vamos calcular a razão entre a área do triângulo 1 e a área do triângulo 2:

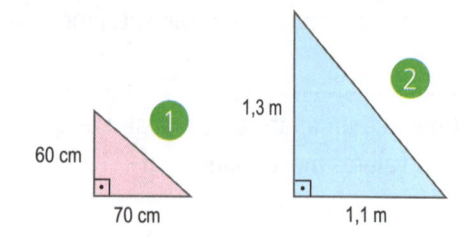

Inicialmente, escrevemos as medidas do triângulo 2 em centímetros: 1,3 m = 130 cm e 1,1 m = 110 cm.

$A_1 = \dfrac{60 \times 70}{2}$

$A_1 = 2100 \text{ cm}^2$

$A_2 = \dfrac{130 \times 110}{2}$

$A_2 = 7150 \text{ cm}^2$

Razão: $\dfrac{A_1}{A_2} = \dfrac{2\,100}{7\,150} = \dfrac{210}{715} = \dfrac{42}{143}$

> A **razão** entre duas grandezas de mesma espécie é o quociente dos valores que representam suas medidas, tomadas sempre na mesma unidade.

ATIVIDADES

20 Represente a razão entre o primeiro e o segundo número em cada item.

a) 6 e 8

b) 3 e $\dfrac{4}{5}$

c) $\dfrac{5}{9}$ e $\dfrac{4}{3}$

d) 2,4 e 3,6

21 Observe a figura:

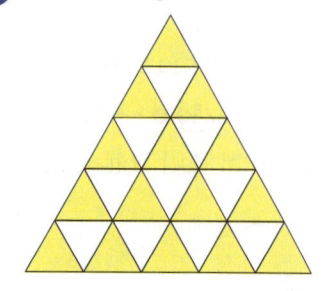

a) Qual é a razão entre o número de triângulos amarelos e brancos?

b) Qual é a razão entre o número de triângulos amarelos e o total de triângulos?

c) Qual é a razão entre o número de triângulos brancos e amarelos?

d) Qual é o produto das razões encontradas nos itens a e c?

22 Considere os retângulos A e B e determine:

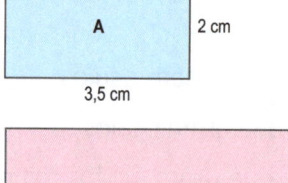

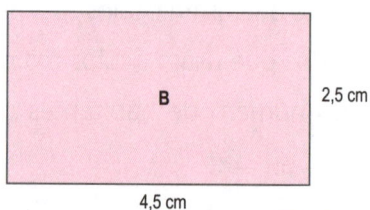

a) a razão entre o perímetro do retângulo A e o do retângulo B.

b) a razão entre a área do retângulo A e a do retângulo B.

23 Na confecção de uma pulseira de ouro, um ourives usou 21 g de ouro e 6,3 g de prata. Qual é a razão entre a quantidade de prata e a quantidade de ouro utilizadas na confecção da pulseira?

24 Veja as medidas indicadas nos quadrados:

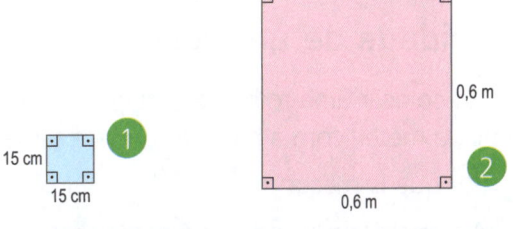

a) Qual é a razão entre o lado do quadrado ① e o lado do quadrado ② ?

b) Qual é a razão entre o perímetro do quadrado ② e o perímetro do quadrado ① ?

c) Qual é a razão entre a área do quadrado ① e a área do quadrado ② ?

▶ Razões especiais

Vamos estudar algumas **razões especiais** mais utilizadas no cotidiano: densidade demográfica, velocidade média, densidade de um corpo e consumo médio.

Densidade demográfica

Densidade demográfica é uma razão entre duas grandezas: número de pessoas e área ocupada por elas.

Ele mostra se uma região tem maior ou menor concentração de população que outra.

$$\text{densidade demográfica} = \frac{\text{número de habitantes}}{\text{área}}$$

O Ceará é um dos centros turísticos mais procurados do Brasil; suas praias são lindíssimas e sua comida típica é muito saborosa. O estado ocupa uma área aproximada de 148 920 km² e, em 2010, tinha uma população estimada em 8 452 381 habitantes. Com esses dados, pode-se calcular a densidade demográfica do Ceará, assim:

Fonte: IBGE – Censo 2010. Disponível em: <http://www.ibge.gov.br/estadosat/index.php>. Acesso em: 25 maio 2012.

$$\text{Densidade demográfica} = \frac{845\,238\text{ hab.}}{148\,920\text{ km}^2} \cong 56,76\text{ hab./km}^2$$

Casas na cidade de Jati, Ceará, 2011.

Vista aérea da cidade de Fortaleza, Ceará, 2011.
Em grandes centros urbanos, a densidade demográfica é maior.

Em 2010, a densidade demográfica do estado do Ceará era de, aproximadamente, 56,76 hab./km².

Densidade de um corpo

Ao colocar uma rolha de cortiça na água, nota-se que ela boia; e ao colocar um objeto de chumbo ou outro metal, com a mesma forma e tamanho da rolha, nota-se que ele afunda.

Por que isso acontece?

A **densidade** da cortiça é menor que a da água, e a densidade do chumbo é maior que a da água.

Mas, afinal, o que é densidade?

Densidade de um corpo é a razão entre a massa desse corpo e o seu volume.

$$d = \frac{m}{V}$$

No sistema internacional, a medida da densidade é expressa em kg/m³. Porém, no dia a dia, a unidade mais utilizada é g/cm³.

Sabendo o que é densidade, podem-se resolver problemas, como este:

- Uma peça de chumbo tem 2,5 kg de massa e seu volume é igual a 220 cm³. Qual é a densidade do chumbo?

$$d_{chumbo} = \frac{m}{V} = \frac{2,5 \text{ kg}}{220 \text{ cm}^3} = \frac{2\,500 \text{ g}}{220 \text{ cm}^3} \cong 11,36 \text{ g/cm}^3$$

$d_{chumbo} = 11,36 \text{ g/cm}^3$

A densidade do chumbo é, aproximadamente, 11,36 g/cm³.

Velocidade média

É comum as pessoas falarem em velocidade média de um carro.

Velocidade média é a razão entre a distância total percorrida por um veículo e o tempo gasto para percorrê-la.

$$\text{Velocidade média} = \frac{\text{distância percorrida}}{\text{tempo gasto}}$$

EXEMPLO

Um carro percorreu uma distância de 360 km em 4 horas. Qual foi a velocidade média desse carro?

$$\text{Velocidade média} = \frac{360 \text{ km}}{4 \text{ h}} = 90 \text{ km/h}$$

A velocidade média do carro foi de 90 km/h.

Consumo médio

Um outro exemplo de razão entre duas grandezas é o consumo médio, por exemplo, de água, ou combustível.

O número de quilômetros percorrido por um veículo dividido pelo número de litros de combustível gasto nesse trajeto dá como quociente o número de quilômetros percorridos por litro de combustível.

$$\text{Consumo médio combustível} = \frac{\text{distância percorrida}}{\text{litros de combustível}}$$

EXEMPLO

Um carro percorreu 250 km com 20 L de combustível. Qual foi o consumo médio desse carro nesse percurso?

$$\text{Consumo médio} = \frac{250 \text{ km}}{20 \text{ L}} = 12{,}5 \text{ km/L}$$

ATIVIDADES

25 A tabela mostra a população e a área em quilômetros quadrados de alguns estados brasileiros:

Estado	População – nº de habitantes	Área (km²)
São Paulo	41 262 199	248 197
Pernambuco	8 796 448	98 146
Amazonas	3 483 985	1 559 162
Bahia	14 016 906	564 831

Fonte: IBGE – Censo 2010. Disponível em: <http://www.ibge.gov.br/estadosat/index.php>. Acesso em: 25 maio 2012. *Estimativa em 2003.

a) Qual dos estados mencionados tem maior população? E a menor?

b) Qual tem a maior área? E a menor?

c) O estado com maior área é também aquele que tem maior população?

d) Quais são as densidades demográficas dos estados mencionados?

26 Qual era a população aproximada do estado do Rio de Janeiro em 2010, sabendo que sua densidade demográfica era de 365,2 hab/km² e sua área era de 43 780 km²?

27 A densidade demográfica do estado de Minas Gerais em 2010 era de 33,4 hab/km². Qual é a área aproximada desse estado sabendo que em 2010 tinha uma população aproximada de 19 597 330 habitantes?

28) Qual é a densidade do ouro? Descubra, sabendo que um anel de ouro com 125 g tem volume de 6,47 cm³.

29) Uma pulseira de prata ocupa um volume de 5,35 cm³. Sabendo que a densidade da prata é 10,5 g/cm³, determine a massa de prata usada para confeccionar essa pulseira.

30) O diamante é uma pedra preciosa muito valiosa. Uma pedra tem 9,45 g de massa e volume de 2,7 cm³. Qual é a densidade do diamante?

31) Uma maratonista percorreu 42 135 m em 2h e 30 min. Qual foi a velocidade média dessa maratonista, nesse percurso, em metros por minuto?

32) Diego corre, em média, 4,8 km/h. Em quanto tempo ele vai percorrer 6 000 m?

33) O nadador chinês Zhang Lin obteve o recorde mundial dos 800 m (nado livre) em 2009, no Mundial de Esportes Aquáticos em Roma. Sua marca foi de 7min32s. Qual foi sua velocidade média, em metros por segundo?

34) Analise o gráfico:

PRODUÇÃO DE TRIGO NO BRASIL
(kg/hectare)

Ano	kg/hectare
2006	1592
2007	2219
2008	2549
2009	2080
2010	2828

Fonte: Produção Agrícola Municipal (PAM). Disponível em: <http://www.sidra.ibge.gov.br/bda/agric/default.asp?t=5&z=t&o=11&u1=1&u2=1&u3=1&u4=1&u5=1&u6=1>. Acesso em: 12 jun. 2012.

a) Quantos quilogramas de trigo por hectare o Brasil produziu em 2009, em média?

b) De 2006 a 2010, qual foi o ano em que a média de produção de trigo por hectare foi menor?

35) Observe o gráfico:

CONSUMO DE CAFÉ NO BRASIL
(em kg/habitante)

Ano	kg/habitante
1996	4,2
1997	4,3
1998	4,5

Fonte: Abic.

a) Quantos quilogramas de café cada brasileiro consumiu em 1997, em média?

b) O consumo de café aumentou ou diminuiu entre 1996 e 1998?

_____

_____

36 Pesquise para saber quais são a área e a população do município onde você mora. Em seguida, calcule sua densidade demográfica.

▶ Proporção

Bianca recebeu um e-mail com foto de uma onça. Achou-a bonita e arquivou-a em seus documentos. Mas, como queria que a foto fosse maior, começou a clicar na imagem para deformá-la. Veja a foto que ela obteve:

FOTO ORIGINAL — 3 cm × 2 cm

FOTO DEFORMADA — 6 cm × 2 cm

A foto que Bianca obteve não é proporcional à original. Vamos comparar as razões entre os comprimentos e entre as alturas das duas fotos, a original e a modificada.

- Razão entre os comprimentos: $\dfrac{3}{6} = \dfrac{1}{2}$ (÷3)

- Razão entre as alturas: $\dfrac{2}{2} = 1$

As duas razões são diferentes. As figuras não são proporcionais.

Quando as duas figuras não são proporcionais, as razões entre suas dimensões são diferentes.

Veja, agora, uma outra ampliação da foto que Bianca recebeu:

FOTO ORIGINAL — 3 cm × 2 cm

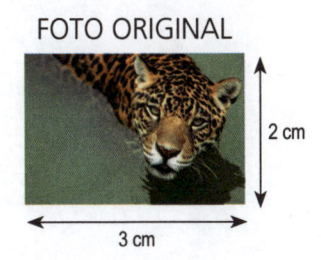

FOTO AMPLIADA — 6 cm × 4 cm

161

Neste caso, a foto ampliada é proporcional à original. Vamos ver por quê.

Vamos comparar as razões entre os comprimentos e entre as alturas das fotos.

- Razão entre os comprimentos: $\dfrac{3}{6} = \dfrac{1}{2}$ (÷ 3)

- Razão entre as alturas: $\dfrac{2}{4} = \dfrac{1}{2}$ (÷ 2)

As razões são iguais. Logo, as figuras são proporcionais.

As igualdades $\dfrac{3}{6} = \dfrac{1}{2}$ e $\dfrac{2}{4} = \dfrac{1}{2}$ são exemplos de proporção.

> **Proporção** é uma igualdade entre duas razões.

Representação de uma proporção

Na proporção $\dfrac{a}{b} = \dfrac{c}{d}$ (lê-se: a está para b, assim como c está para d), dizemos que:

- a, b, c e d são os termos da proporção.
- a e d são os extremos da proporção.
- b e c são os meios da proporção.

Veja um exemplo:

Na proporção $\dfrac{1}{3} = \dfrac{2}{6}$ (lê-se: 1 está para 3, assim como 2 está para 6):

- 1, 2, 3 e 6 são os termos da proporção.
- 1 e 6 são os extremos da proporção.
- 2 e 3 são os meios da proporção.

Propriedade fundamental das proporções

Observe as proporções e o produto das multiplicações:

- $\dfrac{1}{2} = \dfrac{3}{6}$ → $\underbrace{1 \cdot 6}_{\text{extremos}} = \underbrace{2 \cdot 3}_{\text{meios}}$

- $\dfrac{3}{5} = \dfrac{6}{10}$ → $\underbrace{3 \cdot 10}_{\text{extremos}} = \underbrace{5 \cdot 6}_{\text{meios}}$

Podemos generalizar a propriedade fundamental das proporções assim:

> Numa proporção, o produto dos extremos é igual ao produto dos meios.

Veja como podemos aplicar essa propriedade no cálculo do valor desconhecido de um termo de proporção.

- Na proporção $\frac{2}{7} = \frac{6}{21}$, um dos termos pode ser desconhecido; por exemplo: $\frac{x}{7} = \frac{6}{21}$.

  Para calcular esse termo, aplicamos a propriedade fundamental:

  $\frac{x}{7} = \frac{6}{21}$

  $21 \cdot x = 7 \cdot 6$

  $21 \cdot x = 42 \rightarrow x = \frac{42}{21} \rightarrow \mathbf{x = 2}$

- $\frac{x+3}{3} = \frac{5 \cdot x}{6}$

  $6 \cdot (x+3) = 3 \cdot 5x$

  $6x + 18 = 15x$

  $6x - 15 = -18$

  $-9x = -18$

  $9x = 18$

  $x = \frac{18}{9} \rightarrow \mathbf{x = 2}$

ATIVIDADES

37 Os números 2 e 6 são proporcionais aos números 14 e 42? E os números 1,4 e 12 são proporcionais aos números 2,8 e 24?

38 Encontre o valor de x nas proporções:

a) $\frac{5}{4} = \frac{x}{36}$

b) $\frac{x-1}{6} = \frac{x+2}{15}$

39 Os números x e 2x + 3 são proporcionais aos números 3 e 7. Qual é o valor de x?

40 A tabela mostra a relação entre o número de livros e o respectivo custo.

Número de livros	2	6	16
Preço (R$)	30	90	240

a) Qual é a razão entre o número de livros e o seu custo?

b) Qual é o preço de custo de 10 livros?

c) Quantos livros podemos comprar com R$180,00?

41 Complete a tabela.

x	1	2	3		5	
y	5	10		20		200

Agora, responda:

a) Qual é a razão entre x e y? _____

b) Qual é o valor de y para x = 3? _____

c) Qual é o valor de x para y = 20? _____

d) Qual é o valor de y para x = 5? _____

e) Qual é o valor de x para y = 200? _____

42 Complete a tabela sabendo que a razão entre x e y é igual à razão entre 2 e 5.

x	2	4	6			30	
y	5			25	50		100

163

Escala

Em um mapa, as dimensões são diretamente proporcionais às distâncias da região representada.

Em todos os mapas, plantas ou maquetes usa-se uma escala. Ela indica a razão entre cada distância considerada no desenho e a distância real correspondente, ambas na mesma unidade.

SITUAÇÃO 1

No mapa abaixo, a escala é de 1 cm para 285 km, ou seja, a cada 1 cm no mapa correspondem 285 km (ou 28 500 000 cm) na realidade.

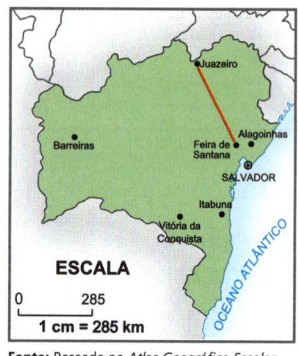

Fonte: Baseado no *Atlas Geográfico Escolar*. Rio de Janeiro: IBGE, 2004.

Podemos indicar essa escala de dois modos:

$1 \div 28\,500\,000$ ou $\dfrac{1}{28\,500\,000}$

Nesse mapa, a distância em linha reta de Juazeiro a Feira de Santana é de 1,2 cm. Com essa informação e usando uma proporção, é possível calcular a distância real entre essas cidades.

Distância no mapa (cm)	1	1,2
Distância real (km)	285	x

$\dfrac{1}{285} = \dfrac{1,2}{x}$

$x = 285 \cdot 1,2$

$x = 342$

A distância aproximada entre essas cidades, em linha reta, é de 342 km.

SITUAÇÃO 2

A folha de papel sulfite representada ao lado foi desenhada em escala. Sabendo que a largura real é de 21 cm, qual foi a escala usada para desenhá-la?

$\text{escala} = \dfrac{\text{medida no desenho}}{\text{medida real}}$

$\text{escala} = \dfrac{3\,\text{cm}}{21\,\text{cm}} = \dfrac{1}{7}$.

A escala usada foi 1 : 7 ou $\dfrac{1}{7}$.

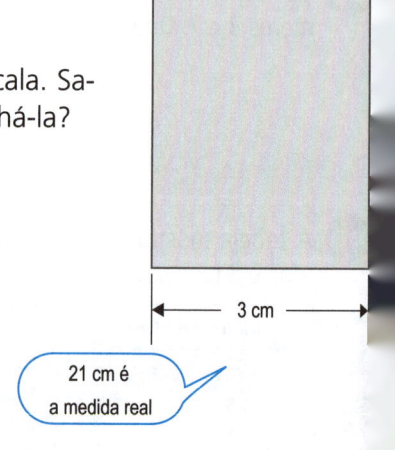

21 cm é a medida real

ATIVIDADES

43 O trapézio abaixo representa um terreno. Ele foi desenhado na escala de 1 : 250.

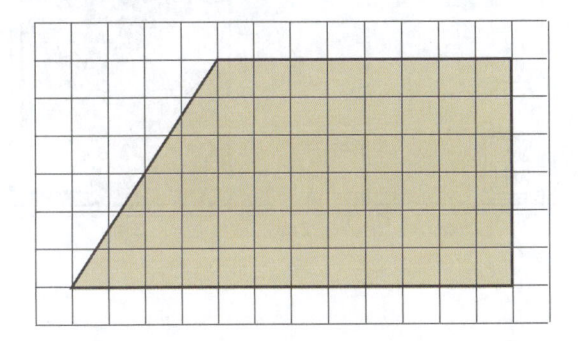

- Quais são as dimensões reais desse terreno em metros?

44 Com o auxílio de uma régua, meça a altura indicada do cavalo neste desenho. Sabendo que o desenho está na escala de 1 : 60. Determine a altura real do cavalo.

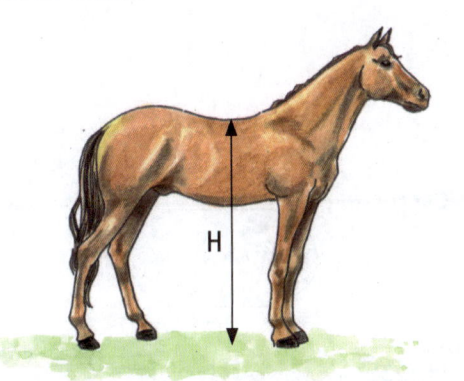

45 As medidas utilizadas em maquetes (de edifício, por exemplo) também são proporcionais às medidas reais.

Uma maquete foi feita na escala de 1 : 50.

a) Nessa maquete, o comprimento do muro tem 40 cm. Qual é a medida real desse muro?

b) Uma árvore tem 2,5 m de altura. Quantos centímetros deve ter essa árvore na maquete?

46 Um carrinho em miniatura tem 5 cm de comprimento. Ele foi construído na razão de 1 : 45. Qual é o comprimento real desse carrinho?

47 Num mapa, a distância em linha reta entre duas cidades é de 4,5 cm. A distância real correspondente é de 144 km. Que escala foi usada nesse mapa?

48 Usando a escala de 1 : 25 desenhe um retângulo para representar um campo de futebol com as seguintes dimensões:
- comprimento: 110 m
- largura: 75 m

49 Esta figura representa um terreno. Foi adotada a escala de 1 cm : 75 m.

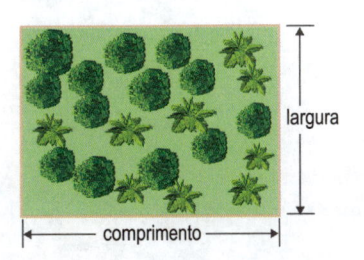

a) Qual é o comprimento desse terreno?

b) Qual é a largura desse terreno?

c) Qual é o perímetro desse terreno?

50 Esta planta representa o andar térreo de um sobrado. Ela foi desenhada na escala 1 : 125.

a) Determine as dimensões reais da sala de visitas.

_____

_____

b) Quantos metros quadrados de ladrilho são necessários para pavimentar a cozinha?

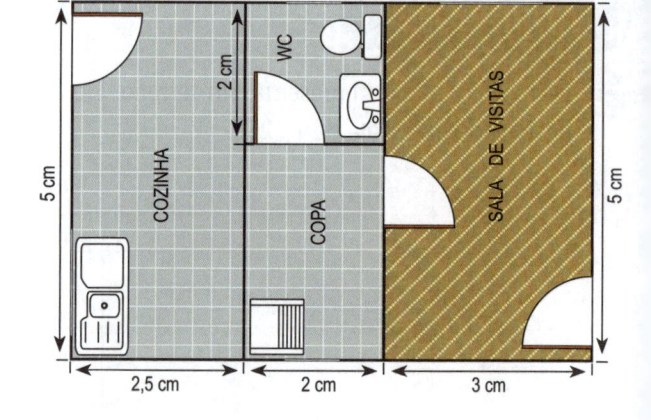

_____

c) E para pavimentar o banheiro?

_____

51 O mapa do Brasil, abaixo, foi desenhado na escala de 1 cm para 505 km. Use uma régua e determine as distâncias aproximadas e em linha reta entre:

a) Rio de Janeiro e Belo Horizonte _____

b) Manaus e Porto Velho _____

c) Cuiabá e Belém _____

d) Palmas e Natal _____

166

▶ Regra de três simples

Os problemas que envolvem grandezas direta ou inversamente proporcionais podem ser resolvidos usando um procedimento conhecido por **regra de três**.

Organizam-se os dados numa tabela, na qual conhecemos três valores. O quarto valor é o que procuraremos descobrir. Por isso, essa regra é conhecida como regra de três.

Regra de três numa situação de proporcionalidade direta

Para pintar uma parede de 30 m² de área, foram consumidos 3 L de tinta. Quantos metros quadrados podemos pintar com 4,5 L de tinta?

Podemos resolver o problema de dois modos.

MODO 1

Podemos prever a variação da grandeza área da parede pintada com base na variação da outra grandeza: quantidade de tinta.

Quando dobra a quantidade de tinta necessária, dobra a área que pode ser pintada; quando triplicamos a quantidade de tinta, triplica a área que pode ser pintada e assim por diante. As duas grandezas são diretamente proporcionais.

Relacionamos as grandezas envolvidas numa tabela.

Para descobrir o fator de proporcionalidade entre a quantidade de tinta consumida e a área a ser pintada, precisamos saber quantas vezes 4,5 é maior que 3.

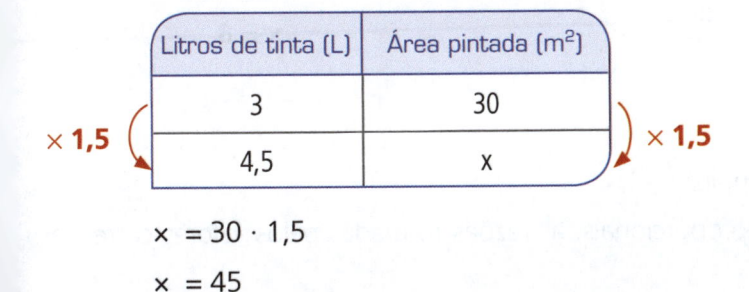

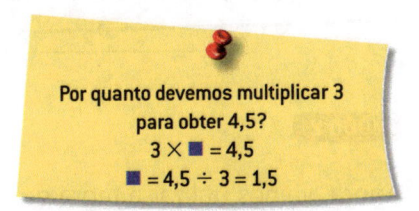

Litros de tinta (L)	Área pintada (m²)
3	30
4,5	x

× 1,5 ( ) × 1,5

Por quanto devemos multiplicar 3 para obter 4,5?
$3 \times \blacksquare = 4,5$
$\blacksquare = 4,5 \div 3 = 1,5$

$x = 30 \cdot 1,5$

$x = 45$

MODO 2

Agora, vamos resolver o problema utilizando a **regra de três simples**.

Como as grandezas são diretamente proporcionais, as razões formadas pelos termos da 1ª coluna e a razão formada pelos termos correspondentes a eles da 2ª coluna devem ser iguais.

Litros de tinta (L)	Área pintada (m²)
3	30
4,5	x

Escrevemos a proporção:

$$\frac{3}{4,5} = \frac{30}{x}$$

Vamos resolver a equação indicada pela proporção:

$$\frac{3}{4,5} = \frac{30}{x}$$

$3x = 30 \cdot 4,5$

$3x = 135 \rightarrow x = \frac{135}{3} \rightarrow x = 45$

Regra de três numa situação de proporcionalidade inversa

Um caminhão com capacidade de 2 m³ faz 24 viagens para transportar uma certa quantidade de areia. Quantas viagens serão necessárias para transportar a mesma quantidade de areia com um caminhão com capacidade de 6 m³?

Podemos resolver este problema de dois modos.

MODO 1

Podemos prever a variação do número de viagens do caminhão com base na capacidade do caminhão.

Quando dobra a capacidade do caminhão, o número de viagens se reduz à metade; quando a capacidade do caminhão é multiplicada por 3, o número de viagens passa a ser um terço. As grandezas capacidade do caminhão e número de viagens são inversamente proporcionais.

Relacionamos as grandezas envolvidas numa tabela.

Capacidade do caminhão (m²)	Número de viagens
2	24
6	x

×3 (na primeira coluna) ÷3 (na segunda coluna)

$x = \frac{24}{3}$

x = 8

MODO 2

Agora, vamos utilizar a regra de três simples.

Como as grandezas são inversamente proporcionais, as razões formadas pelos valores correspondentes das duas colunas devem ser inversas.

Capacidade do caminhão (m²)	Nº de viagens
2	24
6	x

$\frac{2}{6} = \frac{x}{24}$

Resolvendo a equação:

$\frac{2}{6} = \frac{x}{24}$

$6x = 2 \cdot 24$

$6x = 48$

$x = \frac{48}{6}$

$x = 8$

ATIVIDADES

Resolva os problemas do modo que você achar mais conveniente.

52 Um rolo de determinado fio elétrico tem 100 m de comprimento e aproximadamente 2,5 kg de massa. Qual é a massa de um rolo de 30 m desse tipo de fio?

53 Paulo faz caminhadas todos os dias. Caminhando com uma velocidade de 8 km/h ele demora 50 minutos para percorrer um determinado trecho. Se ele aumentasse sua velocidade para 10 km/h, quantos minutos demoraria para percorrer o mesmo trecho?

54 Uma criança de 10 kg que está com infecção na garganta deve ingerir diariamente 50 mg de um certo medicamento. Essa dose é proporcional à massa da criança.

a) Qual deve ser a dose diária do medicamento para uma criança de 12 kg?

b) Se a criança de 12 kg tiver de tomar o medicamento fracionado a cada 8 horas, quantos miligramas ela irá ingerir a cada dose?

c) Se o uso do medicamento for prescrito para 7 dias, quantos miligramas a criança de 12 kg terá ingerido ao final desse período?

55 A distância entre duas cidades, em linha reta, é de 365 km. Num mapa, essa distância está representada por um segmento de 2,5 cm. Qual é a distância entre outras duas cidades que estão representadas, nesse mesmo mapa, por um segmento de 4 cm?

56 Para revestir um galpão são necessários 4 800 ladrilhos com área de 900 cm² cada um. Quantos ladrilhos serão necessários se cada ladrilho tiver área de 1 600 cm². Qual é o valor de x?

57 Quatro em cada 1000 habitantes de uma cidade são professores. Se essa cidade tem 25 000 habitantes, quantos são professores?

58 Sete bombons foram comprados por R$ 3,25. Quanto se deve pagar por 16 bombons?

169

59 Quinze operários realizaram um serviço em 3 horas. Se 20 operários trabalhassem no mesmo ritmo dos anteriores, em quantas horas terminariam o serviço?

60 Na festa do aniversário da Thais foram consumidas 50 garrafas de 600 mL de refrigerante. Se a capacidade das garrafas compradas fosse de 3 L, quantas teriam sido necessárias?

▶ Regra de três composta

Você irá descobrir um processo para resolver problemas que envolvam mais de duas grandezas, direta ou inversamente proporcionais. Esse processo é chamado **regra de três composta**.

Em 4 dias, 8 máquinas produziram 160 peças. Em quanto tempo 6 máquinas iguais às primeiras produzirão 300 dessas peças?

Nessa situação, as três variáveis são: quantidade de máquinas, quantidade de peças e tempo. Inicialmente, desenhamos uma tabela com as grandezas e seus respectivos valores.

	Quantidade de máquinas	Quantidade de peças	Tempo (dias)
Situação inicial	8	160	4
Situação final	6	300	x

As grandezas quantidades de máquinas e tempo são inversamente proporcionais e as grandezas quantidades de peças e tempo são diretamente proporcionais.

- Escrevemos a razão correspondente às quantidades de cada grandeza invertendo aquelas cujas grandezas são inversamente proporcionais à grandeza que contém a incógnita:

$$\frac{6}{8}; \frac{160}{300} \text{ e } \frac{4}{x}$$

- Escrevemos uma equação colocando, no primeiro membro, a razão que apresenta o valor procurado (x) e, no segundo membro, o produto das outras razões:

$$\frac{4}{x} = \frac{6}{8} \cdot \frac{160}{300}$$

- Resolvemos a equação:

$$\frac{4}{x} = \frac{\cancel{6}^{1\,3}}{\cancel{8}_{4\,1}} \cdot \frac{\cancel{160}^{2\,4}}{\cancel{300}_{10\,5}}$$

$$\frac{4}{x} = \frac{2}{5}$$

$$2x = 20$$

$$x = \frac{20}{2} \rightarrow x = 10$$

ATIVIDADES

61 Edu digitou um trabalho de História no computador. Esse trabalho ocupou 20 páginas, e em cada página havia 36 linhas, e em cada linha, 60 caracteres. Edu não ficou satisfeito com sua digitação e achou que o trabalho ficaria mais bonito se aumentasse o espaço entre as linhas e utilizasse outro tipo de letra.

• Com quantas páginas ficará o trabalho se Edu colocar 54 caracteres em cada linha e 25 linhas em cada página?

Complete esta tabela com os dados do problema e chamando de *x* o número de páginas procurado.

	Quantidade de páginas	Quantidade de linhas por página	Quantidade de letras por linha
Situação inicial			
Situação final			

• As grandezas quantidade de páginas e quantidade de linhas por página são direta ou inversamente proporcionais? _____

• E as grandezas quantidade de páginas e quantidade de letras por linha são direta ou inversamente proporcionais? _____

• Escreva a razão correspondente a cada grandeza do problema, invertendo as razões correspondentes às grandezas inversamente proporcionais à grandeza que contém o valor procurado (*x*).

_____

• Escreva a equação colocando, no primeiro membro, a razão que apresenta o valor procurado (*x*) e, no segundo membro, o produto das outras razões.

_____

• Resolva a equação obtida. _____

62 Um carro percorre 260 km em 3 dias, rodando 8h por dia. Quantos dias levará aproximadamente para percorrer 340 km, rodando 6h por dia?

63 Cláudio comprou uma quantidade de ração que alimenta 14 vacas durante 10 dias. Se tivesse comprado o triplo de ração, em 35 dias, quantas vacas alimentaria? _____

64 Em uma fábrica de calçados, 4 máquinas, trabalhando 8 horas diárias, produzem 240 pares de sapatos. Quantos pares de sapatos produzirão 6 máquinas com 5 horas de trabalho por dia? _____

65 Para digitar um texto com 5 400 palavras foram usadas 20 páginas com 32 linhas em cada página. Se cada página tivesse 30 linhas, quantas páginas seriam usadas para digitar um texto com 3 600 palavras? _____

66 Dez máquinas trabalhando das 11h às 19h produzem 1 600 peças de um produto. Duas dessas máquinas quebraram. Usando as máquinas restantes, quantas horas serão necessárias para serem produzidas 4 800 peças desse produto?

Capítulo 2 — PORCENTAGEM

▶ A porcentagem

É comum ler em jornais artigos ou anúncios que apresentam dados em **porcentagem**. Em geral, neles aparece o símbolo **%**. O símbolo % (lê-se por cento) indica uma quantidade em cada 100.

Observe este exemplo

De acordo com o censo de 2010, 91% da população brasileira (pessoas de 10 anos ou mais) era alfabetizada.

A porcentagem 91% pode ser escrita na forma fracionária ou como número decimal. Veja:

- Um cento é igual a 100. Logo, noventa e cinco por cento é 91 em 100, o que corresponde a $\frac{91}{100}$.
- A fração $\frac{91}{100}$ pode ser escrita na forma decimal: $\frac{91}{100} = 0,91$.

Por outro lado, pode-se escrever uma fração decimal na forma de porcentagem. Veja exemplos:

- $\frac{1}{4} \xrightarrow{\times 25} = \frac{25}{100}$, que corresponde a 25%
- $\frac{125}{1\,000} \xrightarrow{\div 10} = \frac{12,5}{100}$, que corresponde a 12,5%

Cálculos com porcentagem

Existem vários métodos para calcular porcentagens. Veja dois deles.

- Num concurso público havia 12 500 inscritos. No dia do exame, 5% dos inscritos faltaram. Quantas pessoas não compareceram?

Vamos calcular 5% de 12 500 de dois modos.

MODO 1

5% de 12 500 = ?

$\frac{5}{100} \cdot 12\,500 =$

$5 \cdot 125 = 625$

MODO 2

5% de 12 500 = ?

$0,05 \cdot 12\,500 = 625$

Podemos também encontrar 5% de 12 500 utilizando uma calculadora.

| 1 | 2 | 5 | 0 | 0 | × | 5 | % | Visor: 625 |

Resposta: Não compareceram ao exame 625 pessoas.

173

ATIVIDADES

1) Escreva as frações em forma de porcentagem:

   a) $\frac{1}{5}$ _____   c) $\frac{5}{10}$ _____

   b) $\frac{3}{4}$ _____   d) $\frac{13}{10}$ _____

2) Um bolo foi dividido em 10 partes iguais. Daniela comeu $\frac{1}{10}$ desse bolo e Fábio $\frac{3}{10}$.

   a) Quantas partes do bolo Daniela comeu? _____
   Que porcentagem isso representa? _____

   b) Quantas partes do bolo Fábio comeu? _____
   Que porcentagem do bolo essas partes representam? _____

   c) Que fração do bolo sobrou? _____
   Que porcentagem do total do bolo isso representa? _____

3) Escreva na forma de porcentagem os números decimais abaixo.

   a) 0,6 _____   c) 0,05 _____

   b) 0,55 _____   d) 1,5 _____

4) Calcule 15% de:

   a) 75 g _____

   b) 300 pessoas _____

   c) 460 bolos _____

   d) R$ 1.250,00 _____

5) Um estacionamento tem capacidade para 250 carros. Sabe-se que 40% da sua capacidade está ocupada. Quantos carros estão nesse estacionamento?

   _____

6) Regina já percorreu 35% dos 1 500 metros de uma pista de corrida.

   a) Quantos metros ela já percorreu? _____

   b) Que porcentagem do percurso ainda precisa percorrer? _____

VOCÊ SABIA? **O desmatamento das florestas brasileiras**

O desmatamento nas florestas brasileiras teve início no momento da chegada dos portugueses, em 1500. Tendo interesse no lucro com a venda do pau-brasil, iniciaram sua exploração na Mata Atlântica.

Desde então, o desmatamento das florestas brasileiras foi constante. Após a exploração da madeira da Mata Atlântica, que, atualmente, tem apenas 9% de sua área original, foi a vez da Floresta Amazônica sofrer com a exploração ilegal de madeiras valorizadas como o mogno. Segundo um relatório divulgado pela WWF (ONG dedicada ao meio ambiente), em 2000, o desmatamento da Amazônia já atingia 13% da área de floresta original.

Não só a Mata Atlântica e a Floresta Amazônica sofrem o desmata-

Pau-brasil.

mento. Atualmente, ele ocorre em todas as regiões do país. Além da derrubada de árvores para utilização da madeira na construção de móveis, instrumentos musicais, casas etc., ocorre desmatamento também nas frentes agrícolas.

Outra forma de desmatamento são as queimadas e incêndios florestais.

Em 2001 foi divulgado um estudo que mostra as porcentagens de área verde perdida entre 1954 e 1998. Observe no quadro a porcentagem de devastação da mata de alguns estados brasileiros.

	Porcentual devastado	Total da área
Minas Gerais	83%	5,8 milhões de hectares
Paraná	74%	5 milhões de hectares
Espírito Santo	70%	958 mil hectares
São Paulo	59%	2,7 milhões de hectares
Distrito Federal	58%	335 mil hectares
Santa Catarina	42%	1,2 milhão de hectares
Rio de Janeiro	17%	177 mil hectares

Fonte: Unesco e Instituto Socioambiental.

Governos de vários países, incluindo o do Brasil, têm criado leis e feito fiscalização mais rigorosa para combater não só o desmatamento das florestas como também qualquer tipo de crime ecológico.

Porém, é necessário que as pessoas sintam a necessidade de uma preservação ambiental. As matas e florestas são essenciais para o equilíbrio ecológico da Terra e para a manutenção do clima adequado à preservação da vida.

▶ Razão e porcentagem

Agora vamos relacionar a expressão por cento(%) com as razões e as respectivas formas decimais.

Acompanhe esta situação:

Num jogo de basquete, Carlos acertou 28 dos 80 arremessos que fez durante a partida e Daniel arremessou 35 vezes e acertou 14 desses arremessos.

Nessa partida, quem teve melhor desempenho em arremessos? Carlos ou Daniel?

Para saber qual dos jogadores teve melhor desempenho, é necessário, primeiro, escrever a razão entre o número de acertos de cada jogador em relação ao número de arremessos realizados.

$$\frac{\text{número de acertos}}{\text{número de arremessos}}$$

Em seguida, escreve-se a razão na forma de porcentagem e comparam-se as porcentagens obtidas.

Carlos

- Razão $\dfrac{28}{80}$

- Na forma decimal

  $\dfrac{28}{80} = 28 \div 80 = 0{,}35$

- 0,35 corresponde a 35%.

Carlos acertou 35% de seus arremessos.

Daniel

- Razão $\dfrac{14}{35}$

- Na forma decimal

  $\dfrac{14}{35} = 14 \div 35 = 0{,}4$

- 0,4 corresponde a 40%.

Daniel acertou 40% de seus arremessos.

Resposta: Proporcionalmente, Daniel teve melhor desempenho.

Conhecendo duas quantidades pode-se saber quanto por cento uma é da outra. Veja o exemplo.

EXEMPLO

No 7º ano A, 12 alunos usam óculos, o que corresponde a 40% do total. Quantos alunos há nesta classe?

Porcentagem	Alunos
40%	12
100%	x

Representando o número total de alunos pela letra x, temos esta proporção:

$\dfrac{40}{100} = \dfrac{12}{x}$

$40x = 12 \cdot 100$

$x = \dfrac{1\,200}{40} \rightarrow x = 30$

Nesta classe há 30 alunos.

ATIVIDADES

7 Numa classe com 40 alunos, dois são canhotos. Qual é a porcentagem de canhotos nessa classe?

• Faça uma pesquisa em sua classe. Se existem alunos canhotos, que porcentagem essa quantidade representa do total de alunos de sua classe?

8 Um time de vôlei ganhou 18 partidas das 45 que disputou em um torneio. Qual foi a porcentagem de derrotas desse time?

9 O quadro mostra o número de funcionários por turno de trabalho em uma fábrica.

Turno	Número de funcionários
Diurno	630
Noturno	370

a) Quantos funcionários tem essa fábrica?

b) Qual é a porcentagem dos funcionários que trabalham no período diurno? E no noturno?

10 Numa avaliação de Matemática, Fernando acertou 36 questões das 50 propostas, e na de história acertou 28 das 40 questões.

a) Que porcentagem de questões Fernando acertou em cada avaliação?

b) Em qual das avaliações ele obteve melhor desempenho?

11 Se 15% de uma quantidade é igual a 360, qual é essa quantidade?

12 Oito por cento da área de um terreno foi destinada ao jardim. Esse jardim tem 16 m². Qual é a área desse terreno?

13 Vinte e cinco por cento de uma certa quantia corresponde a R$ 1.128,00. Qual é essa quantia?

14 O quadro abaixo mostra a área aproximada do Brasil e de dois de seus estados.

	Área (em km²)
Brasil	8 514 876
São Paulo	248 197
Rio de Janeiro	43 780

Que porcentagem aproximada da área do Brasil cada um desses estados ocupa?

15 Cinco por cento da área do estado de Minas Gerais corresponde a 29 326,4 km². Qual é a área desse estado brasileiro?

▶ Calculando aumentos e descontos

A porcentagem é muito utilizada na atividade comercial, principalmente, para calcular **aumentos e descontos** em preços.

Também é usada para calcular aumentos populacionais, para indicar o aumento percentual de áreas etc.

Calculando descontos

SITUAÇÃO 1

Paulo comprou uma geladeira que custava R$ 1 590,00. Por ter pago à vista, obteve um desconto de 30%. Quanto pagou pela geladeira?

Podemos obter esse valor de dois modos.

- Calculando 30% de R$ 1.590 encontramos o valor do desconto:

$$\frac{30}{100} \cdot 1\,590 = 477$$

O desconto foi de R$ 477,00.

Logo, pagou:
1 590 − 477 = 1 113
R$ 1 113,00

- Valor da geladeira ⟶ 100%

Desconto ⟶ 30%

Valor a ser pago ⟶ 100% − 30% = 70%

70% de 1 590

$$\frac{70}{100} \cdot 1\,590 = 1\,113$$

Paulo pagou R$ 1 113,00 pela geladeira.

SITUAÇÃO 2

Paulo também decidiu comprar um fogão novo, pois o vendedor lhe disse que teria mais desconto na segunda compra. O fogão custava R$ 1 250,00, porém Paulo pagou R$ 750,00. Qual foi o desconto dado sobre o preço do fogão?

Porcentagem	Valor
100%	1 250
x%	750

$$\frac{100}{x} = \frac{1\,250}{750}$$

$100 \cdot 750 = 1\,250 \cdot x$

$$\frac{75\,000}{1\,250} = x$$

$x = 60$

O valor pago corresponde a 60%. Logo, foi dado um desconto de 40% no preço do fogão.

Calculando aumentos

SITUAÇÃO 1

O preço do litro de gasolina em uma certa região era R$2,10 e sofreu um aumento de 5%.

a) De quantos reais foi esse aumento?
b) Qual é o novo preço do litro de gasolina nessa região?

Podemos calcular esses valores de dois modos.

MODO 1

Calculando 5% de R$ 2,10 obtemos o valor do aumento.

$$\frac{5}{100} \cdot 2,10 = 0,105$$

O aumento foi de R$ 0,105.

Logo, o novo preço do litro de gasolina é:

2,10 + 0,105 = 2,205

O novo preço é R$ 2,205

MODO 2

Preço do litro de gasolina ⟶ 100%

Aumento ⟶ 5%

Preço com aumento ⟶ 100% + 5% = 105%

105% de 2,10 = ?

$$\frac{105}{100} \cdot 2,10 = 2,205$$

SITUAÇÃO 2

Se o preço da gasolina passou de R$ 2,10 a R$ 3,78, de quanto foi o aumento?

Porcentagem	Valor
100%	2,10
x%	3,78

$$\frac{100}{x} = \frac{2,10}{3,78}$$

$$100 \cdot 3,78 = 2,10 \cdot x$$

$$\frac{3,78}{2,10} = x$$

$$180 = x$$

O percentual correspondente ao valor com aumento é 180%.

O percentual correspondente ao valor do aumento é 180% − 100% = 80%.

ATIVIDADES

16 Complete a frase com a porcentagem que falta.

Esta semana, um feirante aumentou o preço da dúzia da laranja de R$ 2,00 para R$ 4,00.
O preço da laranja sofreu um aumento de _____ % .

17 Na compra de uma televisão de R$ 780,00, pagando à vista, obtive um desconto de 4% no preço.

a) Quantos reais obtive de desconto?

b) Qual foi o preço da televisão após o desconto?

18 Veja os anúncios de venda do mesmo fogão nas duas lojas.

LOJA A — R$ 630,00 — DESCONTO DE 5% À VISTA

LOJA B — R$ 580,00 — DESCONTO DE 4% À VISTA

Em qual das lojas o fogão pode ser comprado pelo menor preço?

19 Um terno que custava R$ 170,00 teve um aumento de 13% em seu preço. Qual é o novo preço do terno? _____

20 O preço de um perfume era de R$ 70,00. Sofreu um aumento e passou a custar R$ 87,50.

a) De quanto por cento foi o aumento? _____

b) Após algum tempo, devido à queda nas vendas, foi feita uma promoção e o perfume passou a ter um desconto de 8%.

Determine o novo preço do perfume.

21 Sílvia gastou R$ 24,00 numa papelaria cujos produtos estavam com um desconto de 3%. Qual seria o valor dessa compra sem o desconto?

22 Tiago ganha R$ 20.400,00 ao ano. Supondo que o salário aumente 12% ao ano e ele se mantenha no emprego, qual será o salário anual após dois anos de trabalho? _____

23 A partir de maio de 2001, a quadra de vôlei de praia passou a ter as dimensões impostas pela Federação Internacional de Vôlei (FIVB): 16 m por 8 m. As medidas antigas eram 18 m por 9 m.

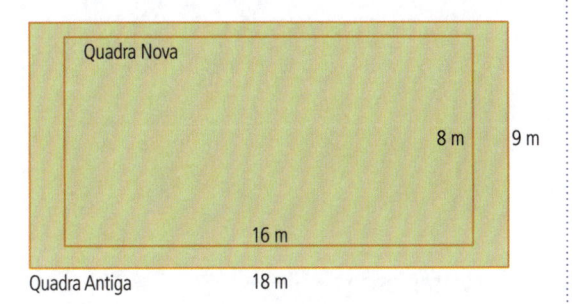

[Quadra Nova: 16 m × 8 m; Quadra Antiga: 18 m × 9 m]

a) Qual é a área da quadra antiga?

b) E da quadra nova?

c) Com essa mudança, qual foi a variação percentual das áreas dessas quadras?

24 Uma loja vende seus produtos de duas maneiras: à vista, com 10% de desconto sobre o preço da etiqueta e à prazo, com 20% de acréscimo sobre o preço da etiqueta. Quanto custará um produto a prazo se à vista ele custa R$ 180,00?

EXPERIMENTOS, JOGOS E DESAFIOS

O desconto do desconto

O preço de um CD era R$ 28,00. Obtive um desconto de 10%. Pechinchei e obtive mais um desconto de 30% sobre o novo preço.

Comprei o mesmo CD com um desconto de 40%.

- Sem fazer contas responda: os dois jovens tiveram descontos, em dinheiro, iguais ou diferentes?

- Agora, faça os cálculos necessários e confira sua resposta.

181

Capítulo 13 — Tabelas e gráficos estatísticos

▶ Tabelas e gráficos

É comum encontrar **gráficos** estatísticos em jornais, revistas etc.
Eles permitem uma leitura mais clara e rápida de dados e informações para facilitar a interpretação de um fenômeno.

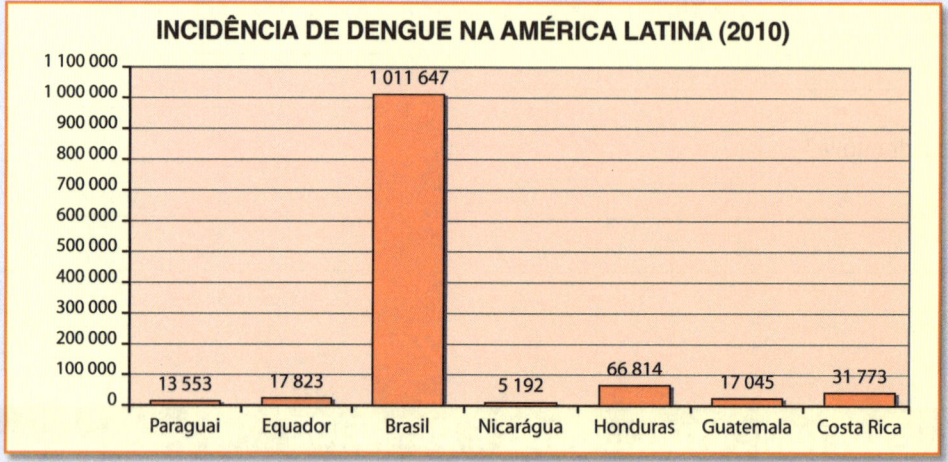

INCIDÊNCIA DE DENGUE NA AMÉRICA LATINA (2010)

País	Casos
Paraguai	13 553
Equador	17 823
Brasil	1 011 647
Nicarágua	5 192
Honduras	66 814
Guatemala	17 045
Costa Rica	31 773

Fonte: Organização Pan-Americana de Saúde (OPAS) Disponível em: <http://ais.paho.org/chi/brochures/2011/BI_2011_ENG.pdf>. Acesso em: 12 jun. 2012.

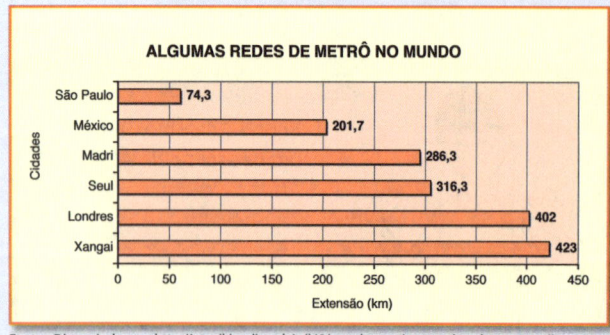

ALGUMAS REDES DE METRÔ NO MUNDO

Cidades	Extensão (km)
São Paulo	74,3
México	201,7
Madri	286,3
Seul	316,3
Londres	402
Xangai	423

Fonte: Disponível em: <http://pt.wikipedia.orh/wiki/Lista_das_maiores_redes_de_metropolitano>. Acesso em: 12 jun. 2012.

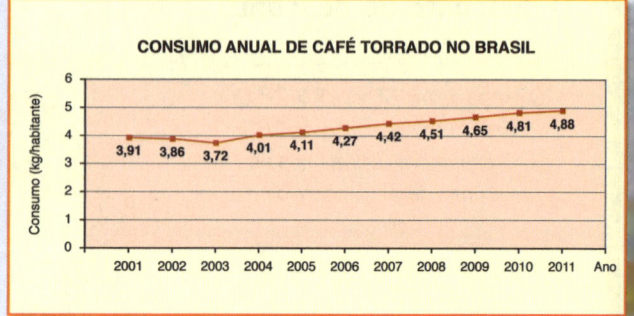

CONSUMO ANUAL DE CAFÉ TORRADO NO BRASIL

Ano	Consumo (kg/habitante)
2001	3,91
2002	3,86
2003	3,72
2004	4,01
2005	4,11
2006	4,27
2007	4,42
2008	4,51
2009	4,65
2010	4,81
2011	4,88

Fonte: Associação Brasileira da Indústria de Café (ABIC). Disponível em: <http://www.abic.com.br/publique/cgi/cgilua.exe/sys/start.htm?sid=61#tabevol2011>. Acesso em: 12 jun. 2012.

Os dados estatísticos também são organizados em **tabelas**.
Esta tabela, por exemplo, mostra as massas referentes a 21 pessoas que frequentam uma academia.

Massa (kg)	64	58	67	66	85
Frequência	4	5	3	8	1

> **Frequência** é o número de vezes que um dado estatístico se repete em uma pesquisa.

VOCÊ SABIA?

A estatística

Estatística é a parte da Matemática que desenvolve métodos para coletar, organizar, analisar e interpretar dados. Esses dados são utilizados na tomada de decisões. A estatística pode ser dividida em descritiva e indutiva.

A estatística descritiva se encarrega da coleta, da organização e da descrição dos dados, enquanto a estatística indutiva cuida da análise e da interpretação desses dados.

Os dados coletados são organizados e apresentados na forma de tabelas e gráficos.

ATIVIDADES

1 Veja os dados da tabela abaixo.

NOTIFICAÇÕES DE DOENÇAS INFECCIOSAS NO BRASIL (2004 A 2009)						
Tipo \ Ano	2004	2005	2006	2007	2008	2009
Cólera	21	5	1	-	-	-
Dengue	72 661	151 550	267 443	501 519	555 978	391 118
Leishmaniose[1]	28 321	26 198	21 630	21 686	20 152	21 770
Malária	454 843	598 462	540 934	450 554	309 794	301 949
Tuberculose	77 682	76 461	72 591	72 144	71 077	73 549

Fonte: Indicadores e Dados Básicos (IDB)/ Ministério da Saúde. Disponível em: <http://tabnet.datasus.gov.br/cgi/idb2010/matriz.htm#morb>. Acesso em: 13 jun. 2012.

a) Quantos casos de dengue foram notificados em 2007?

b) Em que ano ocorreram mais casos de malária?

c) Quantos casos de cólera foram notificados de 2004 a 2009?

d) Qual dessas doenças teve o maior número de casos notificados em 2009?

- Pesquise em livros, jornais, revistas, enciclopédias ou na internet sobre essas doenças e como são transmitidas. A incidência de dengue em 2010 foi muito alta. Pesquise por que isso aconteceu.

2) O gráfico abaixo mostra os recordes dos 100 metros rasos de 1994 a 2009.

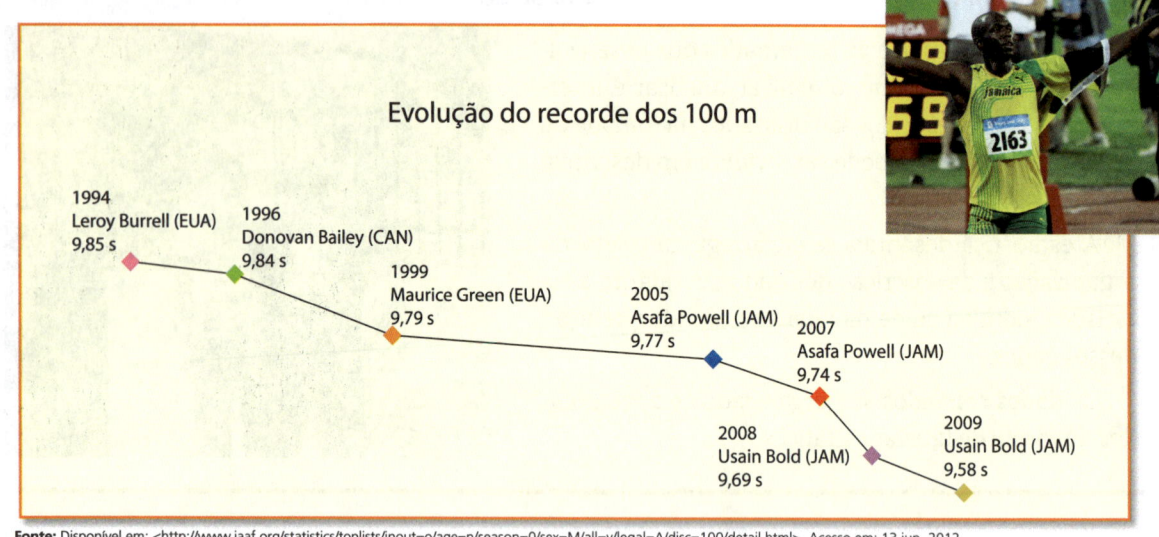

Evolução do recorde dos 100 m

- 1994 Leroy Burrell (EUA) 9,85 s
- 1996 Donovan Bailey (CAN) 9,84 s
- 1999 Maurice Green (EUA) 9,79 s
- 2005 Asafa Powell (JAM) 9,77 s
- 2007 Asafa Powell (JAM) 9,74 s
- 2008 Usain Bold (JAM) 9,69 s
- 2009 Usain Bold (JAM) 9,58 s

Fonte: Disponível em: <http://www.iaaf.org/statistics/toplists/inout=o/age=n/season=0/sex=M/all=y/legal=A/disc=100/detail.html>. Acesso em: 13 jun. 2012.

a) Em 1994, Leroy Burrell correu os 100 metros rasos em quantos segundos? _____

b) Quem foi o recordista dos 100 metros rasos em 2005? _____

c) Qual é a nacionalidade do recordista dos 100 metros rasos em 1996? _____

3) Em 2008 tivemos eleições para prefeitos e vereadores. A tabela a seguir mostra as cinco cidades brasileiras com menos eleitores.

AS CINCO CIDADES BRASILEIRAS COM MENOS ELEITORES	
Cidades	Número de eleitores
Araguainha (MT)	899
Anhanguera (GO)	1021
Borá (SP)	1072
Serra da Saudade (MG)	1096
Miguel Leão (PI)	1200

Fonte: Tribunal Superior Eleitoral, 2008.

a) Qual destas cidades tem o menor colégio eleitoral? _____

b) Em qual estado brasileiro se localiza Miguel Leão e qual era o seu colégio eleitoral em 2008? _____

c) Qual é o total de votantes dessas cinco cidades? _____

4) O gráfico abaixo refere-se ao Exame Nacional do Ensino Médio (ENEM), no período de 2003 a 2010, cujo objetivo principal foi avaliar o sistema educacional brasileiro. Observe este gráfico e responda.

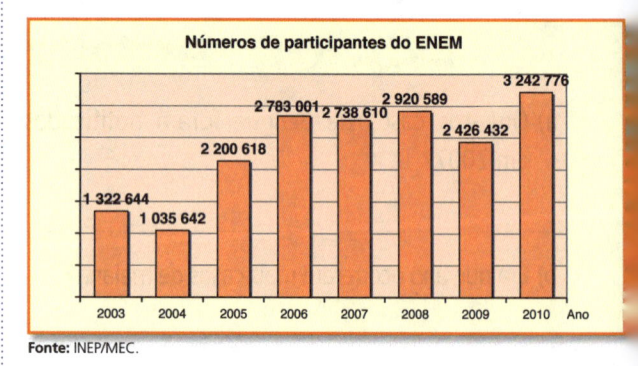

Números de participantes do ENEM

- 2003: 1 322 644
- 2004: 1 035 642
- 2005: 2 200 618
- 2006: 2 783 001
- 2007: 2 738 610
- 2008: 2 920 589
- 2009: 2 426 432
- 2010: 3 242 776

Fonte: INEP/MEC.

a) Quantos alunos participaram do ENEM em 2010? _____

b) De 2004 a 2006, o número de participantes aumentou ou diminuiu? _____

c) Em que ano houve o menor número de participantes? _____

d) Quantos alunos participaram do ENEM de 2003 a 2010? _____

Gráficos de barras e colunas com números negativos

A tabela mostra dados sobre lucros e prejuízos de uma fábrica de sapatos, em cada mês do primeiro semestre de 2012.

MÊS	Jan	Fev	Mar	Abr	Mai	Jun
LUCRO (MILHARES DE REAIS)	18	–20	–15	0	13	17

Podemos representar esses dados por meio de um **gráfico de barras ou de colunas** simples. Para tanto, devemos:

- Determinar o título do gráfico e a fonte dos dados:
  Título: Lucros do 1º semestre de 2012
  Fonte: Setor financeiro da empresa

- Identificar os fenômenos envolvidos na pesquisa: meses e lucro da empresa.

- Construir o gráfico de acordo com os dados.

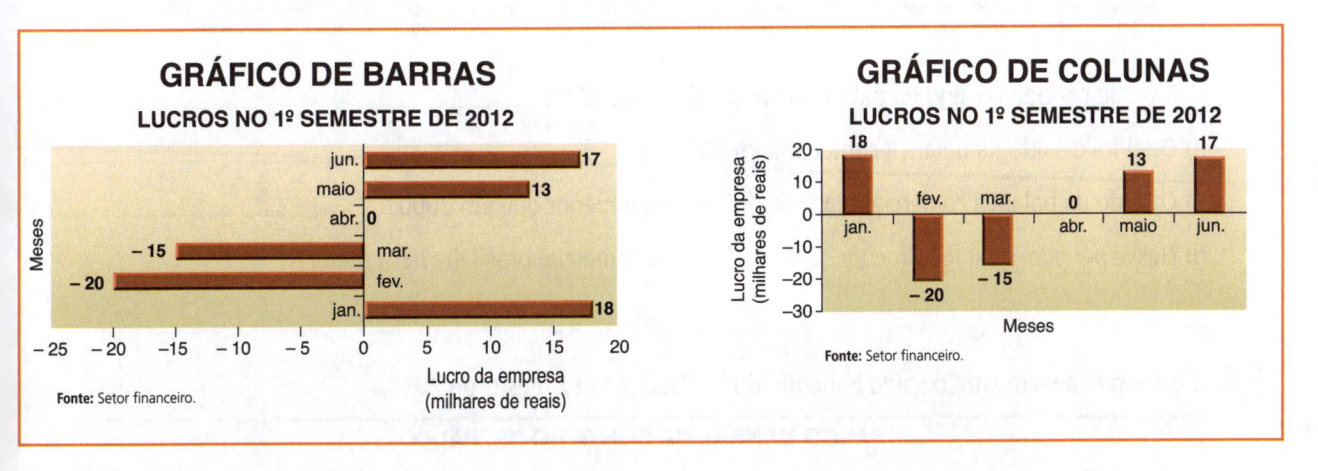

GRÁFICO DE BARRAS
LUCROS NO 1º SEMESTRE DE 2012

Fonte: Setor financeiro.

GRÁFICO DE COLUNAS
LUCROS NO 1º SEMESTRE DE 2012

Fonte: Setor financeiro.

Observe que no gráfico de barras os valores negativos são representados à esquerda do eixo vertical, e no gráfico de colunas, abaixo do eixo horizontal.

Analisando os gráficos, podemos notar que:

- nos meses de janeiro, maio e junho, a empresa teve lucro;

- nos meses de fevereiro e março, a empresa teve prejuízo;

- no mês de abril, a empresa apresentou lucro zero;

- no primeiro semestre de 2012, a empresa teve um lucro calculado assim:
  18 + (– 20) + (– 15) + 0 + 13 + 17 = 18 – 20 – 15 + 13 + 17 = 13
  A empresa teve um lucro de R$ 13.000,00.

ATIVIDADES

5 O gráfico abaixo mostra o saldo da balança comercial brasileira no período de 1999 a 2011. Observe e responda.

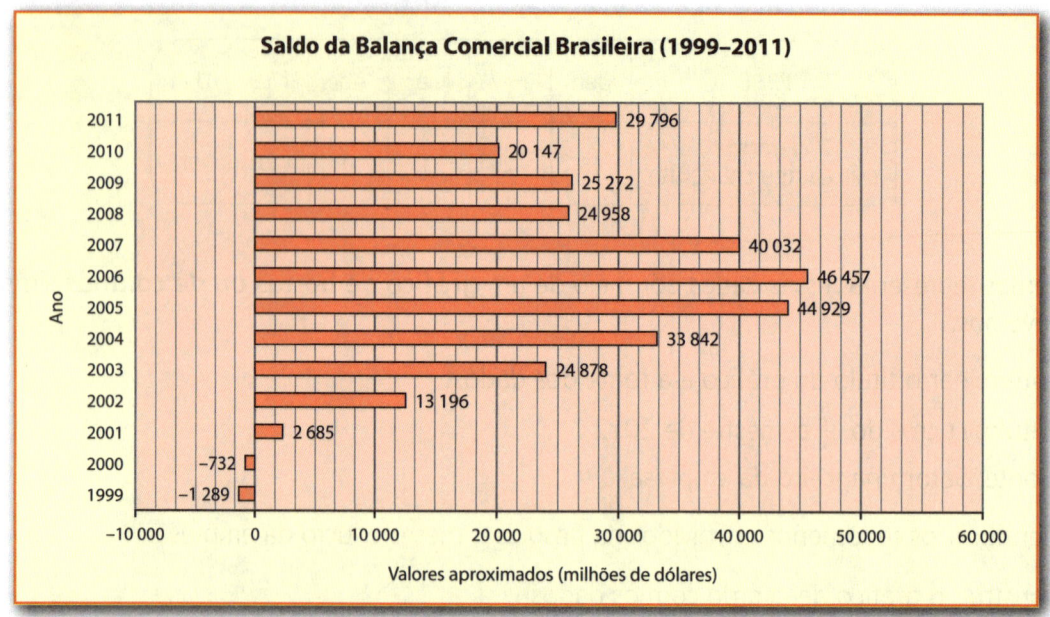

Saldo da Balança Comercial Brasileira (1999–2011)

Ano	Valor (milhões de dólares)
2011	29 796
2010	20 147
2009	25 272
2008	24 958
2007	40 032
2006	46 457
2005	44 929
2004	33 842
2003	24 878
2002	13 196
2001	2 685
2000	−732
1999	−1 289

Valores aproximados (milhões de dólares)

Fonte: Ministério do Desenvolvimento, Indústria e Comércio Exterior. Balança Comercial e Corrente de Comércio: Acumulado (Série Histórica: 1992 a 2011). Disponível em: <http://www.desenvolvimento.gov.br/sitio/interna/interna.php?area=5&menu=3368&refr=1161>. Acesso em: 13 jun. 2012.

a) Em que período o saldo da balança comercial foi negativo? _____

b) Qual foi o saldo da balança comercial em 2000? _____

c) O saldo da balança comercial em 1999 foi maior ou menor que em 2000? _____

d) Nesse período, qual foi o menor saldo da balança comercial brasileira? E o maior?
_____

6 O gráfico abaixo mostra o saldo bancário do Sr. Paulo nos 12 meses de 2012.

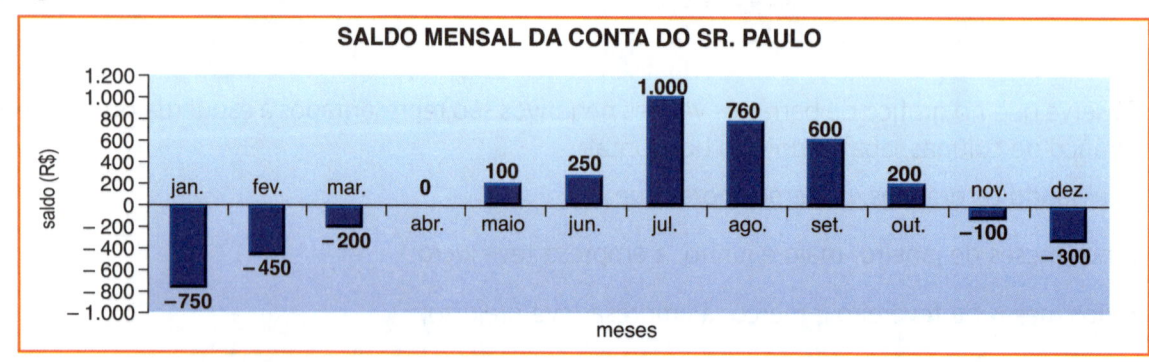

SALDO MENSAL DA CONTA DO SR. PAULO

Mês	saldo (R$)
jan.	−750
fev.	−450
mar.	−200
abr.	0
maio	100
jun.	250
jul.	1.000
ago.	760
set.	600
out.	200
nov.	−100
dez.	−300

a) Em quais meses o Sr. Paulo estava com um saldo devedor? _____

b) Em quais meses ele estava com um saldo positivo? _____

c) Em qual mês o saldo dele não era positivo nem negativo? _____

d) Qual foi o saldo anual do Sr. Paulo? _____

7 Em uma certa região, durante uma semana, a temperatura ambiente foi medida sempre num mesmo horário.

Dia da semana	Dom	Seg	Ter	Qua	Qui	Sex	Sáb
Temperatura (°C)	4	7	2	–1	3	–2	7

Represente esses dados de temperaturas por meio de um gráfico de barras e por meio de um gráfico de colunas.

Gráficos de linhas simples com números inteiros

Um **gráfico de linhas** normalmente é usado quando queremos analisar a variação de um acontecimento durante um certo período de tempo.

O gráfico abaixo mostra o saldo migratório de chilenos na Argentina no período de 1982 a 1990.

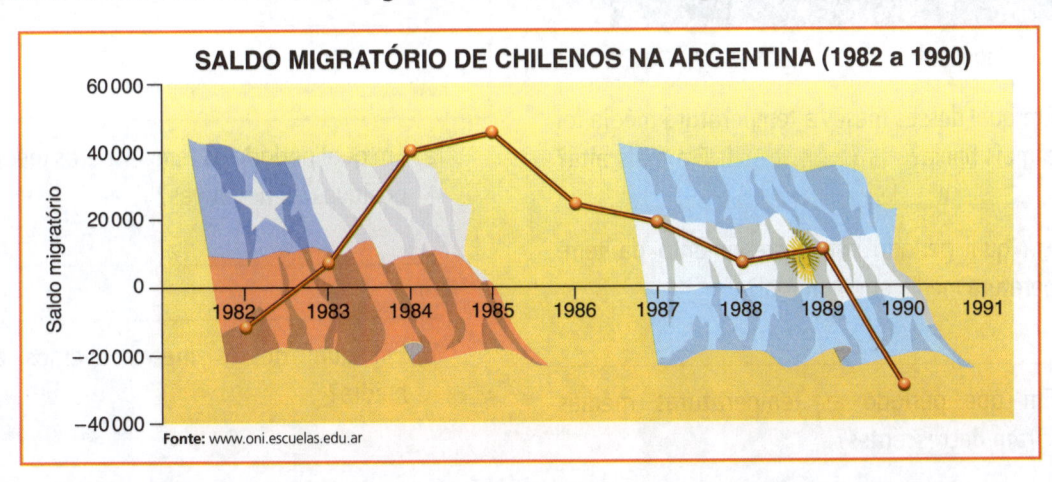

SALDO MIGRATÓRIO DE CHILENOS NA ARGENTINA (1982 a 1990)

Fonte: www.oni.escuelas.edu.ar

Saldo migratório de chilenos na Argentina é a diferença entre o número de chilenos que entram na Argentina para morar e o número que retornam ao Chile anualmente.

No gráfico, pode-se visualizar que em dois desses anos, 1982 e 1990, o saldo migratório foi negativo, isto é: saíram mais chilenos do que entraram na Argentina.

Visualiza-se também que, a partir de 1983, começa uma onda crescente de migração de chilenos, com pico em 1985. Desde esse ano até 1988 houve diminuição no saldo de imigrantes chilenos para a Argentina; de 1988 a 1989 houve crescimento migratório bem pequeno e de 1989 a 1990 voltou a ocorrer um decréscimo.

ATIVIDADES

8 O gráfico abaixo mostra as temperaturas médias em Montreal (Canadá) nos meses de novembro e dezembro de 2011, e janeiro, fevereiro e março de 2012. Observe os dados:

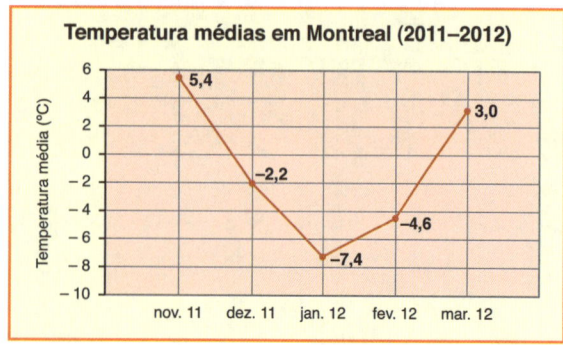

Temperatura médias em Montreal (2011–2012)

- nov. 11: 5,4
- dez. 11: −2,2
- jan. 12: −7,4
- fev. 12: −4,6
- mar. 12: 3,0

Fonte: AccuWeather. Disponível em: <http://www.accuweather.com/pt/ca/montreal/h2y/month/56186?monyr=3/01/2012>. Acesso em: 14 jun. 2012.

Cidade de Montreal.

a) Em qual desses meses a temperatura média foi a mais baixa? _____ E a mais alta? _____

b) Em qual período houve crescimento da temperatura média em Montreal?
_____

c) Em que período as temperaturas médias foram decrescentes?
_____

d) Qual foi a menor temperatura média entre novembro de 2004 e março de 2005? Em que mês ocorreu?
_____
_____

e) Qual é a média dessas temperaturas médias?
_____
_____

9 Este gráfico mostra a média das temperaturas mínimas no verão de 2011-2012 numa certa região.

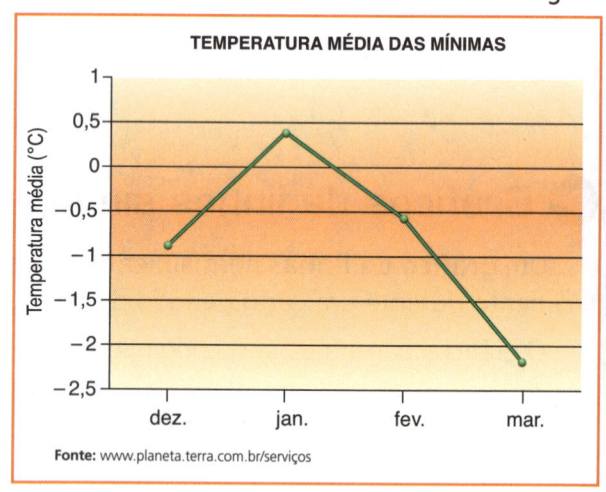

TEMPERATURA MÉDIA DAS MÍNIMAS

- dez.: −1
- jan.: 0,4
- fev.: −0,6
- mar.: −2,3

Fonte: www.planeta.terra.com.br/serviços

a) Em qual período as temperaturas médias foram positivas? E negativas?
_____
_____

b) Em qual desses meses tivemos a menor média?
_____
_____

188

Capítulo 4

CÁLCULO DE ÁREAS

▶ O que é área?

Nas duas atividades a seguir, vamos encontrar a **área** de uma superfície, adotando como unidade de medida uma outra superfície.

ATIVIDADE 1

Ao montarmos o quadrado verde abaixo, percebemos que são necessários 16 triângulos pequenos (TP) para recobri-lo. Portanto, podemos dizer que a área desse quadrado é igual a 16 TP.

Área = 16 TP.

ATIVIDADE 2

Para calcular a área do quadrado azul, que tem a mesma superfície do quadrado verde, adotamos o triângulo médio (TM) como unidade de medida. Nesse quadrado "cabem" 8 TM. Portanto, sua área é 8 TM.

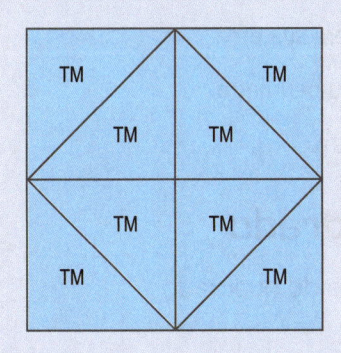

Área = 8 TM.

Observe que para a mesma superfície, dependendo da unidade de medida, podemos encontrar valores diferentes de área.

> Chamamos de **área** a medida de uma superfície.

189

ATIVIDADES

1 Encontre a área das figuras adotando o quadradinho da malha como unidade de medida.

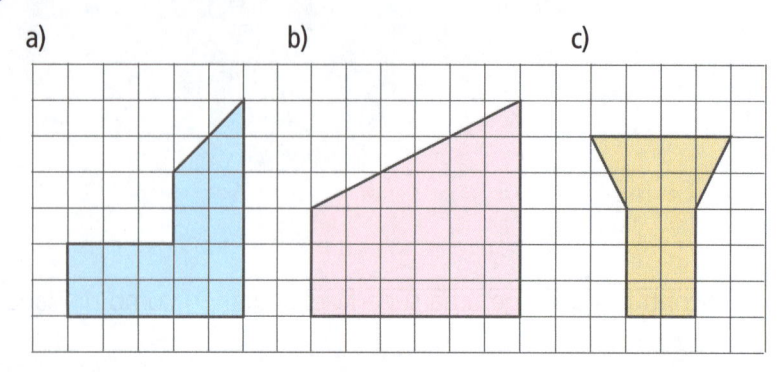

a)　　　　　　b)　　　　　　c)

2 Adotando o triângulo da malha como unidade de medida, determine a área das figuras.

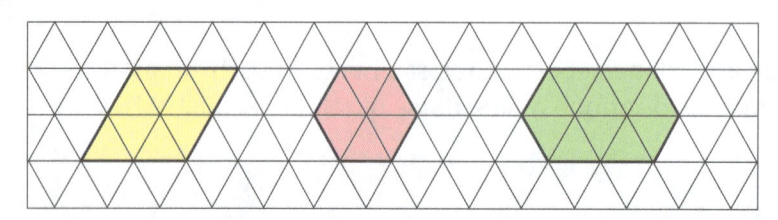

3 Determine o perímetro e a área de cada figura. Depois, identifique a sentença verdadeira.

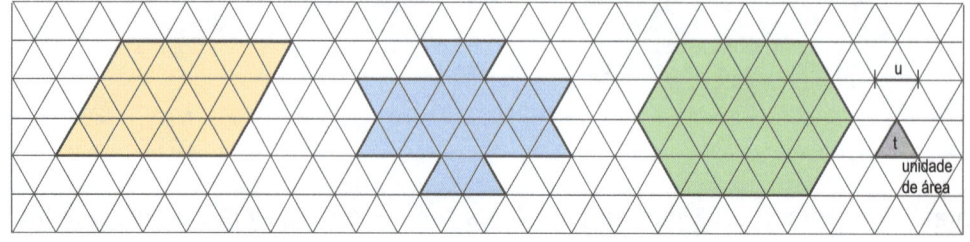

a) Quanto maior o perímetro de uma figura, maior será sua área.

b) Quanto maior a área de uma figura, maior será seu perímetro.

c) A área de uma figura não depende de seu perímetro.

> O perímetro é a soma das medidas dos lados.

▶ Área do retângulo e do quadrado

Vamos rever como calcular a área do retângulo e do quadrado.

Área do retângulo

Observe, na figura, a parede divisória de madeira construída na sala. Nela, estão assentadas chapas de madeira com área de 1 m². A parede é retangular e tem 5 m de comprimento por 3 m de altura.

Uma forma de calcular a área, em metros quadrados, desta parede é determinar quantas chapas são necessárias para cobri-la.

De acordo com a figura, são 3 fileiras de 5 chapas, ou seja, 15 chapas (3 × 5).

Como cada chapa tem 1 m² de área, a área da parede é de 15 m².

Indicando a medida da base de um retângulo por **b** e a medida da altura por **h**, temos:

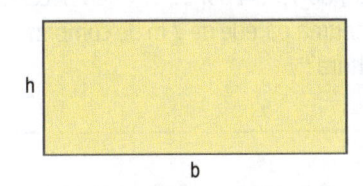

A área do retângulo é dada por:

$A = b \cdot h$

Área do quadrado

Observe, este quadrado que tem 4 cm de lado. Quantos quadradinhos com 1cm² de área cabem nele?

A primeira fila de quadradinhos tem 4 cm². As quatro filas têm (4 · 4) cm², ou seja, 16 cm². Indicando a medida do lado de um quadrado por x, temos:

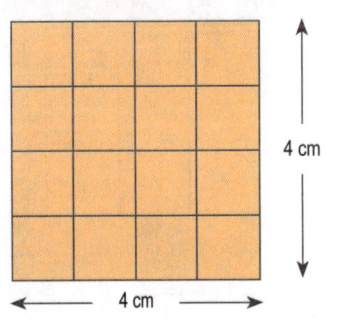

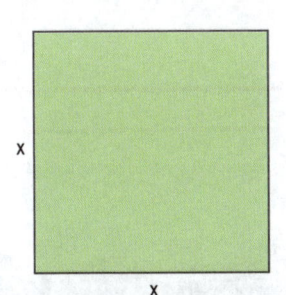

A área é dada por:

$A = x \cdot x$ ou $A = x^2$

ATIVIDADES

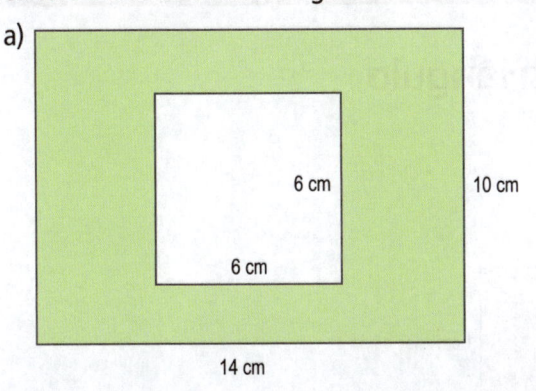

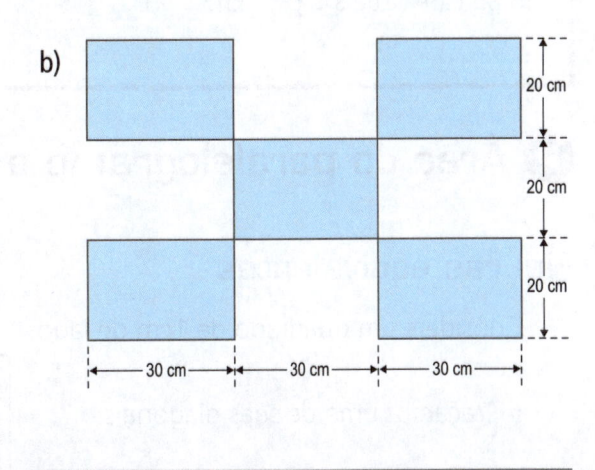

4 Calcule a área colorida das figuras.

a) 14 cm × 10 cm com quadrado interno de 6 cm × 6 cm

b) Figuras azuis com medidas de 20 cm e 30 cm

191

5 Determine a área das figuras. Para isso, decomponha as figuras em retângulos e quadrados. As medidas estão em centímetros.

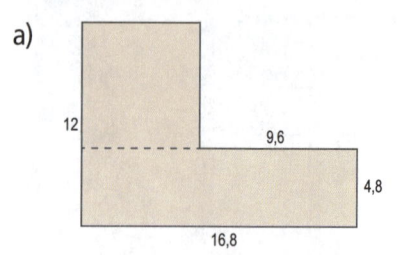

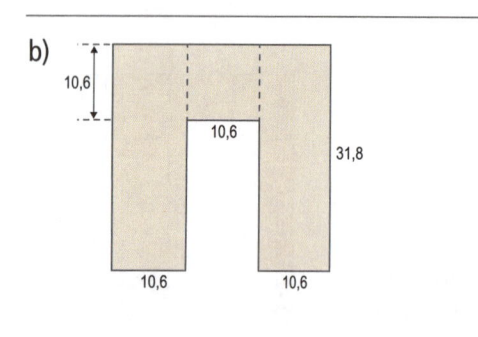

a)

(figura com medidas: 12, 9,6, 4,8, 16,8)

b)

(figura com medidas: 10,6; 10,6; 31,8; 10,6; 10,6)

6 Um retângulo de 18 m de base tem 270 m² de área. Qual é a medida de sua altura?

7 Quantos azulejos, de 15 cm por 25 cm, são necessários para azulejar uma parede de 7 m de comprimento por 3 m de altura?

Lembre que:
1 m = 100 cm

VOCÊ SABIA?   A área de alguns países

O país com o território mais extenso do mundo é a Rússia. Sua área é de 17 075 400 km².

O país com menor extensão territorial é o Vaticano, com uma área de 0,44 km². O Vaticano é a sede da Igreja Católica e a residência oficial do Papa.

O Brasil é o quinto país mais extenso do mundo. Sua área é de 8 514 876 km².

Praça de São Pedro, no Vaticano.

Área do paralelogramo e do triângulo

Figuras equivalentes

Considere um quadrado de 1 cm de lado.

- Traçamos uma de suas diagonais.

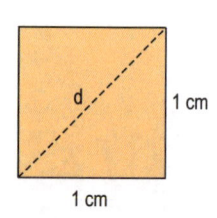

(quadrado com diagonal d, lados de 1 cm)

- Recortamos o quadrado na linha que representa a diagonal, decompondo-o em duas peças triangulares.

- Com essas peças pode-se compor, por exemplo, um triângulo e um paralelogramo.

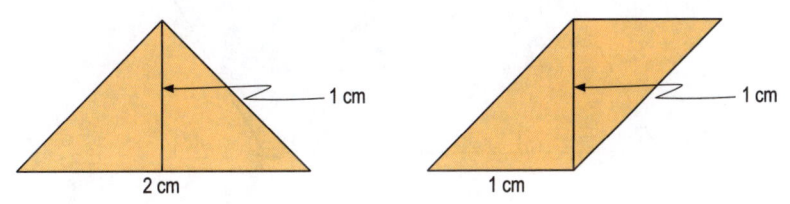

A duas figuras são formadas pelas mesmas peças (as duas peças triângulares). Logo, elas têm a mesma área. Essas **figuras** são **equivalentes**.

> Duas **figuras** são **equivalentes** se, e somente se, têm a mesma área, quaisquer que sejam suas formas.

A seguir, usaremos o conceito de figuras equivalentes para calcular a área do paralelogramo, do triângulo, do trapézio e do losango.

Área do paralelogramo

O paralelogramo é o quadrilátero que tem os lados paralelos dois a dois.

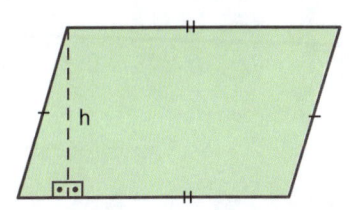

Traçamos a altura do paralelogramo.

Recortamos o paralelogramo na linha que representa a altura, decompondo-o em duas partes.

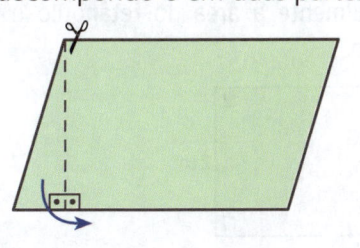

Deslocamos o triângulo recortado para o outro lado.

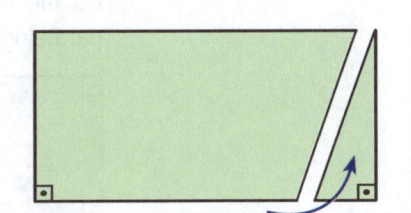

Com essas partes formamos um retângulo.

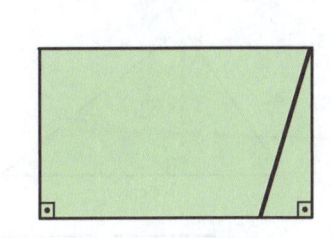

Como o paralelogramo e o retângulo são formados pelas mesmas peças, eles são figuras equivalentes.

Logo, a **área do paralelogramo** é igual à área do retângulo: $A = b \cdot h$

Área do triângulo

Recortamos um paralelogramo na diagonal, como indicado. Obtemos dois triângulos de base b e altura h.

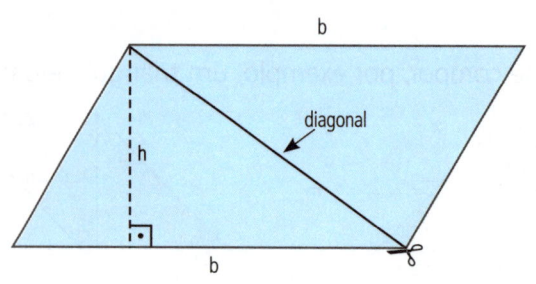

Sobrepomos os dois triângulos de modo que seus vértices coincidam dois a dois.

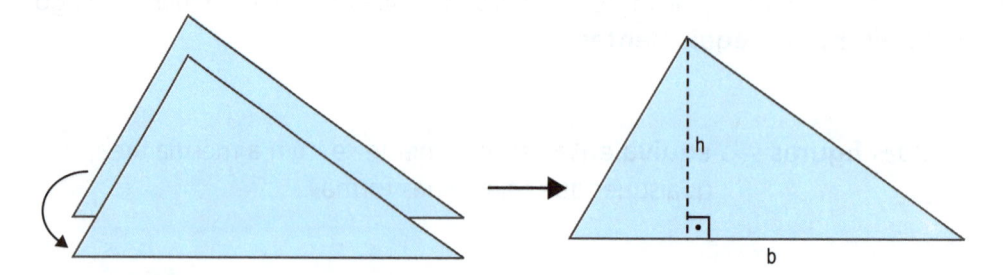

- Os dois triângulos têm a mesma área. Logo, a área de um dos triângulos é metade da área do paralelogramo.
- Para calcular a área de um triângulo de base b e altura h pode-se usar esta fórmula:

$$A = \frac{b \cdot h}{2}$$

ATIVIDADES

8 Calcule a área do triângulo e do paralelogramo.

a) 2 cm / 4 cm

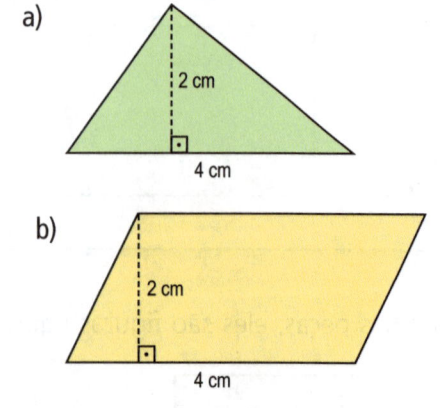

b) 2 cm / 4 cm

9 Observando as medidas indicadas nas figuras, calcule mentalmente a área do retângulo e do paralelogramo.

2 cm / 4 cm

2 cm / 2,5 cm

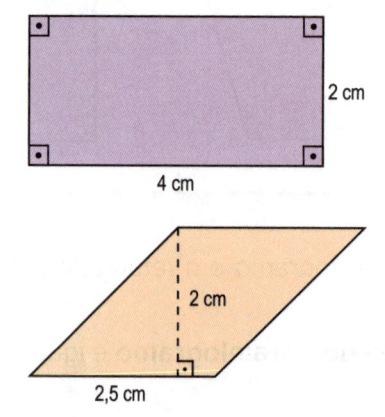

10 O paralelogramo ABCD tem 120 m² de área. Calcule a área do triângulo ABC.

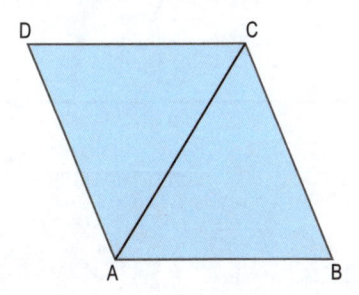

11 Calcule a área de cada figura: o paralelogramo, o triângulo e o trapézio.

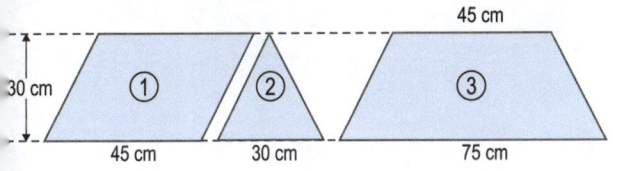

_____

_____

12 Calcule a área de cada triângulo. Considere que cada lado do quadradinho mede 5 cm.

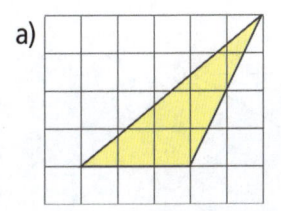

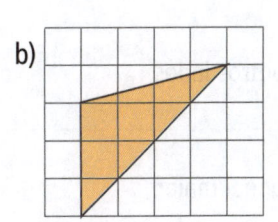

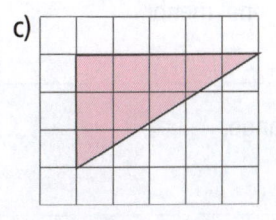

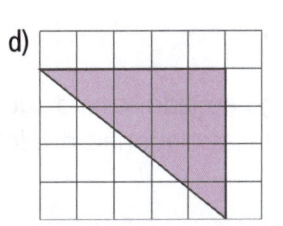

a)

b)

c)

d)

_____

_____

_____

_____

_____

_____

_____

13 Calcule a área de um paralelogramo com 54 cm de altura e com base igual a $\frac{3}{2}$ da altura.

14 Veja como podemos calcular a medida da altura deste triângulo sabendo que sua área mede 50 cm² e a base, 12,5 cm.

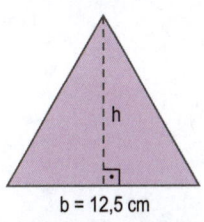

b = 12,5 cm

$12{,}5 \cdot h = 100$

$h = \dfrac{100}{12{,}5}$ \qquad $h = 8$

A altura do triângulo mede 8 cm.

Agora é com você: a área de um triângulo é 18 m². A base mede 6 m. Qual é a medida da altura?

_____

_____

_____

_____

195

Área do losango

Considere o losango ao lado, cuja diagonal maior mede D e diagonal menor mede d. Essas diagonais dividem o losango em 4 triângulos iguais.

Com esses triângulos e mais 4 triângulos iguais a eles podemos compor um retângulo cuja base mede D e altura d.

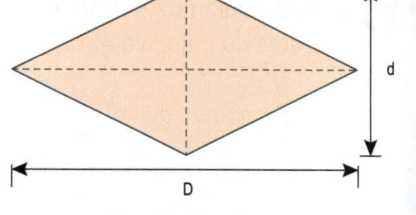

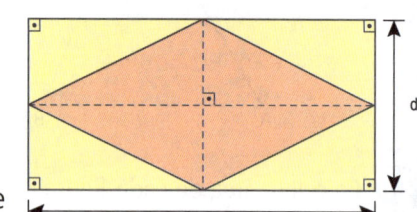

Note que:

- a área do retângulo é dada por $A_\square = D \cdot d$
- a área do losango é metade da área desse retângulo.

De modo geral, a **área de um losango** de diagonal maior **D** e diagonal menor **d** é dada por:

$$A = \frac{D \cdot d}{2}$$

ATIVIDADES

15 Calcule a área do losango:

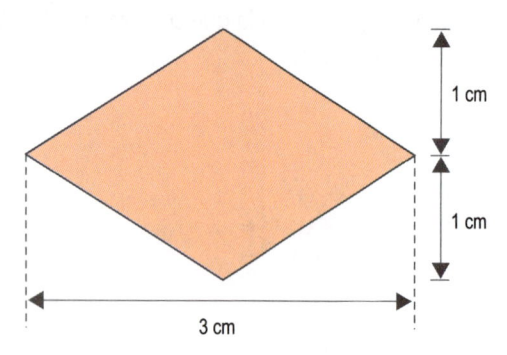

16 Calcule a área do losango ABCD, sabendo que o triângulo ABC tem 24 cm² de área.

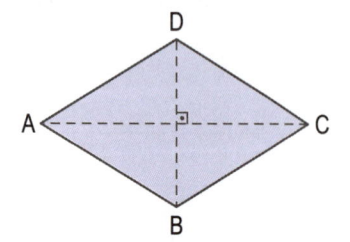

17 A figura mostra um losango com essas medidas: CD = 5cm, AC = 8 cm e BD = 6 cm.

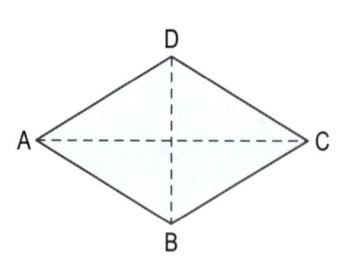

Determine:

a) as medidas dos outros lados.

b) a medida da diagonal maior.

c) a medida da diagonal menor.

d) a área desse losango.

18 Considere o losango A, B, C, D:

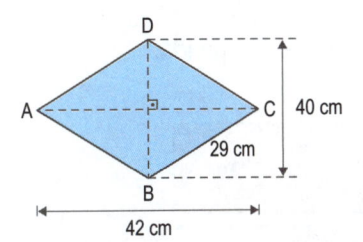

a) Quais são as medidas dos lados $\overline{AB}$, $\overline{AD}$ e $\overline{CD}$?

_____

b) Quais são as medidas de suas diagonais?

_____

c) Qual é a sua área? _____

_____

19 Calcule a área de um losango cujas diagonais medem 2,4 cm e 3,75 cm. _____

_____

20 Sabendo que a área deste losango é 81 cm², determine a medida da diagonal menor.

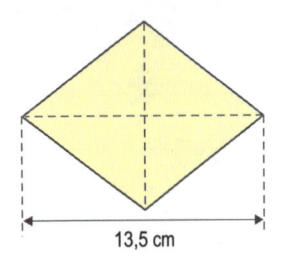

_____

_____

Área do trapézio

Ao final desta atividade você irá encontrar uma fórmula para calcular a **área do trapézio**.

Considere o trapézio ao lado.

Com dois desses trapézios, formamos um paralelogramo.

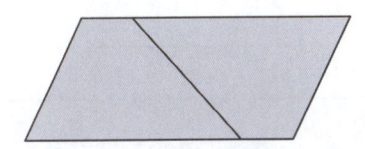

A expressão que representa a medida da base desse paralelogramo é B + b.

A altura desse paralelogramo é representada pela letra h.

A área desse paralelogramo é dada por (B + b) · h.

Como esse paralelogramo é formado por dois trapézios congruentes, sua área é o dobro da área do trapézio.

Logo, a área do trapézio é metade da área do paralelogramo.

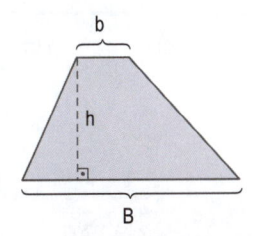

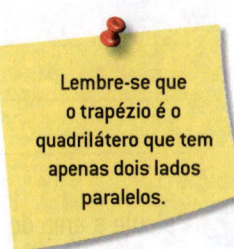

Lembre-se que o trapézio é o quadrilátero que tem apenas dois lados paralelos.

A área de um trapézio é dada por: $A = \dfrac{(B + b)h}{2}$

197

ATIVIDADES

21 Calcule a área dos trapézios:

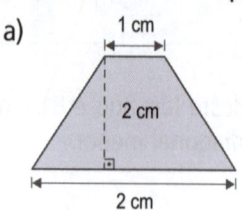

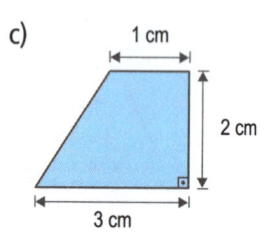

a) (1 cm base menor, 2 cm altura, 2 cm base maior)

b) (2 cm base menor, 1 cm altura, 4 cm base maior)

c) (1 cm base menor, 2 cm altura, 3 cm base maior)

22 Calcule a área de um trapézio com 4 cm de altura e com bases de 7 cm e 5 cm.

23 Observe esta figura e responda:

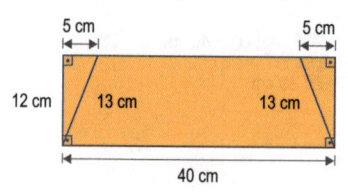

(Retângulo com base 40 cm, altura 12 cm; triângulos nos cantos com base 5 cm e hipotenusa 13 cm)

a) Qual é a área de cada triângulo?

b) Qual é a medida da base menor do trapézio?

c) Qual é a área do trapézio?

24 A área de um trapézio é 36 cm² e a soma das medidas de suas bases é 4,8 cm. Determine a altura desse trapézio.

25 Uma das bases de um trapézio tem 3 cm a mais que a outra. Sabendo que a área é 126 cm² e a altura é 12 cm, determine as medidas dessas bases.

EXPERIMENTOS, JOGOS E DESAFIOS

Como dividir a chácara

Seu Nonato mora numa chácara. Seus quatro filhos sugeriram que ele criasse peixes no local. Seu Nonato não concordou:

— Eu não! Já não tenho idade para começar uma nova atividade! Se vocês quiserem, eu fico com a quarta parte da chácara, desde que a casa esteja incluída nessa fração de terra. O restante divido em quatro lotes de mesma área e mesmo perímetro. Cada lote terá acesso à linha de energia elétrica. Mandarei construir um tanque para peixes em cada lote. Se vocês conseguirem fazer a divisão dos lotes conforme o combinado, podem começar a cercar o terreno.

Seu Nonato deixou seus filhos pensando e foi para sua cadeira de balanço esperar o resultado.
Como você dividiria o terreno para os quatro filhos?

ATIVIDADES COMPLEMENTARES

▶ Capítulo 1 – Potenciação e radiciação

1 Calcule as potências:

a) 7^2 _____

b) 8^3 _____

c) 4^2 _____

d) 675^0 _____

e) 135^1 _____

f) 13^0 _____

2 Resolva as expressões:

a) $4 + 3^0$ _____

b) $3^2 - 2^2$ _____

c) $5 - 5^1$ _____

d) 5×5^0 _____

3 Qual destes números devemos adicionar à expressão $3^0 + 3^1 + 3^2$ para obter um número quadrado perfeito?

a) 0

b) 1

c) 2

d) 3

e) 4

4 Compare os números de cada par usando um dos sinais: >, < ou =.

a) 12^0 _____ 1^{12}

b) $3^{(2^3)}$ _____ $(3^2)^3$

c) 5^8 _____ $(5^2)^5$

d) 4^5 _____ 256

5 Aplique as propriedades da potenciação e reduza a uma só potência:

a) $5^5 \times 5^2 \times 5$ _____

b) $6^5 \div 6^3$ _____

c) $11^2 \times 11^4$ _____

d) $[(5^2)^3 \times 5^6] \div 5^3$ _____

e) $4^{12} \div 4^5$ _____

6 Qual destas sentenças é verdadeira?

a) $(5 + 3)^2 = 5^2 + 3^2$

b) $(5 - 3)^2 = 5^2 - 3^2$

c) $(5 \times 3)^2 = 5^2 \times 3^2$

d) $(5 \div 3)^2 = 5^2 \times 3^2$

7 Se $a^6 = 64$ e $a^9 = 512$, calcule:

a) a^3 _____

b) a^{15} _____

c) a^{12} _____

8 O valor de $2^3 + 16^2$ é:

a) 264

b) 1056

c) 336

d) 2568

9 O valor de $\dfrac{4 \times 3^2}{2 - 2001^0}$ é:

a) 3   c) 36

b) 6   d) 63

10 Sabendo que $3^{11} = 177147$, o valor de 3^{10} é:

a) 59 039

b) 59 049

c) 59 059

d) 59 069

e) 59 079

11 Sendo $a^3 = 27$ e $a^5 = 243$, o valor de $a^6 - a^2$ é:

a) 716   d) 719

b) 717   e) 720

c) 718

12 Observe a figura abaixo.

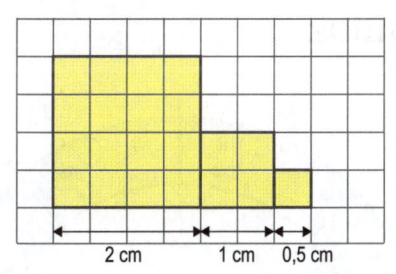

2 cm   1 cm   0,5 cm

a) Indique a área da figura por meio de uma expressão numérica.

_____

b) Calcule a área.

_____

13 Pedro está ladrilhando uma cozinha cujo piso tem forma quadrada. Ele vai usar 729 ladrilhos quadrados. Quantos ladrilhos colocará em cada lado do piso da cozinha?

14 Qual é o número que multiplicado por ele mesmo dá 900?

15 O valor de $\sqrt[3]{5832}$ é:

a) 16

b) 17

c) 18

d) 19

e) 20

16 O valor da expressão $3^2 + 1^{100}$ é:

a) 10

b) 9

c) 8

d) 109

e) 100

▶ Capítulo 2 – Medindo o tempo

1 Responda:

a) Quantos minutos correspondem a $\frac{3}{4}$ de hora?

_____

_____

b) Quantos minutos correspondem a 0,5 hora?

_____

_____

c) Quantas horas e quantos minutos correspondem a 1,5 hora?

_____

2 Um campeonato de futebol foi disputado em 84 dias. Esse tempo corresponde a:

a) 10 semanas

b) 11 semanas

c) 12 semanas

d) 13 semanas

e) 14 semanas

3 0,75h corresponde a quantos minutos?

a) 40min   d) 55min

b) 45min   e) 60min

c) 50min

4 Os *sets* de um jogo de vôlei tiveram as seguintes durações: primeiro *set* 46min, segundo *set* 51min30s e terceiro *set* 49min45s.

O jogo todo durou:

a) 2h47min15s

b) 2h27min75s

c) 2h27min15s

d) 2h47min75s

e) 2h15s

5 Uma emissora de televisão transmite, diariamente, menos aos domingos, 42 minutos de noticiário.

Quantas horas e quantos minutos essa emissora dedica por semana ao noticiário?

_____

_____

_____

_____

6 342 minutos correspondem a:

a) 5h   d) 5h42min

b) 5,4h   e) 5h8min

c) 5,42h

▶ Capítulo 3 – Trabalhando com ângulos

1 Nestas composições, quais são as medidas dos ângulos?

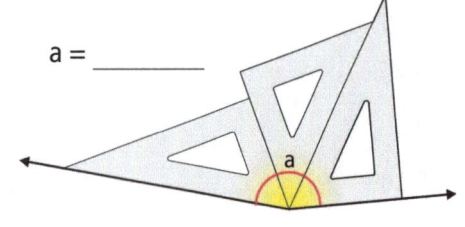

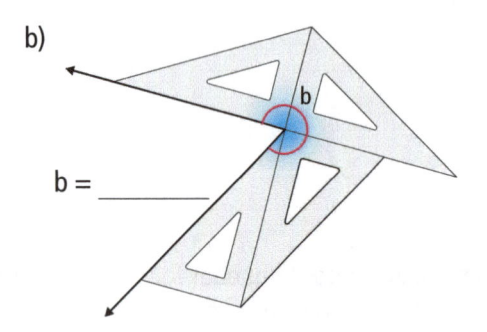

a) a = _____

b) b = _____

_____

2 Quanto mede o ângulo assinalado sobre os transferidores?

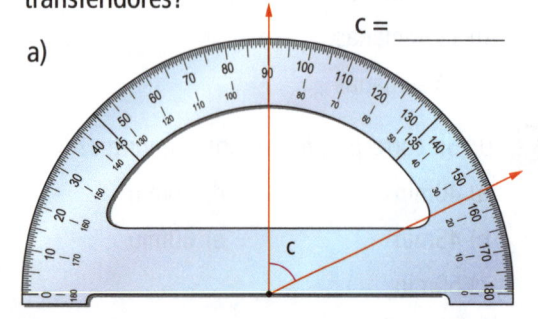

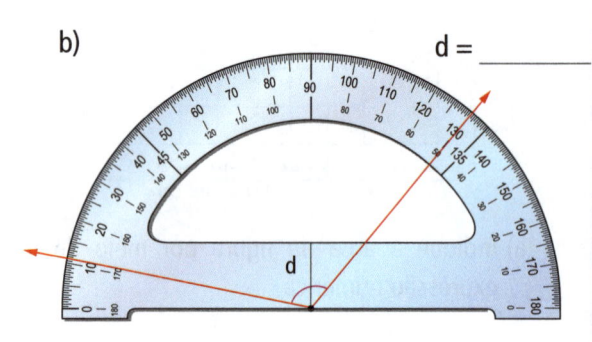

a) c = _____

b) d = _____

3 Com esquadros, construa um ângulo de 150° e um outro de 330°.

4 Com o auxílio do transferidor, desenhe um ângulo cuja medida seja o triplo da medida deste ângulo.

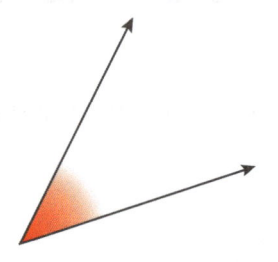

5 Identifique os pares de ângulos congruentes:

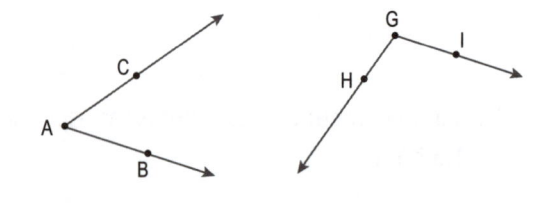

202

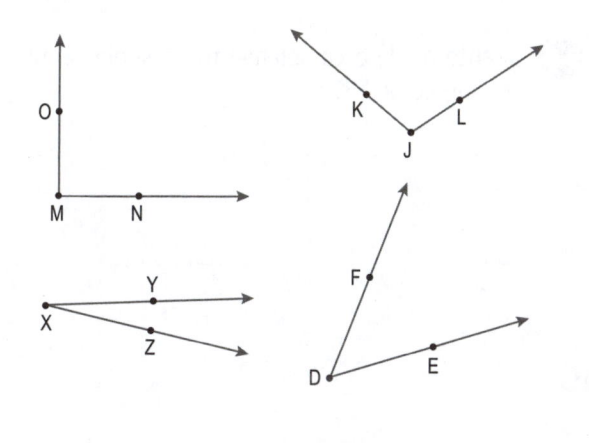

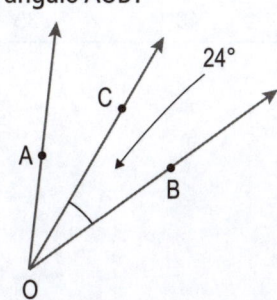

10 Nesta figura, $\vec{OP}$ é a bissetriz de $B\hat{O}D$. Qual é a medida do ângulo $D\hat{O}E$?

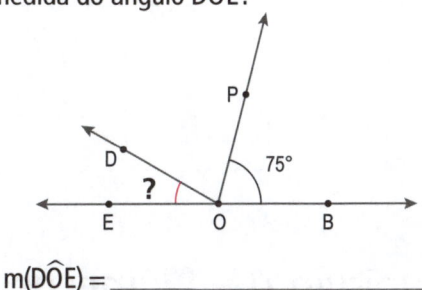

m(DÔE) = _____

11 Construa dois ângulos adjacentes complementares e trace suas bissetrizes. Qual é a medida do ângulo formado entre essas bissetrizes?

12 Diga se as afirmações são verdadeiras (V) ou falsas (F).

( ) A bissetriz de um ângulo agudo sempre determina dois ângulos agudos.

( ) A bissetriz de um ângulo obtuso sempre divide o ângulo dado em dois ângulos obtusos.

( ) Ao traçarmos a bissetriz de um ângulo reto, cada ângulo obtido mede 45°.

( ) Ao traçarmos a bissetriz de um ângulo raso, cada ângulo obtido mede 90°.

13 Sabendo que m($A\hat{B}C$) = 10° e que $\vec{BD}$ é a bissetriz desse ângulo, qual é a medida de $A\hat{B}D$?

14 Os ângulos destacados são:

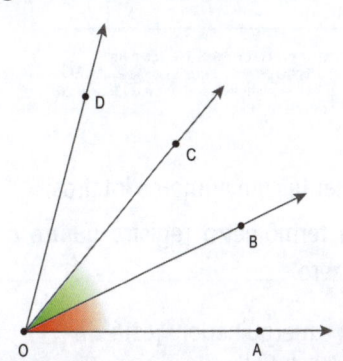

a) adjacentes   c) suplementares
b) opostos pelo vértice d) complementares

6 Qual das medidas é a maior?
a) 17° ou 2 750′

b) 28′ ou 1 650″

7 Sabendo que m($A\hat{B}C$) = 37°, m($C\hat{B}D$) = 75° e que $A\hat{B}C$ e $C\hat{B}D$ são ângulos adjacentes, calcule a medida do ângulo $A\hat{B}D$.

8 Qual é o valor do ângulo $D\hat{B}C$? _____

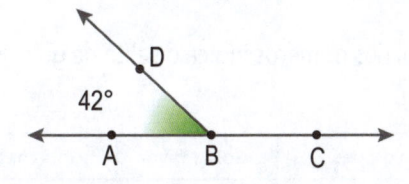

9 Sabendo que $\vec{OC}$ é a bissetriz de $A\hat{O}B$, qual é o valor do ângulo $A\hat{O}B$?

203

15 Qual é a medida do complemento de um ângulo de 34°?

_____
_____

16 Quanto mede o complemento do suplemento de um ângulo de 157°?

_____
_____

▶ Capítulo 4 – Números inteiros

1 Indique com o sinal + ou com o sinal – se o saldo de gols das equipes participantes do Campeonato Paulista de Futebol foi positivo, negativo ou igual a zero.

| Copa Paulista 2011 – 1ª Fase ||||
| Classificação ||||
Col	GP	GP	GC	SG
1º	São Paulo	39	19	
2º	Palmeiras	28	8	
3º	Corinthians	33	12	
4º	Santos	40	20	
5º	Ponte Preta	22	16	
6º	Oeste	25	17	
7º	Mirassol	26	26	
8º	Portuguesa	24	23	
9º	São Caetano	22	22	
10º	Paulista	23	24	
11º	Mogi Mirim	24	28	
12º	Guaratinguetá	20	19	
13º	Botafogo	22	27	
14º	Linense	23	31	
15º	Bragantino	21	30	
16º	Ituano	21	33	

Col – Colocação
GP – Gols Pró
GC – Gols Contra
SG – Saldo de gols

Fonte: Federação Paulista de Futebol. Disponível em: <http://www.futebolpaulista.com.br/competicoes/Paulista%20-%20Série%20A1/Classificação/?cat=39&cam=73&ano=2011&fase=1>. Acesso em: 11 jun. 2012.

2 Represente com números inteiros:

a) Um termômetro registra quatro graus abaixo de zero. _____

b) Um mergulhador está a 11 metros de profundidade. _____

c) A conta-corrente de Paulo estava com saldo devedor de 900 reais. _____

d) Um balão atingiu uma altitude de 300 metros.
_____

3 Relacione a coluna da esquerda com as possíveis temperaturas da coluna da direita.

(a) Antártida (I) + 180 °C a + 300 °C
(b) Forno (II) – 50 °C a – 20 °C
(c) Congelador (III) – 18 °C
(d) *Freezer* (IV) – 5 °C

4 Qual dos números pode expressar a temperatura dentro de uma câmara frigorífica?

a) 0 °C

b) – 25 °C

c) – 1 °C

d) 25 °C

e) 30 °C

5 Qual dos números indica o saldo de gols do Estrela F.C.?

Equipes	Gols a favor	Gols contra
Bom Time F.C.	30	18
Estrela F.C.	25	31
Extra F.C.	40	35

a) – 6

b) 6

c) 0

d) 16

e) 26

6 Escreva os números que têm estes módulos.

a) 7 _____

b) 13 _____

c) 1 453 _____

7 Observe a reta numérica e responda a estas questões.

```
 A      B       C    D    E         G         H          I
 •------•-------•----•----•----•----•----•----•----•----•----→
-108   -72    -36  -18   0   18   36        72        108        144
```

a) Qual é a abscissa do ponto B? _____

b) O número −18 é abscissa de qual ponto? _____

c) Qual é a abscissa do ponto C? _____

d) O número 36 é abscissa de qual ponto? _____

e) Qual é o ponto cuja abscissa é 72? _____

f) Qual é a abscissa do ponto I? _____

8 Desenhe uma reta numérica e, nela, assinale os pontos de abscissas −33, −11, 0, 22, 44.

9 Na reta numérica, qual é a abscissa do ponto A?

```
        A
   •----•----•----•----•----•----•----→
             -4   -2   0    2    4
```

10 Considere esta reta numérica e escreva o que se pede.

```
             A    F    D    O    E    G    H
        •----•----•----•----•----•----•----•----•----→
            -15  -10  -5    0    5   10   15
```

a) Ponto simétrico do ponto A em relação ao ponto O. _____

b) Ponto simétrico do ponto E em relação ao ponto O. _____

c) Abscissa do ponto simétrico do ponto G em relação ao ponto O. _____

11 Dê o valor de:

a) |−3| _____

b) |−505| _____

c) |0| _____

d) |2375| _____

e) |10375| _____

12 Em cada item, identifique o número de maior módulo.

a) – 6 ou + 2 _____

b) 0 ou – 9 _____

c) – 8 ou – 9 _____

d) 0 ou 10 _____

13 Quais são os valores de y para que se tenha |y| = 4?

_____

14 Observe a reta numérica e compare os números utilizando o sinal <.

–15 –12 –9 –6 –3 0 3 6 9 12 15

a) – 15 e – 3 _____

b) – 9 e 0 _____

c) 0 e 6 _____

d) 9 e 15 _____

15 Coloque os números em ordem decrescente, usando o sinal >.

a) – 2, 5, – 1, 0, 10

_____

b) – 10, – 5, – 6, – 4, – 7

_____

c) – 4, – 8, 0 , 8, – 5, 18

_____

d) – 7, 7, – 6, 6, – 3, 3, 0

_____

16 Quais são os números inteiros compreendidos entre – 3 e 4?

_____

_____

17 Classifique como verdadeiro ou falso:

( ) Dois números inteiros são iguais se tiverem o mesmo valor absoluto.

( ) Dois números opostos que tenham o mesmo valor absoluto são iguais.

( ) Se dois números inteiros são negativos, então o maior deles tem maior valor absoluto.

( ) Se dois números inteiros são positivos, então o maior deles tem maior valor absoluto.

18 Responda.

a) Qual é o oposto de – 3? _____

b) Qual é o simétrico de 2? _____

c) Qual é o módulo do simétrico de 4? _____

d) Qual é o oposto do oposto de – 5? _____

▶ Capítulo 5 – Operações com números inteiros

1 Um quadradinho vermelho ■ representa uma unidade negativa, e um quadradinho verde ■ uma unidade positiva. Uma unidade positiva anula uma unidade negativa. Em função disso, escreva a adição de inteiros e a soma que corresponde a cada situação.

a) juntar ■■■ com ■■ _____

b) juntar ■■■■ com ■ _____

c) juntar ■ com ■■ _____

d) juntar ■■ com ■■ _____

2 Os anos anteriores ao nascimento de Cristo são indicados com a.C.: o ano 13 antes de Cristo escreve-se 13 a.C. Esse ano pode ser representado pelo número inteiro –13.

Os anos após o nacimento de Cristo são escritos com d.C.: o ano 5 depois de Cristo escreve-se 5 d.C., ou simplesmente 5.

Sabendo disso, responda: uma pessoa que nasceu em 15 a.C. e morreu em 34 d.C, quantos anos viveu?

_____

3 Cite a propriedade da adição utilizada para efetuar:
(– 4) + 0 = 0 + (– 4) = – 4
_____
_____

4 As expressões $(-3)^2$ e -3^2 têm resultados diferentes. Observe:
$(-3)^2 = (-3) \cdot (-3) = 9$
$-3^2 = -(3 \cdot 3) = -9$

Agora é com você. Calcule.

a) $(-2)^2$ _____   c) $(-3)^4$ _____

b) -2^2 _____   d) -3^4 _____

5 Daniela estava jogando com seus colegas e obteve estes pontos:

ganhou 4	ganhou 9
perdeu 6	perdeu 8
ganhou 1	perdeu 7

a) Escreva uma adição algébrica que represente essa situação.
_____

b) Qual foi sua pontuação?
_____

6 Efetue as multiplicações indicadas no quadro:

×	–1	–2	3	5
–2	2			
–3				
7				35

7 Descubra o segredo da sequência e escreva as duas próximas linhas.

2 · (– 4) =	– 8
1 · (– 4) =	– 4
0 · (– 4) =	0

8 Cite a propriedade da multiplicação usada na igualdade:
$(-2) \cdot [(-3) + 5] = (-2) \cdot (-3) + (-2) \cdot 5$
_____
_____

Qual é o resultado dessa expressão?
_____

9 Como foi formada a sequência de números inteiros 32, – 16, 8, – 4, 2, – 1?
_____

10 Substitua os espaços por um dos números inteiros – 4, 3, 0, – 1, 5, – 6, de modo a tornar as sentenças verdadeiras.

a) _____ – _____ = 9

b) _____ + _____ = – 7

c) _____ · _____ = 4

d) _____ ÷ (– 2) = _____

11 Descubra o segredo da sequência e escreva as três próximas linhas.

$(-3)^7 =$	– 2187
$(-3)^6 =$	729
$(-3)^5 =$	– 243

12 Complete esta tabela.

a	b	a – b	a + b	a · b	$a^2 + b^2$
7	–4			–28	
–3	–6	3			
–8	2				68

13 Complete a expressão para tornar a igualdade verdadeira.
[(– 2) + (– 5)] + (– 3) = (– 2) + [____ + (– 3)]

14 Descubra o 8º termo da sequência:
– 1, 2, – 4, 8, – 16, 32 ... _____

207

15 Que propriedade da multiplicação é usada nesta igualdade:

$(-50) \cdot (-2) = (-2) \cdot (-50)$

_____

16 (SAEB) Ao resolver a expressão:

$-1 - (-5) \cdot (-3) + (-4) \cdot 3 \div (-4)$, o resultado é:

a) -13 c) 0

b) -2 d) 30

17 Sabendo que $3^{10} = 59049$, encontre o resultado de $(-3)^{10} + 3^{10}$.

_____

18 (SAEB) Sendo $N = (-3)^2 - 3^2$, então o valor de N é:

a) 18   c) -18

b) 0   d) 12

19 Quanto mede o lado de um quadrado que tem 529 cm² de área?

_____

20 Sabendo que:

$x = \{2^3 + \sqrt{4} \cdot \sqrt{169} \div [(-1)^{10} + \sqrt{144}\,]\} \cdot [(-1)^2]^4$

e $y = \sqrt{(2^4 \div 2^3 + 3^2) \cdot \sqrt{9} + 3}$, calcule o valor de $x \cdot y$.

_____

▶ Capítulo 6 – As figuras geométricas

1 Quais são os polígonos que compõem este mosaico?

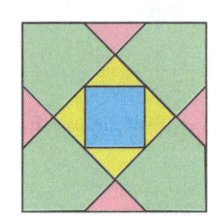

2 Responda às questões sobre triângulo.

a) Um triângulo retângulo pode ter um de seus ângulos obtusos? Justifique.

_____

b) Um triângulo pode ser equilátero e acutângulo?

_____

c) Um triângulo pode ser obtusângulo e isósceles?

_____

d) Um triângulo retângulo é equilátero? Justifique.

_____

3 Classifique os triângulos quanto aos lados e quanto aos ângulos.

A: _____

_____

B: _____

_____

C: _____

_____

4 Classifique os quadriláteros em retângulo, losango ou quadrado.

A: _____

B: _____

208

C: _____

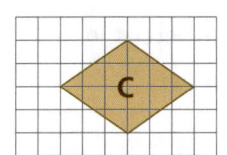

Qual é a soma das medidas dos ângulos internos de cada um desses polígonos?

_____

5 Um quadrilátero tem dois lados paralelos. Um mede 12,8 cm e o outro, 5,2 cm. Qual é o nome desse quadrilátero?

_____

6 Apenas uma destas figuras não é um polígono. Identifique-a.

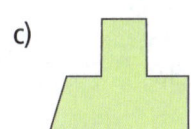

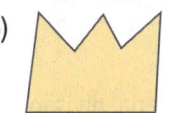

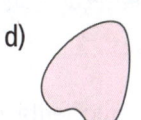

a)   c)

b)   d)

7 Observe este mosaico.

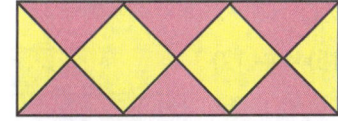

Nele existem dois tipos de polígonos:

_____ e _____ .

8 Qual destes triângulos é equilátero?

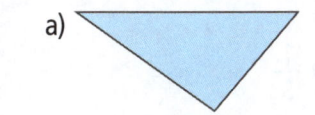

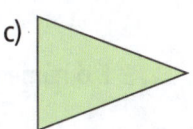

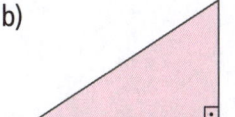

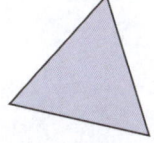

a)   c)

b)   d)

9 A soma das medidas dos ângulos internos de um triângulo é sempre igual a _____ .

10 Qual destes quadriláteros não pode ser classificado como trapézio nem como paralelogramo?

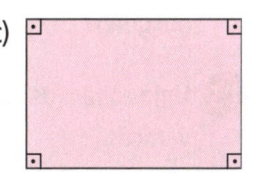

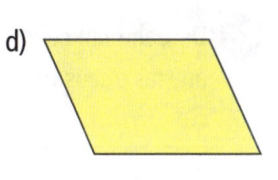

a)   c)

b)   d)

11 Observe estas figuras geométricas:

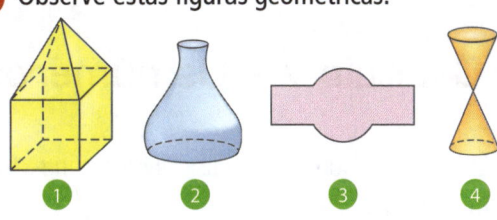

1   2   3   4

a) Qual delas é uma figura plana?

_____

b) Quais delas são formadas apenas por polígonos?

_____

c) Quais delas são polígonos?

_____

d) Quais delas são poliedros?

_____

12 Qual destas figuras é um poliedro?

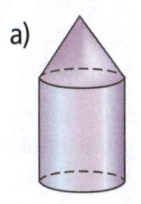

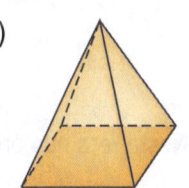

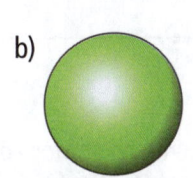

a)   c)

b)   d)

13 Numa pirâmide hexagonal o número de arestas é

_____

209

14 A base de um prisma é um polígono convexo e o número total de arestas é 24. Qual é esse polígono? _____

15 Uma pirâmide de base quadrada tem _____ vértices.

16 Desenhe um cubo. Quantos são as suas faces, suas arestas e seus vértices?
_____
_____

17 A base de um prisma é um decágono.
a) Quantas são as suas faces?
_____

b) Quantas são as suas arestas?
_____

c) Quantos são os seus vértices?
_____

18 Uma pirâmide tem dez arestas. Quantos são os seus vértices? _____

▸ Capítulo 7 – Os números racionais

1 Escreva o quociente das divisões na forma fracionária.

a) Um bolo é repartido igualmente entre duas pessoas. _____

b) Dois bolos são repartidos igualmente entre três pessoas. _____

c) Três bolos são repartidos igualmente entre cinco pessoas. _____

2 Escreva as frações na forma decimal finita ou dízima periódica.

a) $-\dfrac{1}{2}$ _____ b) $\dfrac{136}{3}$ _____

c) $\dfrac{128}{36}$ _____ d) $-\dfrac{147}{14}$ _____

3 A representação decimal do número $\dfrac{5}{9}$ é _____.

4 Escreva o quociente de cada divisão na forma fracionária.

a) $(-12) \div (+36)$ _____

b) $(-15) \div (-12)$ _____

c) $(+46) \div (-23)$ _____

d) $(+33) \div (+55)$ _____

5 Nesta reta numérica, que ponto representa o número $\dfrac{3}{4}$? _____ E o número $\dfrac{1}{8}$? _____

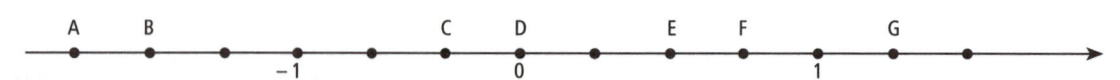

```
     A   B           C  D        E   F        G
  ───●───●───────────●──●────────●───●────────●────▶
                    −1   0              1
```

6 Nesta reta numérica, represente os pontos correspondentes a: $-\dfrac{1}{5}$, $\dfrac{13}{10}$ e $\dfrac{25}{10}$.

```
      ●                   ●                    ●
  ────┼───────────────────┼────────────────────┼────▶
     −1                   0                    1
```

210

7 (Saresp) Joana e seu irmão estão representando uma corrida em uma estrada assinalada em quilômetros.

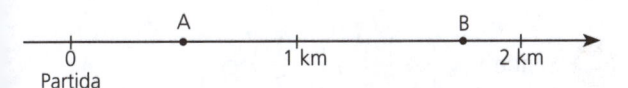

```
  0      A        1 km     B      2 km
Partida
```

Joana marcou as posições de dois corredores com os pontos A e B.

Esses pontos A e B representam que os corredores já percorreram, respectivamente, em km:

a) 0,5 e $\dfrac{7}{4}$ c) $\dfrac{1}{4}$ e 2,75

b) 0,25 e $\dfrac{10}{4}$ d) $\dfrac{1}{2}$ e 2,38

8 (Saresp) Das comparações abaixo, qual é a verdadeira?

a) 0,40 < 0,31

b) 1 < $\dfrac{1}{2}$

c) 0,4 > $\dfrac{4}{10}$

d) 2 > 1,9

9 Escreva:

a) o oposto do oposto de $-\dfrac{3}{2}$. _____

b) o módulo de – 0,5. _____

10 Escreva os números racionais $-\dfrac{1}{8}$, $+\dfrac{4}{5}$, $-\dfrac{2}{3}$, $+\dfrac{5}{7}$ e $-\dfrac{16}{5}$ em ordem crescente.

_____

11 Veja na tabela os saldos nas contas bancárias de Amauri, Wanderlei, Rosa e Ana.

Pessoas	Saldo (R$)
Amauri	– 125,50
Wanderlei	38,47
Rosa	– 150,40
Ana	38,51

a) Quem tem o menor saldo bancário? _____

b) Quem tem o maior saldo? _____

12 Classifique as afirmações em (V) verdadeiras ou falsas (F).

( ) A adição de dois números racionais com sinais diferentes resulta sempre em um número racional negativo.

( ) A subtração de dois números racionais negativos resulta em um número racional negativo.

( ) A subtração de dois números racionais de sinais diferentes pode resultar em um racional positivo ou em um número racional negativo.

( ) A adição de dois números racionais negativos resulta sempre em um número racional negativo.

13 Sendo m = 2,75 + 5,75 e n = 12,4 – 30,16, determine o valor de m + n.

_____

14 Complete o quadro.

a	b	a + b	a – b
– 1	$-\dfrac{3}{5}$	___	___
2	___	$-\dfrac{1}{2}$	___
___	– 0,5	___	0,9

15 Sendo a = $\dfrac{4}{9} - \dfrac{7}{6}$ e b = $\dfrac{5}{9} - \dfrac{10}{12}$, determine – a – b.

_____

16 Qual é a soma do oposto de – 1,5 com o oposto de – 13,65?

_____

17 Calcule a diferença entre o oposto de $-\dfrac{4}{5}$ e o valor absoluto de $-\dfrac{5}{4}$.

_____

18 Encontre o valor de x, aplicando as propriedades da adição.

a) $(+6) + x = 0$ _____

b) $x + (-3,1) = (-3,1) + (-1,4)$ _____

c) $\dfrac{3}{5} + x = -\dfrac{1}{3} + \dfrac{3}{5}$ _____

d) $[2,1 + (-3,4)] + (-1,5) = 2,1 + [(-3,4) + x]$

_____

19 Responda:

a) Se o número de fatores negativos de um produto é par, o produto será positivo ou negativo? _____

b) Se o número de fatores negativos de um produto é ímpar, o produto será positivo ou negativo? _____

20 Resolva as expressões:

a) $20 - \{-10 \cdot [+20 - (-20 + 10)]\}$

b) $-3,1 + (2,4 - 3,8) \cdot (1,6 - 2)$

c) $\dfrac{5}{7} - \left[2 \cdot \left(\dfrac{1}{3} - 1\right)\right]$

21 Complete o quadrado mágico multiplicativo com os números que estão faltando.

16	___	–4
___	–2	___
___	32	$\dfrac{1}{4}$

22 Determine o valor da expressão:

$[8,4 \div (-2,4)]^2 \cdot \left\{\dfrac{1}{2} + \left[-\dfrac{3}{4} + \left(-\dfrac{2}{9}\right)^2\right]\right\}$

_____

23 Reduza a uma só potência:

a) $\left(-\dfrac{1}{5}\right)^2 \cdot \left(-\dfrac{1}{5}\right)^3 \cdot \left(-\dfrac{1}{5}\right)^4$

b) $\left[\left(-\dfrac{2}{5}\right)^4\right]^3$

c) $(0,2)^5 \div (0,2)^2$

24 Sendo $x = \left(-\dfrac{1}{2}\right)^3 \div \left(-\dfrac{1}{2}\right)^2$ e $y = \left(-\dfrac{3}{5}\right)^6 \div \left(-\dfrac{3}{5}\right)^4$, calcule $x + y$.

25 Calcule: $\sqrt{\dfrac{1}{144}} \cdot \sqrt{\dfrac{400}{81}}$

26 Determine o valor de $\sqrt{0,81} \div (-\sqrt{0,09})$.

27 Sendo $x = -\sqrt{\dfrac{49}{4}}$ e $y = \sqrt{\dfrac{16}{121}}$, calcule $x \div y$.

_____
_____
_____

28 Identifique qual é a afirmação falsa entre as seguintes:

a) O oposto do oposto de $-0,75$ é $-0,75$.

b) O oposto de $\dfrac{16}{3}$ é $-\dfrac{16}{3}$.

c) O oposto de $-\dfrac{16}{3}$ é $\dfrac{16}{3}$.

d) O oposto do oposto de $-0,75$ é $0,75$.

29 A diferença entre o oposto de $-2,5$ e o valor absoluto de $-1,8$ é _____.

30 O próximo número da sequência:

$-\dfrac{1}{2}, \dfrac{1}{4}, -\dfrac{1}{8}, \ldots$ é _____.

31 Calcule o valor da expressão:

$$\dfrac{\left(1 - \dfrac{4}{3}\right)^2}{\dfrac{3}{13} \cdot \left(\dfrac{1}{5} + \dfrac{2}{3}\right)}$$

_____

32 Calcule o valor da expressão:

$$\dfrac{1-\left(\dfrac{1}{6}+\dfrac{1}{3}\right)}{\left(\dfrac{1}{6}+\dfrac{1}{2}\right)^2+\dfrac{3}{2}}$$

33 (Cefet-PR) Sobre as igualdades de I a IV:

I) $3^6 \cdot 3 = 3^7$

II) $5^3 \cdot 3^5 = 15^{15}$

III) $\left(-\dfrac{2}{3}\right)^3 = \dfrac{8}{27}$

IV) $(2+3)^3 = 5^3$

Podemos afirmar que:

a) todas são verdadeiras.
b) somente III é falsa.
c) somente I e IV são verdadeiras.
d) somente II é falsa.
e) todas são falsas.

34 Calcule o valor da expressão:

$$\dfrac{\sqrt{+\dfrac{484}{25}} \cdot \sqrt{\dfrac{9}{121}}}{\sqrt{(-2)\cdot\left(-\dfrac{4}{49}\right)+\left(\dfrac{1}{7}\right)^2}}$$

Capítulo 8 – Equações

1 Escreva uma expressão algébrica que represente:

a) a quinta parte de um número.

b) o dobro da terça parte de um número.

c) a quarta parte da diferença entre um número e 4.

d) o triplo do antecessor de um número menos 5.

2 Simplifique as expressões algébricas:

a) $-3x + 2x - x$

b) $8y + 7y - 2 + 5y - 4 - 3y$

c) $5 \cdot (y - 3) + 4y - 1$

d) $\dfrac{4x-2}{2} + 3x - 1$

e) $2 \cdot (t+4) + \dfrac{3t-9}{3}$

f) $\dfrac{7x-21}{7} - \dfrac{5x-10}{5}$

g) $4 \cdot (-x+1) + 2(-x-2) + 5x$

h) $\dfrac{14(x-1)}{7} - 2(x+1)$

3 Observe as medidas indicadas neste bloco retangular.

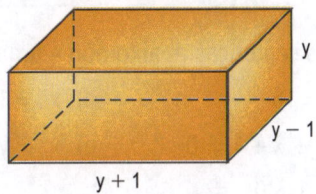

Utilize uma expressão algébrica para representar:

a) A soma de suas arestas

213

b) A área de cada face
_____
_____

c) O volume do bloco
_____

4 A expressão algébrica que representa a soma das medidas das arestas desta pirâmide é:

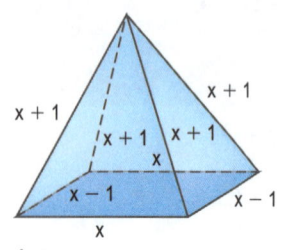

a) $8x$
b) $8x + 1$
c) $8x + 2$
d) $8x + 3$
e) $8x + 4$

5 Escreva a expressão algébrica que representa o dobro da diferença entre o triplo de um número e seu quadrado.
_____

6 Simplifique esta expressão:

$$\frac{3(2x - 12)}{6} + 4 \cdot (x - 1).$$
_____
_____

7 A equação $3t + 4t^2 - 3t^3 = 5$ tem quantas incógnitas?
_____
_____

8 Qual das sentenças abaixo não é uma equação?

a) $x^4 = 16$
b) $3x^2 + x + 1 = 0$
c) $x - 1 > 0$
d) $x^3 = 1$
e) $x^2 = y^2$

9 Qual é o grau da equação $3x^4 - 2x^2 + 4 = 0$?
_____
_____

10 Quais destas sentenças matemáticas não representam uma equação? Assinale com X.

$x^2 + y^2 = 0$ $x + 1 > 0$ $y^2 > 0$

$4(x - 2) - 5 = 2x$ $4x - 1 \neq 2$

$4 + 1 - 12 < 3$ $3x - \frac{1}{2} < 4$ $x^2 = 4$

11 Qual das sentenças é uma equação do 1º grau?

( ) $x^2 + x = 1$ ( ) $3x + \frac{x}{2} = 1$

( ) $3x - 1 > 0$ ( ) $4x^3 - x = 4$

12 Entre os números: $-1, 1, \frac{1}{2}, -\frac{1}{2}, \frac{3}{4}$ e $-\frac{3}{4}$, quais são soluções da equação algébrica $x^2 + \frac{1}{4}x - \frac{3}{8} = 0$

13 Resolva mentalmente:

a) $4x + 20 = 20$ _____
b) $-3x = -60$ _____
c) $2x - 1 = 9$ _____
d) $3x - 4 = 2x$ _____
e) $3x - 1 = 2x + 8$ _____
f) $\frac{x}{2} = 10$ _____

14 Veja as medidas do comprimento, da largura, da altura e do volume deste bloco retangular. Descubra o valor de x.

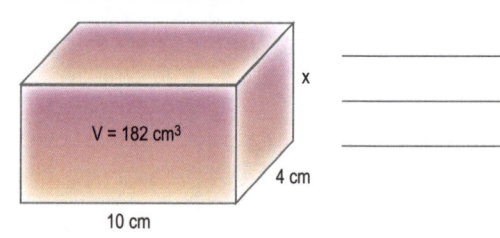

$V = 182$ cm³, 10 cm, 4 cm, x

15 Rodrigo pensou em um número e multiplicou-o por 3. Adicionou 5 ao resultado. Dividiu esse resultado por 4. Obteve 17.
Em que número Rodrigo pensou? _____

16 Encontre o valor de x nestas equações:

a) $2(x-1) + 3(x-3) = -5(x+2)$

b) $\dfrac{x}{3} + 36 = x$

c) $\dfrac{2x}{3} + 2(x-1) = \dfrac{x}{2}$

d) $\dfrac{2(x+3)}{5} = \dfrac{x-4}{2}$

17 (Cesgranrio) Se $(2+3)^2 - x = 12$, então x vale:

a) −2
b) −1
c) 1
d) 9
e) 13

18 (UFSE) Um número adicionado a seus $\dfrac{2}{3}$ resulta 30. Esse número é:

a) ímpar
b) múltiplo de 9
c) divisor de 30
d) primo
e) quadrado perfeito

▶ Capítulo 9 – Inequações

1 A sentença $3 - 2 \geq \dfrac{1}{2}$ é uma inequação? Por quê?

_____

_____

2 Quais das sentenças não são inequações?

a) $3x - 2 = 0$
b) $3x - 2 > 2x$
c) $3x - 2 \neq 0$
d) $5 < 2x$

3 Qual é a única sentença que não é uma inequação?

a) $x + 2 > -1$
b) $5x - 3y < 0$
c) $3x > 0$
d) $3 - 2 \leq 9$

4 Uma caneta custa R$ 3,50 e uma lapiseira y reais. Escreva uma inequação para cada item abaixo.

a) Uma caneta e uma lapiseira custam juntas menos de R$ 35,00. _____

b) O preço de cinco canetas é maior que o preço de uma lapiseira. _____

c) Duas canetas e três lapiseiras juntas custam mais de R$ 40,00. _____

5 Supondo que cada pera tenha a mesma massa, qual das equações abaixo representa a situação?

a) $4p < 2p + 500$
b) $4p > 2p + 500$
c) $250 + 2p > 500$
d) $250 + 2p < 500$

6 Considere a inequação $3z - \dfrac{4 \cdot z}{5} < -2$.

a) O número −3,5 é solução dessa inequação?
_____

b) Existe algum número positivo que seja solução da inequação? _____

c) Que números reais são solução da inequação?
_____

7 Qual é o maior número inteiro que é solução da inequação $2 \cdot (x - 1) \geq -3(-x + 1) + 5$?

_____

_____

_____

_____

8 Resolva as inequações, sendo x um número racional.

a) $-2(x - 3) < -(x + 1)$

b) $\dfrac{x}{3} \geq 4$

c) $3x - 2(x + 1) \geq 0$

d) $3x - 4 < x - (2x + 1)$

e) $\dfrac{4x}{5} < 10 - x$

f) $\dfrac{3x}{8} > 4 - \dfrac{x}{2}$

g) $2x + 2(x - 1) \leq x - (x + 3)$

h) $3x + 5(x - 1) < 2(3x - 2)$

9 O triplo de um número aumentado de 2 é menor que a soma da metade desse número com 1.

a) Expresse essa situação por meio de uma inequação. _____

b) Qual é o maior número inteiro que satisfaz essa inequação? _____

c) Quais são os números reais que satisfazem essa inequação? _____

10 Duas empresas estão oferecendo vagas para vendedor. A empresa A paga um fixo mensal de R$ 1.500,00 mais 3% de comissão sobre as vendas efetuadas. A empresa B paga um fixo mensal de R$ 800,00 mais 5% de comissão.

a) Qual é o total de vendas que um vendedor deve fazer para obter um salário maior que R$ 3.000,00?

_____

_____

_____

_____

b) A partir de qual total de vendas a empresa B remunera melhor que a empresa A?

_____

_____

_____

_____

11 Observe esta balança:

a) Escreva uma inequação que represente a situação. _____

b) Resolva a inequação. _____

12 (Saresp) Para cercar um terreno e fazer um chiqueiro, um fazendeiro dispunha de 200 m de arame farpado. Ele deu quatro voltas com o arame em todo o terreno, perdeu 4 m de arame com as emendas e, mesmo assim, não usou todos os 200 m. Quanto ao perímetro desse terreno podemos dizer, com certeza, que ele é:

a) maior do que 51 m

b) menor do que 49 m

c) igual a 49 m

d) igual a 51 m

13 Encontre a soma dos números naturais que são solução da inequação:

$+3x - 2(x - \frac{1}{2}) \geq +2x - 1$

___

14 (Cefet-CE) A soma de todos os números inteiros maiores do que 2 que satisfazem a desigualdade $-5 < \frac{4-3x}{2} < 1$ é:

a) 4
b) 7
c) 9
d) 10
e) 15

15 Uma pastelaria tem um custo mensal fixo de R$ 2.500,00 com aluguel, salários e despesas diversas. Para fazer um pastel gasta-se R$ 0,75. Cada pastel é vendido por R$ 2,00. Quantos pastéis devem ser vendidos mensalmente para que o dono da pastelaria não tenha prejuízo?

a) 1 000
b) 1 250
c) 1 500
d) 1 750
e) 2 000

16 Qual é o menor número natural que é solução da inequação $\frac{3x}{4} + 2x > 11$?

___

Capítulo 10 – Sistema de equações

1 (SAEB) Lucas comprou 3 canetas e 2 lápis pagando R$ 7,20. Danilo comprou 2 canetas e 1 lápis pagando R$ 4,40.

Escreva o sistema de equações do 1º grau que representa essa situação.

___

2 O par ordenado (– 1, 5) é solução do sistema de equações abaixo?

$\begin{cases} 3x + y = 2 \\ -2x + 2y = 7 \end{cases}$

___

3 Resolva mentalmente:

a) A soma de dois números naturais é 5 e a diferença é 1. Quais são esses números?

___

b) A soma de dois números inteiros é – 9 e um número é o dobro do outro. Quais são esses números?

___

4 Uma caneta e uma régua custam, juntas, R$ 9,00. A caneta custa o mesmo que duas réguas mais R$ 1,50. Quanto custa cada um desses objetos?

___

5 A diferença entre a massa de duas pessoas é 20 kg. E as duas juntas têm massa de 110 kg.

a) Escreva um sistema de equações que represente a situação.

___

b) Resolva o sistema e encontre o valor da massa de cada pessoa.

6 (Saresp) A solução do sistema $\begin{cases} 2x - y = 3 \\ x + y = 3 \end{cases}$ é:

a) x = 1 e y = 0
c) x = 1 e y = 2
b) x = 1 e y = 1
d) x = 2 e y = 1

7 (Saresp) Resolva este sistema:

$\begin{cases} x + y = 12 \\ 3x + 2y = 28 \end{cases}$

8 Resolva os sistemas de equações.

a) $\begin{cases} 6a - 5b = 2a - 4 \\ -2a + 3b = 2(a - 2) \end{cases}$

b) $\begin{cases} 2(x + y) - (x - y) = -4 \\ -3(x + y) + (x - y) = 6 \end{cases}$

9 (Saresp) Na promoção de uma loja, uma calça e uma camiseta custam juntas R$ 55,00. Comprei 3 calças e 2 camisetas e paguei o total de R$ 140,00. Qual é o preço de cada calça e de cada camiseta?

10 Num pátio há 35 veículos, entre motos e carros. Sendo 110 o número total de rodas, qual é o número de carros?

11 Um retângulo tem 28 cm de perímetro. O comprimento tem 2 cm a mais que a largura. Quais são as dimensões desse retângulo?

12 (Saresp) Com 48 palitos de mesmo tamanho eu montei 13 figuras: alguns triângulos e alguns quadrados. Quantos quadrados eu montei?

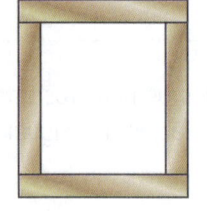

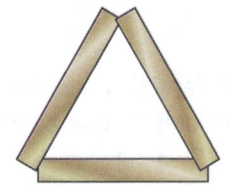

a) 7
b) 8
c) 9
d) 10

13 (Saresp-adaptado) Entre bananas e melancias, comprei 5 quilogramas de frutas e gastei R$ 7,00. Quantos quilogramas comprei de cada fruta?

14 (Saresp-adaptado) Hoje é dia de festa junina na escola.

Foi vendido um total de 400 convites e arrecadados R$ 900,00. Qual é o número de convites vendidos, respectivamente, para alunos e não alunos?

Capítulo 11 – Proporcionalidade

1 A mãe do Lucas registrou os dados referentes à idade e à respectiva altura de seu filho.

Idade (anos)	1	2	4	10
Altura (cm)	72	88	102	140

Essas grandezas são diretamente proporcionais, inversamente proporcionais ou não proporcionais?

_____

2 Todos os dias, Flávia toma 2 copos de leite, um ao acordar e outro antes de se deitar.

a) Após 2 dias, quantos copos de leite ela terá tomado? _____ E após 6 dias? _____

b) As grandezas número de copos de leite e dias são **diretamente** proporcionais?

_____
_____
_____

3 A tabela abaixo mostra a relação entre o número de colheres de pó de café e o número de xícaras de café obtido.

Número de colheres de pó	2	3	4	___
Número de xícaras	1	___	2	3

a) As grandezas envolvidas são diretamente proporcionais?

_____
_____

b) Quantas xícaras de café são feitas com três colheres de pó?

_____
_____

c) Quantas colheres de pó são necessárias para fazer três xícaras de café?

_____
_____

4 Em cada caso, indique, na forma mais simplificada possível, a razão $\frac{A}{B}$.

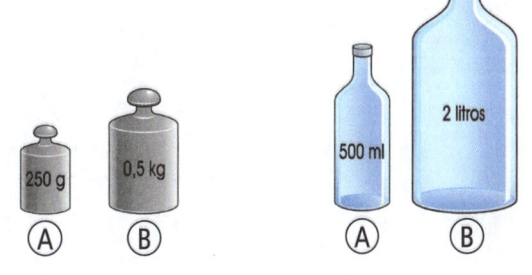

A: 250 g   B: 0,5 kg

A: 500 ml   B: 2 litros

$\frac{A}{B} =$ _____ $\frac{A}{B} =$ _____

5 O clipe usado para manter unidas folhas de papel foi inventado pelo norueguês Johann Vaaler em 1899. Sabe-se que com 2 400 m de fio de aço fabricam-se 15 000 clipes de determinado tamanho.

a) Quantos desses clipes podem ser fabricados com 3 200 m do mesmo fio de aço?

_____

b) Se em uma caixa é possível acomodar 50 desses clipes, quantas caixas iguais a essa são necessárias para acomodar o total de clipes produzidos segundo o item a?

_____

c) Se o preço de venda de cada caixa for R$ 0,24, quanto será obtido com a venda de todas as caixas segundo o item b?

_____

6 Um quilograma de um determinado tipo de queijo custa R$ 10,60. Para comprar apenas 350 gramas, quanto vou pagar?

7 Um avião tem 64,5 m de comprimento. Numa maquete esse avião foi representado por um outro avião com 430 mm de comprimento. Determine a escala dessa maquete.

8 Um terreno retangular tem 30 m de frente e 50 m de fundo. Faça um desenho representando esse terreno na escala 1 : 2000.

9 Uma esmeralda tem um volume de 6,8 cm³ e uma densidade de 2,64 g/cm³. Qual é a massa aproximada dessa esmeralda?

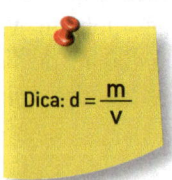

Dica: $d = \dfrac{m}{v}$

10 Em 2010, o estado do Pará tinha aproximadamente 7 581 051 habitantes. Sua área era de 1 247 950 km². Qual era a densidade demográfica desse estado em 2010?

Fonte: IBGE – Censo 2010. Disponível em: <http://www.ibge.com.br/estadosat/index.php>/ Acesso em: 25 maio. 2012.

11 De carro, Eliane partiu de sua cidade às 6h20min e chegou a Curitiba, distante 240 km, às 9h20min.

a) Em quantas horas ela fez esse percurso?

b) Qual foi sua velocidade média?

c) Se ela gastou 25 L de combustível, qual foi o consumo médio do automóvel?

12 Um carro percorreu 250 km em 2,5 horas. Qual foi sua velocidade média?

13 O consumo médio de um automóvel é de 12,6 km/L de gasolina. Quantos litros de combustível ele consome para percorrer 189 km?

14 Cinco máquinas realizam um trabalho em 36 dias. Triplicando o número de máquinas, em quantos dias esse mesmo trabalho pode ser realizado?

15 Num país, no Ensino Fundamental, a razão entre o número de alunos da escola particular e o número de alunos da escola pública é de 3 para 17. O número de alunos da escola pública é 15,3 milhões. Quantos são os alunos da escola particular?

16 No preparo da massa de empadinhas, Dona Neusa coloca 125 g de margarina para cada 500 g de farinha de trigo. Quantos gramas de margarina são necessários quando ela utiliza 5 kg de farinha de trigo?

17 Com 12 colheres de sopa de leite em pó e 1L de água, podemos preparar 4 copos de leite. Quantas colheres de leite em pó e quantos litros de água são necessários para preparar 20 copos de leite?

_____

_____

18 (Saresp) A altura de Pedrinho aos 4 anos era 1 m, aos 8 anos, 1,4 m e aos 12 anos, 1,6 m. Esses dados estão representados nesta tabela:

Idade de Pedrinho	Altura de Pedrinho
4 anos	1,0 m
8 anos	1,4 m
12 anos	1,6 m

É correto afirmar que a altura e a idade de Pedrinho:

a) são diretamente proporcionais;

b) são inversamente proporcionais;

c) são proporcionais;

d) não são proporcionais.

19 (PUC-MG) Sabendo-se que 16 m de certo tecido custam R$ 18,40, pode-se estimar que uma peça com 24 m desse mesmo tecido custará:

a) R$ 27,00

b) R$ 27,40

c) R$ 27,60

d) R$ 27,80

20 (PUC-MG) Uma peça de mármore que tem a forma de um paralelepípedo, com comprimento de 3 m, largura de 40 cm e espessura de 2,5 cm "pesa" 75 kg. Então, uma peça do mesmo material, com a forma de um paralelepípedo reto, tendo 2 m de comprimento, 50 cm de largura e 1 cm de espessura, "pesará":

a) 25 kg

b) 30 kg

c) 35 kg

d) 40 kg

21 Numa escola, a razão entre alunos aprovados e reprovados é de 8 : 1. Num certo ano foram reprovados 162 alunos. Sendo assim, o número total de alunos da escola era de:

a) 296   c) 1 458

b) 1 622   d) 1 134

22 Um motorista percorre 192 km de uma estrada em 2h15min e outros 120 km em 1h45min. Qual foi a sua velocidade média?

_____

23 As medidas das bases e das alturas dos trapézios a seguir são proporcionais.

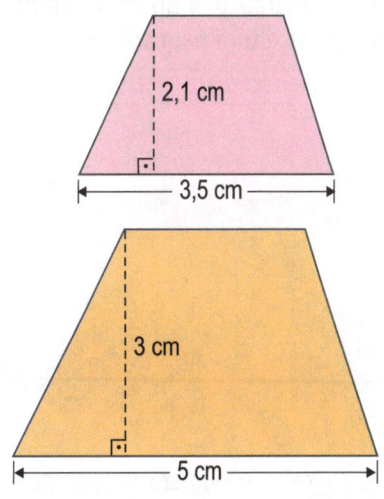

Qual é a razão entre as bases do trapézio rosa e do laranja?

_____

24 (Cefet-PR) Numa cozinha experimental gastam-se, mensalmente, farinha e açúcar na razão de 3 : 2. Se o gasto de açúcar no mês de março foi de 18 kg, então, a quantidade de farinha gasta, em kg, foi de:

a) 27   d) 24

b) 12   e) 45

c) 22

25 (TTN) Na planta de um apartamento as dimensões da sala são: 9 cm de largura e 12 cm de comprimento. Na construção do apartamento, a sala ficou com uma largura de 7,5 m. Qual é medida do comprimento dessa sala? _____

26 (Saresp) Em 50 minutos de exercícios físicos perco 1 600 calorias. Mantendo o ritmo, em duas horas perderei _____ calorias.

27 Um objeto de ferro com 250 g de massa e 31,8 cm³ de volume tem uma densidade aproximada de _____.

28 A maquete de um prédio foi feita na escala 1 : 240. O prédio tem 30 m de altura. Qual é a medida dessa altura na maquete?

_____

29 A tabela mostra o número de dias para se ler um livro em relação ao número de páginas lidas por dia.

Número de páginas por dia	5	20	30	60
nº de dias para ler o livro	60	15		5

Lendo 30 páginas por dia, em quantos dias terminará de ler o livro?

30 (Saresp) Um pintor fez uma tabela relacionando a área da superfície a ser pintada, o tempo gasto para pintar essa superfície e a quantidade de tinta.

Área (m²)	Tempo (h)	Tinta (L)
10	2	1
40	8	4
80	16	8

Para pintar uma superfície de 200 m², o tempo e a quantidade de tinta gastos são, respectivamente:

a) 10h e 20 L

b) 20h e 30 L

c) 20h e 20 L

d) 40h e 20 L

31 Uma liga metálica é obtida fundindo-se 15 partes de cobre com 6 partes de zinco. Para obter uma certa quantidade dessa liga são usados 45 kg de cobre. Que quantidade de zinco deve ser utilizada?

a) 16 kg

b) 17 kg

c) 18 kg

d) 19 kg

Capítulo 12 – Porcentagem

1 Escreva as frações irredutíveis que correspondem às porcentagens.

a) 25% _____

b) 12% _____

c) 36% _____

d) 78% _____

e) 200% _____

f) 100% _____

2 Li 45 páginas de um livro. Sabendo que ele tem 7_ páginas, que porcentagem de páginas desse livro eu já li?

_____

3 Observe esta notícia publicada em um jornal:

> AIDS – Estimativa do ministério abrange pessoas em idade sexualmente ativa; nos EUA, índice de examinados chega a 60%.
>
> SÓ 1 EM CADA 5 BRASILEIROS JÁ FEZ TESTE DE HIV.

De acordo com a notícia:

a) Qual é a porcentagem da população brasileira que já fez esse teste?

_____

b) Compare essa porcentagem com o índice de pessoas examinadas nos EUA.

_____

Na sua opinião, qual é a importância de se fazer esse teste?

_____
_____
_____

4 Gustavo ganha um salário de R$ 2.400,00. Ele tem um gasto fixo mensal de 7% do seu salário em educação, 10% no pagamento de um plano de saúde, 28% em aluguel, 25% em alimentação.

Quantos reais ele gasta com cada um desses itens? Complete.

Educação: _____

Plano de saúde: _____

Aluguel: _____

Alimentação: _____

Que porcentagem do salário de Gustavo sobra após o pagamento dessas despesas? _____

5 Numa eleição estavam inscritos 2 500 eleitores. No dia marcado para a votação, 300 deles faltaram.

a) Qual foi a porcentagem de ausências na votação?

_____

b) Qual foi a porcentagem de votantes?

_____
_____

c) Quantas pessoas estiveram presentes nos locais de votação?

_____
_____

6 (Cefet-PR) Calculando $(10\%)^2$, o resultado é:

a) 0,1   d) 1

b) 0,01   e) 1,1

c) 0,001

7 Veja o anúncio de vendas de biscoito:

R$ 1,20 CADA — PAGUE 2 LEVE 3

a) Qual é o valor em reais do desconto?

_____

b) Escreva esse desconto em porcentagem.

_____

8 (Saresp) Luciana trabalha numa loja de móveis. Ela ganha 1,5% sobre o valor de cada sofá que vende. Luciana vendeu um sofá por R$ 8.200,00. Quanto ganhou com essa venda?

a) R$ 123,00

b) R$ 150,00

c) R$ 820,00

d) R$ 1.230,00

9 (PUC-MG) Conforme Proposta da Reforma Constitucional, o valor do salário e da aposentadoria, para o Judiciário estadual, não poderá exceder 75% do salário de ministro do Supremo Tribunal Federal, que é de R$ 17.170,00. De acordo com essa proposta, o valor máximo do salário de um juiz estadual deverá ser:

a) R$ 10.659,40   c) R$ 12.877,50
b) R$ 11.234,70   d) R$ 13.045,50

10 Numa fábrica foram produzidas 360 peças. Desse total 27 estavam defeituosas. Essa quantidade representa que porcentagem do total de peças produzidas?

11 (Saresp) Se eu comprar hoje, com 20% de desconto, um par de sapatos que estava sendo vendido na semana passada por R$ 45,00, vou gastar:

a) R$ 25,00   c) R$ 36,00
b) R$ 32,00   d) R$ 34,00

12 (PUC-MG) Após aplicar 20% de seu salário mensal em poupança, Maria gasta um terço do restante com lanches e paga, com os outros R$ 358,40, a mensalidade escolar. Nessas condições, pode-se afirmar que o salário mensal de Maria é:

a) R$ 672,00   c) R$ 772,00
b) R$ 768,00   d) R$ 780,00

Capítulo 13 – Tabelas e gráficos estatísticos

1 O gráfico abaixo mostra o balanço de uma grande empresa, de 2008 a 2012.

Com base no gráfico, responda às questões.

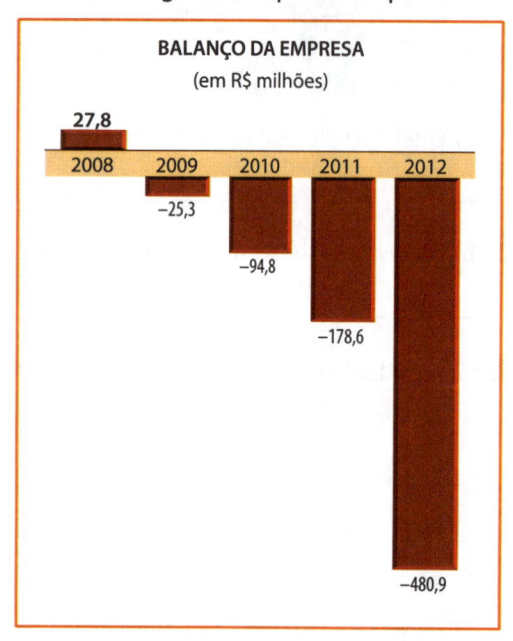

BALANÇO DA EMPRESA
(em R$ milhões)

2008: 27,8
2009: −25,3
2010: −94,8
2011: −178,6
2012: −480,9

a) Em que ano a empresa obteve lucro?

b) Em quais anos teve prejuízo?

c) Qual o valor do prejuízo durante esse período?

d) Qual foi o saldo do balanço no período de 2008 a 2012?

2 (Cefet-PR) O gráfico abaixo representa os lucros e prejuízos de uma empresa.

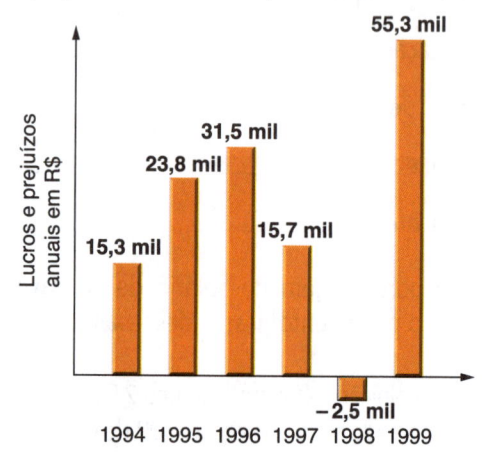

Lucros e prejuízos anuais em R$

1994: 15,3 mil
1995: 23,8 mil
1996: 31,5 mil
1997: 15,7 mil
1998: −2,5 mil
1999: 55,3 mil

Em relação a esse gráfico, podemos afirmar que:

a) o total de lucro nos seis anos foi de 144.100 reais;

b) em 1996 o lucro foi de 3.150 reais;

c) em 1995 o lucro foi superior em 8.500 reais em relação ao ano anterior;

d) em 1997 o lucro foi a metade do lucro de 1996;

e) o lucro foi crescente nos quatro primeiros anos.

3 A tabela mostra o resultado de um jogo que envolve cinco participantes. Utilizando os dados da tabela, construa um gráfico de colunas.

Jogador	Pontuação
Fernanda	– 50
Carla	80
Daniel	– 75
Fábio	200

4 (Fatec) No gráfico abaixo, tem-se a evolução da área da vegetação nativa paulista, em quilômetros quadrados, nos períodos indicados.

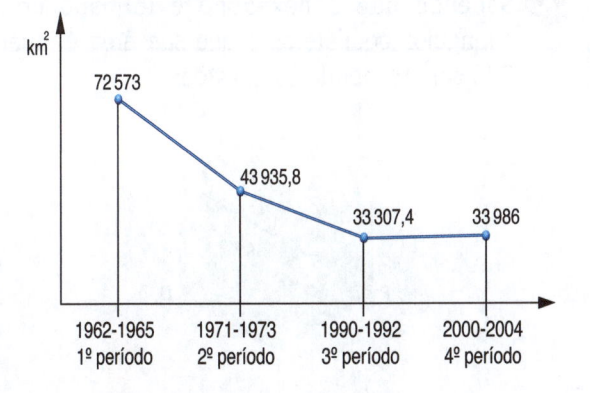

A área, no 4º período, apresenta:

a) uma diminuição de 38 587 000 m² em relação à do 1º período;

b) uma diminuição de 39 697 000 000 m² em relação à do 1º período;

c) uma diminuição de 9 952 800 m² em relação à do 2º período;

d) um aumento de 678 600 000 m² em relação à do 3º período;

e) um aumento de 678 600 m² em relação à do 3º período.

5 Pedimos a 200 pessoas que escolhessem, entre quatro opções, um lugar no qual desejariam passar férias e, após organizar as respostas, chegamos à seguinte conclusão:

- 60 escolheram ir para o Pantanal.
- 50 escolheram passar as férias no Rio de Janeiro.
- 40 desejam ir para Foz do Iguaçu.
- As demais preferem as praias de Ubatuba.

Em qual das alternativas há um gráfico de setores circulares que representa corretamente os resultados obtidos nessa pesquisa?

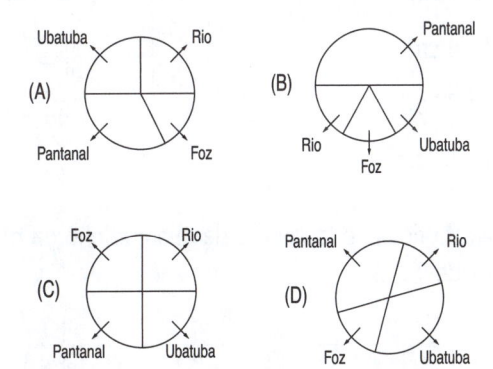

6 (Saresp) Em uma chácara há um total de 350 árvores frutíferas, assim distribuídas:

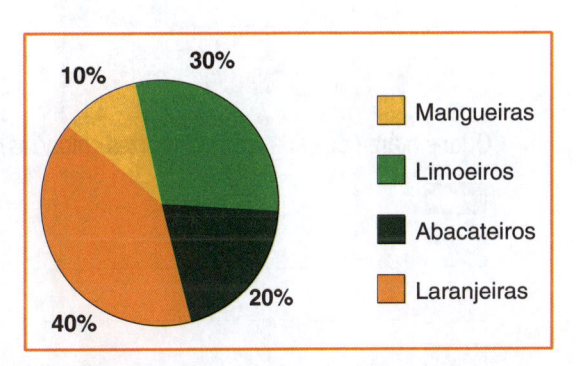

As quantidades de laranjeiras e mangueiras são, respectivamente:

a) 140 e 35

b) 140 e 70

c) 140 e 105

d) 105 e 70

225

Capítulo 14 – Cálculo de áreas

1 Adote o quadradinho da malha como unidade de medida para determinar a área da figura.

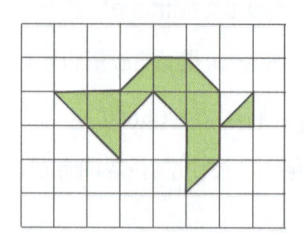

a) 8
b) 10
c) 12
d) 14

2 A área da parte colorida desta figura é:

a) 16 cm²
b) 4 cm²
c) 8 cm²
d) 12 cm²

3 Nesta figura, o lado de cada quadradinho da malha mede 3 cm.

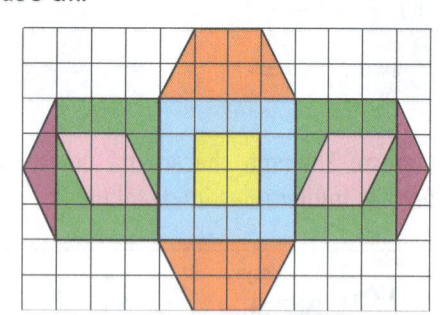

Qual é a área de cada uma das partes coloridas?

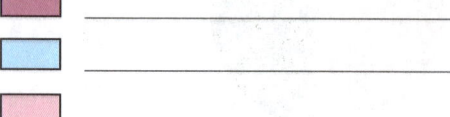

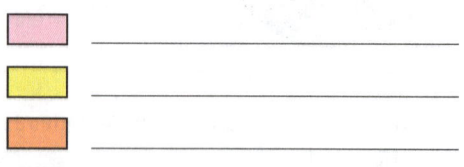

- ☐ _____
- ☐ _____
- ☐ _____
- ☐ _____
- ☐ _____
- ☐ _____

4 Em uma janela, o vidro é retangular e tem 4,14 m² de área. Seu comprimento é 2,3 m. Calcule a altura desse vidro.

_____

5 Calcule a área de cada triângulo retângulo:

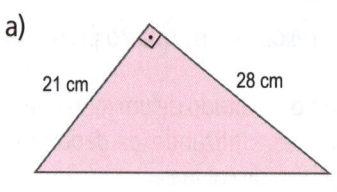

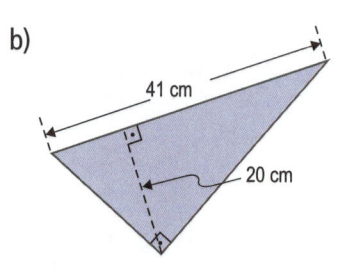

a) 21 cm, 28 cm

_____

b) 41 cm, 20 cm

_____

6 Sabendo que o hexágono é formado por triângulos equiláteros e que sua área é igual 876 cm², responda às questões.

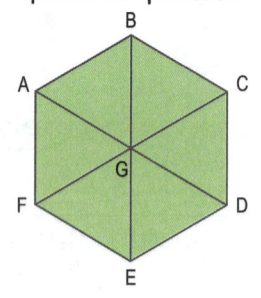

a) Qual é a área de cada triângulo?

_____

b) Qual é a área do paralelogramo CBGD?

_____

c) Qual é a área do trapézio AFED?

_____

7 Calcule a área colorida das figuras abaixo, sabendo que o lado de cada quadradinho da malha corresponde a 4 cm.

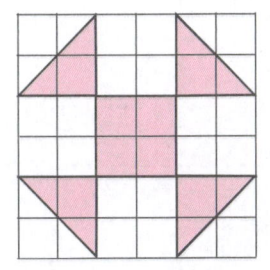

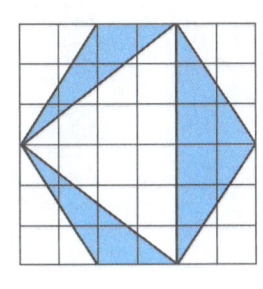

8 Calcule a área de cada parte colorida desta figura, considerando que o lado de cada quadradinho mede 1 cm.

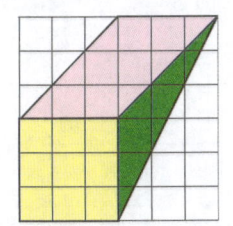

9 A altura de um paralelogramo mede 3,2 cm. A base mede $\frac{1}{4}$ da altura. Qual é a área desse paralelogramo?

10 (Saresp) Observe as figuras.

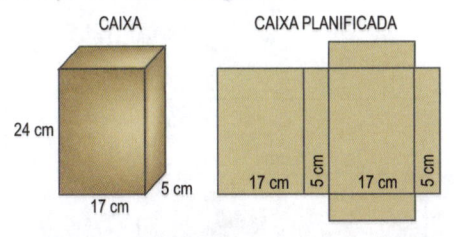

CAIXA

CAIXA PLANIFICADA

Sabendo que a caixa tem 17 cm de comprimento, 5 cm de largura e 24 cm de altura, o papelão necessário para montar essa embalagem terá:

a) 2 040 cm²   c) 1 056 cm²

b) 1 226 cm²   d) 1 106 cm²

11 (SAEB) Deseja-se construir um quadrado com área igual à área de um triângulo. Sabendo-se que a base do triângulo e a altura relativa a essa base medem, nessa ordem, 10 cm e 5 cm, o lado do quadrado, em centímetros, é:

a) 5   b) 10   c) 25   d) 50

12 Calcule a área desta figura.

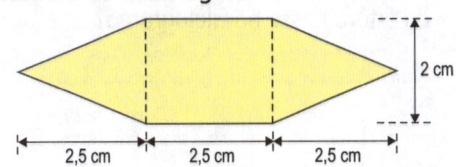

227

13 Calcule a área destas figuras.

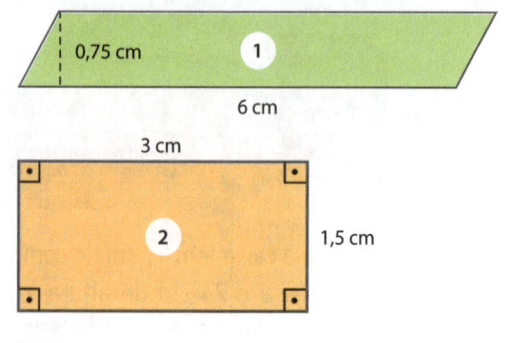

$A_1 = $ _____

$A_2 = $ _____

14 A base de um paralelogramo mede 12,4 cm. A altura mede $\frac{1}{4}$ da medida da base. A área desse paralelogramo é:

a) 19,22 cm²

b) 34,44 cm²

c) 38,44 cm²

d) 48,44 cm²

15 Um retângulo tem área de 48 cm². Qual é a área de um paralelogramo de base e altura, respectivamente, iguais à metade das medidas do retângulo?

16 Um paralelogramo tem 84 cm² de área. A base desse paralelogramo tem 7 cm. Qual é a medida da altura desse paralelogramo?

17 (Cefet-PR) Calculando a área da parte colorida da figura, encontramos:

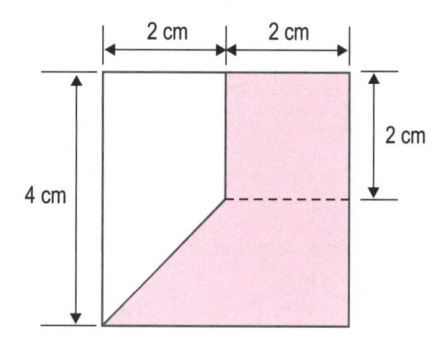

a) 11 cm²

b) 12 cm²

c) 10 cm²

d) 16 cm²

e) 9 cm²

18 Calcule a área de um trapézio cujas bases medem 12 cm e 10 cm e cuja altura mede 5 cm.

19 Determine a medida da base maior de um trapézio de área 120 cm², altura igual a 8 cm e base menor igual a 10 cm.

Jogando com a adição, página 52.

+10 +10	+9 +9	+8 +8	+7 +7
+6 +6	+5 +5	+4 +4	+3 +3
+2 +2	+1 +1	−10 −10	−9 −9
−8 −8	−7 −7	−6 −6	−5 −5
−4 −4	−3 −3	−2 −2	−1 −1

Trapézio Isósceles
(Experimentos, jogos e desafios, página 96).

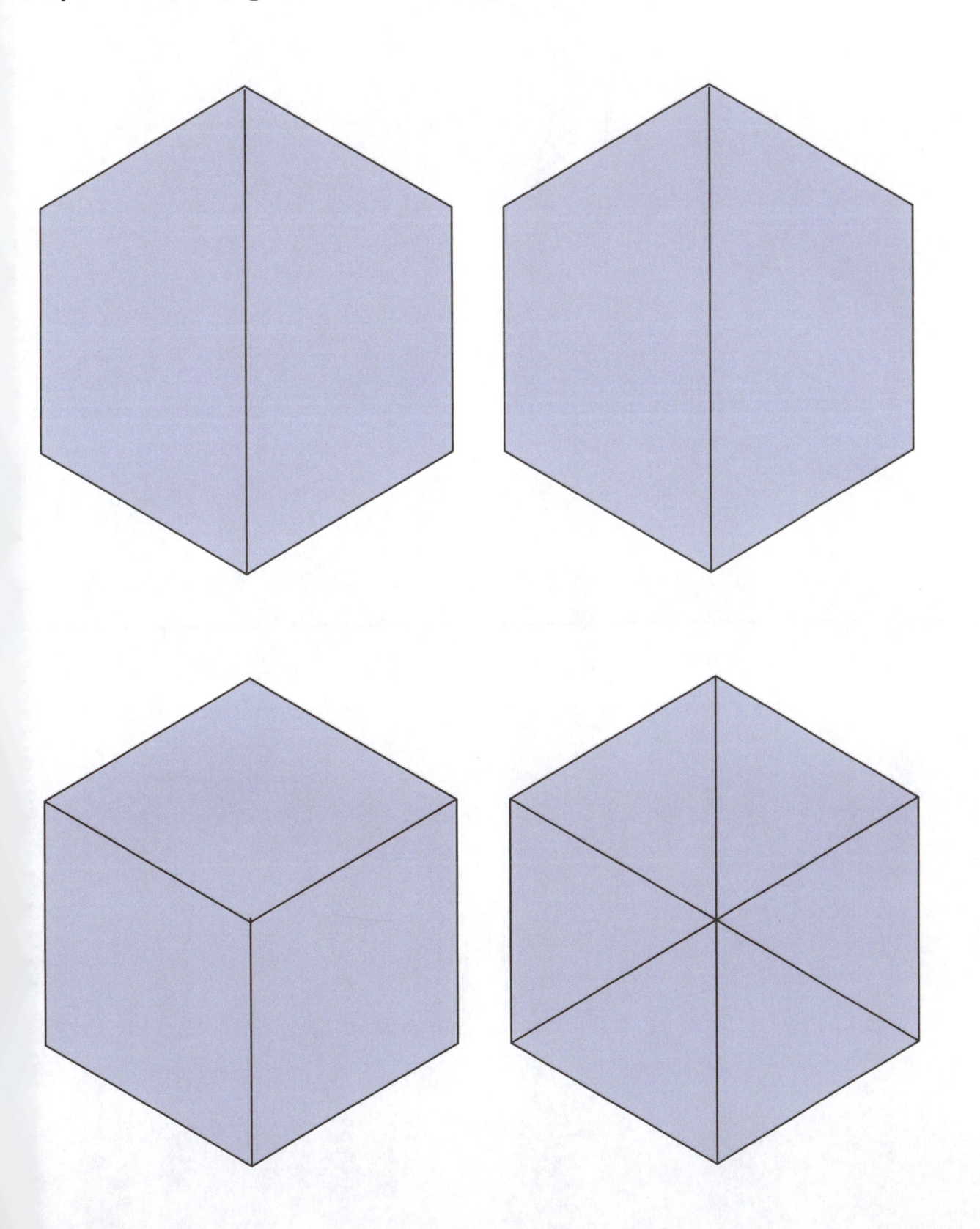

231